ものと人間の文化史　100

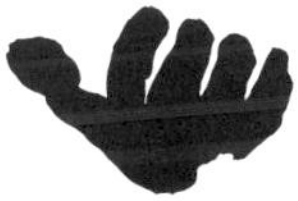

瓦

森郁夫

法政大学出版局

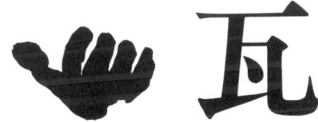

はじめに

いぶし瓦を葺いた家並みは、今や日本的な情景となっている。しかし、瓦に対するイメージはどうも芳しくない。阪神・淡路大震災では、瓦葺き民家の倒壊が著しかったことが喧伝された。大きな台風では、瓦が飛んで怪我人が出たことが報道される。建物の構造や葺《ふ》き方を抜きにしてそれを瓦のせいだけにしたら瓦がかわいそうだ。さらに言うと、瓦を使った熟語には碌《ろく》なものがない。まず「瓦礫」、価値のないものの喩《たと》えとして常に用いられる。漢和辞典で「瓦」をひいてみると、よく似たものがいくつも目につく。少しあげてみよう。

「瓦解」……ものがたやすく砕け散ること。
「瓦鶏」……形ばかりで用を為《な》さない喩え。
「瓦全」……いたずらに身を全《まっと》うすること。
「瓦釜雷鳴」……とるにたらないことを大袈裟にわめくこと。

どれもこれも意味するところは情けなくなるほどひどいものである。我々の生活にまったく役に立たないものであったなら、千四百年もの長い間作り続けられることはあるまい。高い技術で古代に作られた瓦が今でも屋根に葺かれているのである。むしろ人間の住生活は瓦の発明、そして改良によって次第に改善されていったのである。

本書『瓦』は全体を大きく二部に分ける構成にし、第Ⅰ部では概論的な内容を述べ、第Ⅱ部では古代の瓦について述べている。近年、瓦の研究はまさに音を立てて進んでいるといっても過言ではない。それは古代の瓦に限らないのであるが、それだけ発掘調査で出土する瓦の量が厖大なものだということである。したがって、古代の瓦だけでも一冊で述べきることはできない。ましてや中世、近世までの瓦を一冊で述べるのは無理なことである。そこで第Ⅰ部を二章に分けて、第一章では瓦の種類と歴史的名称について述べた。第二章では中国大陸・朝鮮半島での瓦の概略と、わが国の古代から近世までの瓦のおおよその流れを述べた。そして第Ⅱ部を四章に分け、古代の瓦のいくつかの問題点を述べた。第一章では古代の瓦生産はどのようにして行なわれたかという点を、最近の発掘調査の成果を取り入れながら述べた。第二章では寺院や宮殿の軒先を飾る軒瓦に関するいくつかの問題点、その文様や瓦当笵《がとうはん》に関わる問題点について述べた。瓦に文字を記すことは古今を通じて行なわれていることである。古代の瓦に記されている内容は、関係史料の少ない古代の瓦生産を考える上で一等史料とも言えるものである。そこで第三章では文字瓦を通じてのいくつかの事柄を述べた。第四章では瓦を通じての古代寺院の造営の背景、また瓦生産そのものの状況を述べた。ここでは複数の寺の間での同笵品のあり方を中心として、どのような背景のもとにそのような状況が生まれたかという面を、なるべく多くの資料をもとに述べた。

おおまかな構成は以上のとおりであるが、製作技術についてはそれぞれの中で簡単に述べるにとどめた。瓦の製作技術に関しては、たとえば丸瓦や平瓦に対してもそれぞれすぐれた論文がある[1]。発掘調査報告書でもそのことが詳細に述べられたものが目につき、製作技術だけでも一冊をなすことができるほどである。したがって、それについては後日のこととしたいと考えている。

いずれにせよ、わが国の瓦は飛鳥時代の初期に生産が開始された。瓦が建物にとって、いかに重要なものであり続けたか、という点をくみ取っていただきたい。

目次

II　古代の瓦

官からの技術の伝播　249

Ⅰ　瓦の効用と歴史

第一章　瓦の効用

おそらく、今から三千年ほど昔に発明されたであろうと考えられる瓦は、今に至るまで建物の屋根に使われている。建物を雨から護るという、その機能が十分発揮されているからである。文化が発展し、いろいろな建物が建てられるようになると屋根構造も複雑になり、瓦の種類も多様になる。わが国でも約千四百年前に瓦作りの技術が導入されて以来、瓦が作り続けられ、いろいろな工夫が凝らされてきた。屋根を見上げれば、工夫が加えられた瓦を随所に見ることができる。雪の降る地域では、雪留めのためのちょっとした突起や環状の突起をもつ瓦が二、三列葺かれていることがある。もっとも、雪の多い地域では五、六列以上も使われていることもある。これもひとつの工夫である。重層の屋根をもつ建物で、上層からの雨水の衝撃をやわらげるために、下層の屋根の雨水の落ちてくる所に雨落《あまおち》瓦として平瓦を三段ほど並べたり、強風で瓦が飛ばないように、漆喰で目地を固めたりすることも一つの工夫である。隅棟《すみむね》の後端は一般には漆喰などで固める程度であるが、地域によってはそこに留蓋《とめぶた》風に作られた瓦を置いている。

また、現在瓦業を営む人たちも多くの工夫を加えている。雨樋は目障りだということで、軒先から六列目あたりに穴をあけた瓦を葺き、その下に樋を設けておくというまったく新しい発想のものを見かけたこともある。(1) そのような工夫、改良があったためか、今では瓦屋根の家並みは日本的な情景とさえ思われている。

瓦葺き屋根の屋並み

雨降る日の瓦屋根

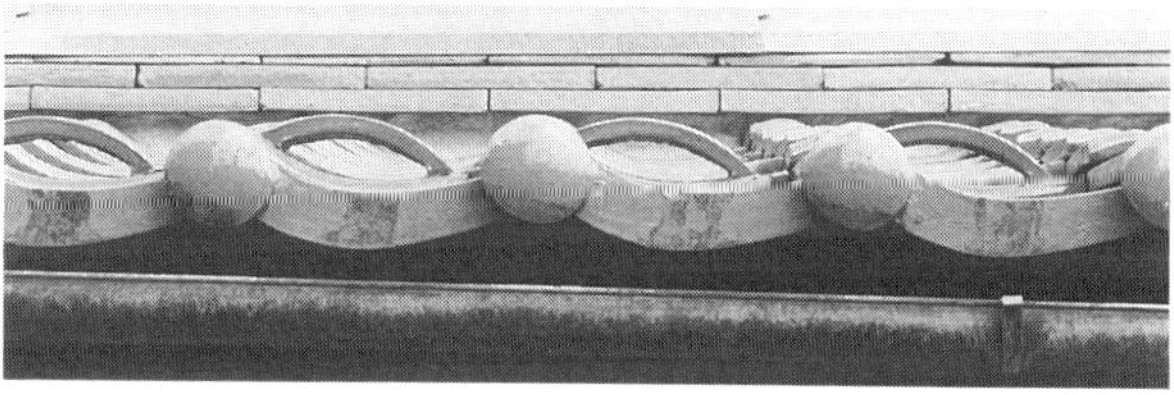

雪留めをもつ瓦（上・中）と何列にも葺いた屋根（下）

漆喰で目地を保護した屋根

漆喰で固めた隅棟後端

雨垂れ落ちに葺いた瓦

留蓋を置いた隅棟後端

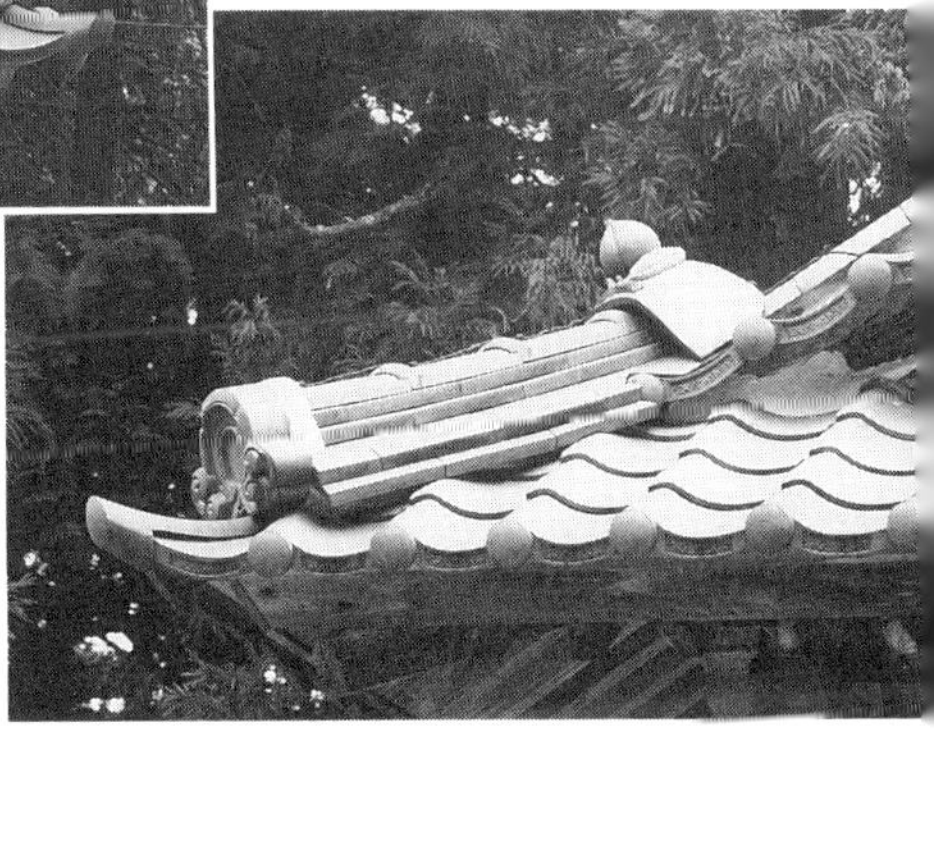

この第一章では瓦にどのようなものがあるのかを述べ、次の第二章では、中国に始まった瓦作りの技術が朝鮮半島に伝わり、そしてわが国に伝えられた技術がどのようにして展開されていったのか、という歴史を述べよう。

瓦の種類と使われ方

建物の屋根に瓦を葺くようになったこと、すなわち堅牢な製品で屋根を覆うようになったことは、人類の住生活の上で画期的なことであったといえよう。瓦葺き屋根は、時代が降るにつれて次第に広まっていった。もっとも、瓦が普及するようになったからといって、すべての家々の屋根に瓦が葺き上げられたわけではない。

瓦が屋根葺きの材料とされるまでにはいろいろなものが使われたことであろう。ひとが家を作りはじめた頃の屋根は木の骨組みを細枝や草で覆った程度のものだったろう。瓦葺き建物が広まる一方で、藁葺き、板葺き、柿《こけら》葺き、茅《かや》葺き、檜皮《ひわだ》葺き、杉皮葺きなどの屋根も階層に応じて、また用途別に構えられたのである。現代でも、屋根を覆う素材には多くのものが使われている。銅板、トタン、プラスティック、スレート、板石、セメントなど、種々の素材が使われている。

わが国で瓦が使われはじめたごく初期の頃には、瓦の種類もさほど多いものではなかったが、屋根構造が複雑になるにつれて、それに合わせたものが次々に考案され、ずいぶん多くの種類の瓦が見られるようになった。複雑な屋根を示す一例として、瓦の研究者でもあり、写生が上手だったE・S・モースの文章を引用しておこう。

藁葺き屋根

板葺き屋根

柿(こけら) 葺き屋根

茅葺き屋根

檜皮葺き屋根

板石葺き屋根

石を載せた屋根

トタン葺き屋根

銅板葺き屋根

スレート葺き屋根

セメント瓦葺き屋根

逆行基葺き様屋根

洋瓦葺き屋根各種

図は履物と傘とを売る店である。手のこんだ瓦葺の屋根を書くのには長い時間を要するから、私はやらなかった。(『日本その日その日』[2])

これは履き物屋のスケッチなのであるが、詳細に描かれた店の内部に比べると、屋根はきわめて簡単に描かれている。

現代の屋根を見上げれば、複雑な構造の屋根もあり、そこには多くの種類の瓦が使われている。なかには奇を衒《てら》ったようなものを見かけることもある。たとえば洋風なのであるが、一見行基《ぎょうき》式(無段式)丸瓦を逆向きに葺いているように見せているものを見かけたことがある。もちろん雨仕舞いはきちんとしているのであろうが、それだけ瓦が装飾性を帯びてきたということであろう。また雁振《がんぶり》瓦(伏間《ふすま》瓦)に注意を向けてみると実に多くの種類のものが使われている。この瓦そのものについては後述するが、屋根の大棟《おおむね》は重要であると同時に、装飾的にも大切なところなのである。棟と反対の谷についても瓦に工夫が凝らされている。屋根にのっているところは見えにくいが、丸《まる》瓦の先端を斜めに切り落とし、そこを塞いだ形の瓦が使われている。それを「谷丸《たにまる》瓦」と呼んでいるが、谷の左右両側用のものがきちんと作られ使いわけられている。近年の屋根瓦には、釉薬をかけたいわゆる「色瓦」も見られ、青、黄、緑の屋根をずいぶん見かけるようになった。釉薬をかけた瓦ということでは、洋瓦の屋根もかなり広まっており、スパニッシュ瓦の名で代表されている洋瓦のうち丸瓦部と平《ひら》瓦部とが一連のものでは、丸瓦部が左のもの、いわば左桟《さん》瓦に相当するものが多い。そして丸瓦部が丸瓦として作られているため、行基式丸瓦を葺いているように見える。

瓦の種類を説明する前に、主要な屋根について記しておこう。

切妻《きりづま》造り……二つの傾斜面で形成される屋根で、屋根の基本的な形である。古今を通じて切妻屋根の

切妻造り

寄棟造り

入母屋造り

方形造り

建物は多く、神社や一般住居にめだつ。屋頂は水平の大棟となり、大棟の両端近くから降《くだ》り棟が下がるものが多い。切妻屋根の両端には破風《はふ》板があり、破風板の上を螻羽《けらば》という。切妻屋根は古くは真屋《まや》と呼ばれ、風格のある寄棟造りよりも上等とされたようである。

寄棟《よせむね》造り……四つの傾斜面をもち、屋頂に水平な大棟のある形の屋根である。雨が四つの傾斜面を流れるので、四注《しちゅう》造りとも呼ばれる。大棟の両端からは、屋根の四隅に向かう稜線に隅《すみ》棟が構成される。

入母屋《いりもや》造り……切妻造りと寄棟造りとを合わせた形の屋根で、屋根妻の上方を切妻の形に、下方を傾斜付きにした屋根である。切妻造りの屋根が真屋と呼ばれたと述べたが、これが内側に入り込んでいる形を入真屋と呼んだことからその名になったという。

方形《ほうぎょう》造り……屋根が四つの傾斜面だけで構成される形、いわば寄棟造りから大棟を取り去った形である。寺院建築では、屋頂に露盤《ろばん》、伏鉢《ふくばち》、宝珠《ほうじゅ》をのせることがある。

七・八世紀にはこれらの屋根は成立していたものと考えられ、寺々や宮殿の屋根には瓦が葺き上げられていた。これらの屋根が組み合わされて、屋根の構造も次第に複雑になっていく。

これは葺き方の一種ともいえるのだが、瓦を葺き上げていって、途中で一段上げている屋根がある。その有様が兜の錏《しころ》を彷彿とさせるところから、錏葺きと呼ばれる。

瓦葺きの建物が、都や各国の役所や寺々に見られる程度だった古代においては、瓦葺き屋根はひときわめだつ存在だったことであろう。瓦葺き屋根は、単に雨や雪から建物をまもるだけではなく、それを建てた者、そこに居る者の威厳を示すものともなった。そうした意味合いをもつ瓦屋根が特定の階級のものでなくなったのは近世以降のことである。このことについては「瓦の歴史」の項で述べよう。

錣(しころ) 葺き屋根

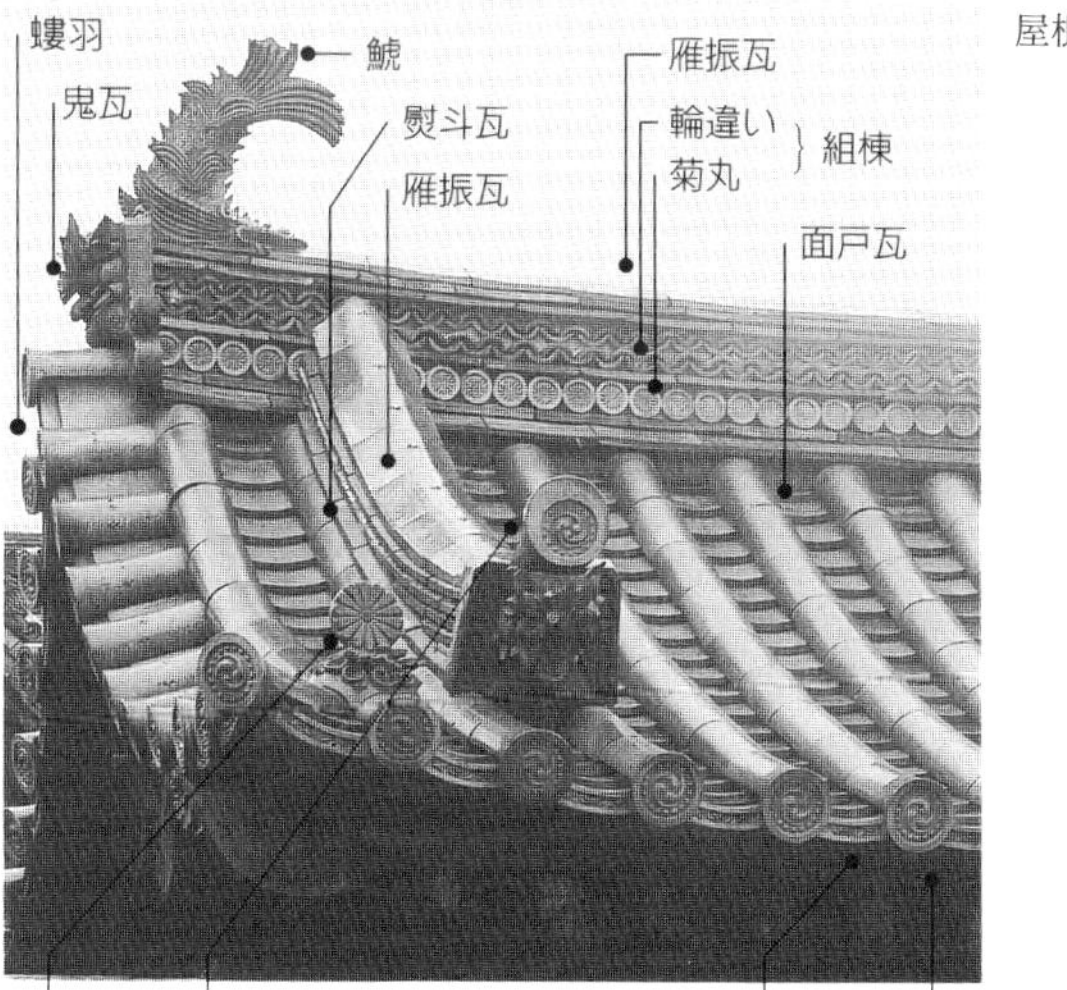

屋根瓦の名称

丸瓦・平瓦

基本的な屋根瓦は丸瓦《まる》と平瓦《ひら》である。この両者が組み合わせられて屋根全体を覆う。これを本瓦《ほんがわら》葺きと呼んでいる。丸瓦はいわば円筒を半截した形である。製作にあたっては、ほとんどの場合、円筒を半截する。そのためか、中国では筒瓦と呼ぶ。わが国の初期の段階では、飛鳥寺造営の際に丸瓦に二つの形体があった。ひとつは葺き重ねやすいように、一方の端に段差をつけたジョイントをもつもので、もうひとつは一方の端から他方の端にいくにしたがって、少しずつ細くして、葺き重ねやすく作ったものである。前者を慣例的に「玉縁《たまぶち》式丸瓦」とか「玉口《たまぐち》式丸瓦」と呼び、後者を「行基《ぎょうき》式丸瓦」と呼んでいる。前者については、葺き重ね用のジョイントを「玉縁」「玉口」と呼ぶので違和感はないのだが、後者の「行基式」についてはそのいわれがわからない。古代においても「行基式丸瓦」は特殊な形と感じられたため、そのような瓦を考案したのは多くの寺を建て、池を掘り人々の救済に尽くしたとされている行基にちがいない、というところからそのように呼ばれるようになったのかもしれない。しかし、その名でいつ頃から呼ばれるようになったのかもわからない。したがって、最近では前者を「有段式丸瓦」、後者を「無段式丸瓦」と呼んでいる。

平瓦は丸瓦とほぼ同じ長さをもつ、曲率をもった板状の瓦である。中国では板瓦と呼んでいる。長さは丸瓦とほぼ同じであるが、一つの屋根面に用いられる数は平瓦の方が多い。これは葺き重ねがあるからで、平瓦三分の二あたりまで葺き重ねられることもある。平面の形体は長方形のものも見られるが、おおむね長方形に近い台形である。これは葺き上げの必要上生まれた形なのである。木口の広い側を広端《ひろはし》、狭い側を狭端《せまはし》と呼んでおり、葺き上げの際には当然のことながら狭端が手前、すなわち軒先側に置かれる。ただし軒平瓦が使われない、たとえば飛鳥寺（奈良県高市郡明日香村飛鳥）のような初期の寺の場合には、軒先

有段式丸瓦（玉縁式丸瓦）

無段式丸瓦（行基式丸瓦）

有段式丸瓦（右）と無段式丸瓦（左）とが葺かれた屋根

に使われる平瓦は広端が手前に向けられる。(3) 葺き上げには野地板《のじ》に、水でこねた葺き土を用いるので、その方が屋根への葺き上げに際して滑り止めの効果があるからである。

これらの瓦の凹面には、多かれ少なかれ布目の圧痕が見られる。こうした布目圧痕は瓦を製作する段階でつくものなのである。とりわけ古代の瓦には明瞭に布目の圧痕が見られる。要するに、瓦製作において布が用いられ、その結果丸瓦と平瓦の凹面に布目の圧痕が残るのである。「布目瓦」という用語がある。おおむね古代の瓦に対して用いられるのだが、それは古代の瓦の多くに布目圧痕が見られるところから、そのように言われるのである。一方、凸面はどうであるのかというと、丸瓦ではおおむね「ケズリ」や「ナデ」が加えられて、当初の製作技法の痕跡が消されている。しかし、つぶさに観察すると、格子状や縄目状の圧痕がかすかに残っているものがある。平瓦では格子状、縄目状の圧痕がほとんど消されずに残っている。格子状や縄目状の圧痕は、成形時に用いる叩きしめの道具に彫刻されたり、細い縄紐が巻き付けられるために製品に残るのであり、彫刻されたものには、格子状とここでは言っているが、それ以外に種々なものが見られ、瓦製作の技術解明や工人集団分析の手段となっている。古代の瓦ではおおむね縄目状圧痕をもつものより、格子状圧痕をもつものが先行する。縄目状圧痕をもつ平瓦では、七世紀半ば頃の高井田廃寺（大阪府柏原市高井田）創建時に使われたものが最古の部類に入るものと思われる。

さきに布目は瓦の凹面に圧痕として残ることにふれた。ところが平瓦で凸面に布目圧痕の見られる例がある。そのような瓦に関する報告は光善寺廃寺（千葉県市原市寺山）出土のものがごく初期のものであろうが、(4) その後川原寺（奈良県高市郡明日香村川原）の発掘調査での出土例が報告され、次第にその事例が多くなっている。(5)

軒丸瓦・軒平瓦

丸瓦や平瓦の一方の先端に文様部をとりつけたものが軒丸瓦《のきまるがわら》・軒平瓦《のきひらがわら》である。両者を合わせて軒瓦と呼ぶこともある。文様部を瓦当部《がとう》と呼ぶが、初期の頃には丸瓦の先端にのみ文様部がとりつけられた。現在では、その後にとりつけられるようになった軒平瓦の文様部も瓦当と呼んでいる。瓦当部に飾られた文様は、少しずつ変化しそれが作られた時代を反映するので、瓦の年代を知る手がかりとなっている。軒瓦は屋根の軒先に用いられるのであるが、時には大棟に甍《いらか》として飾ったり、切妻造りや入母屋造りの屋根の螻羽《けらば》、組棟《くみむね》、縋破風《すがるはふ》、千鳥破風などにも使われ、屋根構造が複雑になるにしたがって、軒瓦の用途は次第に広くなる。

軒平瓦の平面形は平瓦と同様、おおむね長方形に近い台形である。そして広端側に瓦当部がある。平瓦を葺き上げる際に狭端が手前に置かれるのとは逆になる。平瓦の項で軒先に使われる平瓦は広端側が手前に向けられることを述べたが、その実例が飛鳥寺出土品にある。すなわち広端から一〇センチ内外の位置に丹《に》の塗布痕を残すものが出土した。瓦を葺き上げた後に建物の彩色を施した際に、刷毛が平瓦の凸面を刷いてしまったのだ。そうした例は軒平瓦ではよく見られることである。

軒平瓦を瓦座《かわらざ》に安定させるために、多くの場合瓦当部と平瓦部の間に段差をつけたり、曲率をもうけたりする。瓦座から突き出たその状況が、あたかも顎が突き出たように見えるので、その形から「段顎」「曲線顎」と呼んでいる。「曲線顎」はその断面形が馬などの蹄の形を連想させるところから、「蹄顎」と呼ばれることもあった。(6) 顎をとくに作らないものもあり、それらのものには「直線顎」の名が付けられている。

軒瓦の中には、きわめて特殊な形で作られたものがある。それは南滋賀廃寺(滋賀県大津市南滋賀一丁

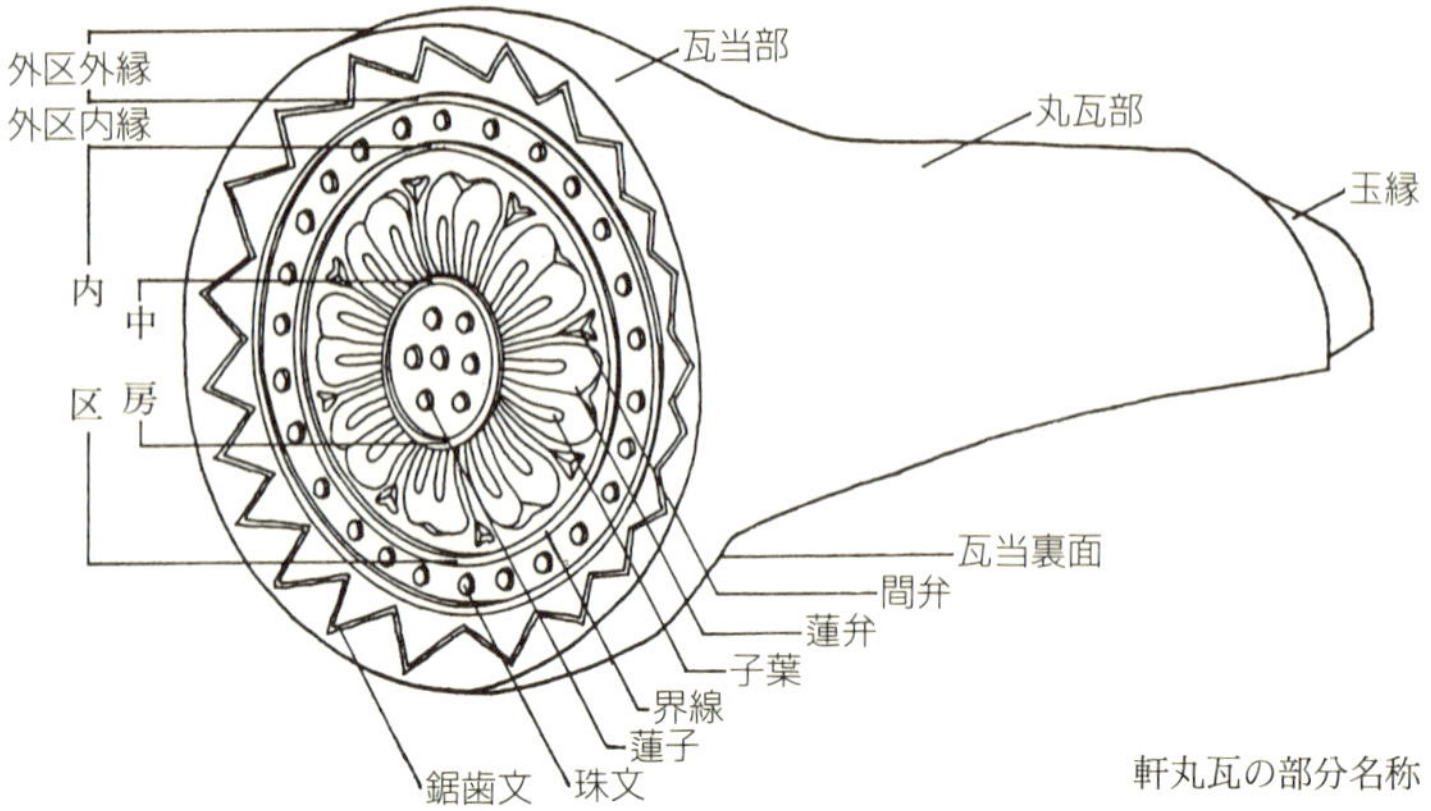

軒丸瓦の部分名称

軒平瓦の部分名称

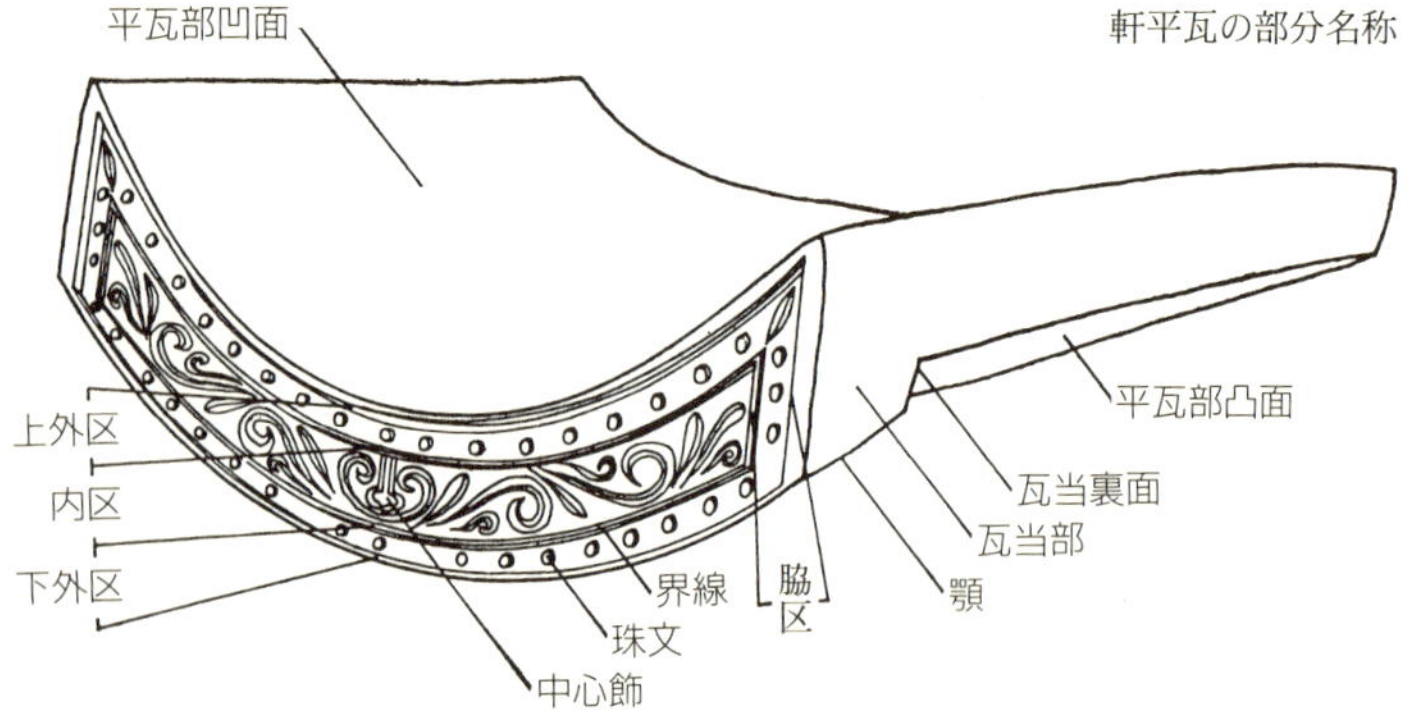

軒平瓦の顎の形体

目）や穴太廃寺《あのう》（滋賀県大津市坂本穴太町）に見られるものであり、軒丸瓦に相当するものは瓦当部が正方形に、それに続く丸瓦部に相当する部分がコの字を伏せた形で作られる。文様は蓮華を横から見た形で表現したものと思われるが、なんとなく蠍《さそり》に似ているところから「さそり文」などと呼ばれている。これと組み合う軒平瓦に相当するものは、コの字を仰向けにした浅い形で作られ、瓦当部は一方の端を塞ぐ形で作られる。文様は施されず、格子状の叩き文が見られる程度である。丸瓦部に相当する部分は端にいくにしたがって細めに作られ、二の瓦を葺きやすいように作られている。

桟瓦・軒桟瓦

わが国で瓦生産が始まって以来、丸瓦と平瓦は長い間さほど形に変化なく作り続けられてきた。江戸時代になって、丸瓦と平瓦を組み合わせた形の桟《さん》瓦が発明されて本瓦葺きとは比較にならないほど、瓦の重量が軽減されることになった。そのおかげで今では民家の多くで桟瓦葺きの屋根を見ることができる。桟瓦にもいろいろな形をしたものが作られており、なかには、瓦当部に相当するところの下面が平坦に作られた一文字瓦というものもある。

桟瓦が作られたのは延宝二年（一六七四）のことであり、近江三井寺万徳院の玄関に初めて葺かれた。考案者、むしろ発明者といってもよいだろうが、それは大津に住むことになった瓦工西村五郎兵衛尉正輝（後に半兵衛と改名）であった。彼は江戸で「火除《ひよけ》瓦」という瓦を見て桟瓦を考案したということから、初期の頃には「江戸瓦」と呼ばれていた。ここにいう火除瓦というものがどのようなものであったのかよくわからないが、西村半兵衛の考えていたものとは違っていたようだ。(7) 後に発明された瓦が桟瓦と呼ばれるようになったのは、丸瓦部に相当するところを桟と呼んだことによるのであろう。

軒桟瓦　軒丸瓦に相当する部分を蛇の目とし，わずかにアクセントをつけて文様風に作っている

軒桟瓦　軒丸瓦に相当する部分にもまったく文様をもたない

軒桟瓦　軒丸瓦に相当する部分はもたず，軒平瓦に相当するところに文様を施している

軒桟瓦　まったく文様をもたず，下面が水平に作られており，「一文字軒瓦」と呼ばれる

左栈瓦と右栈瓦を載せ分けた民家の塀

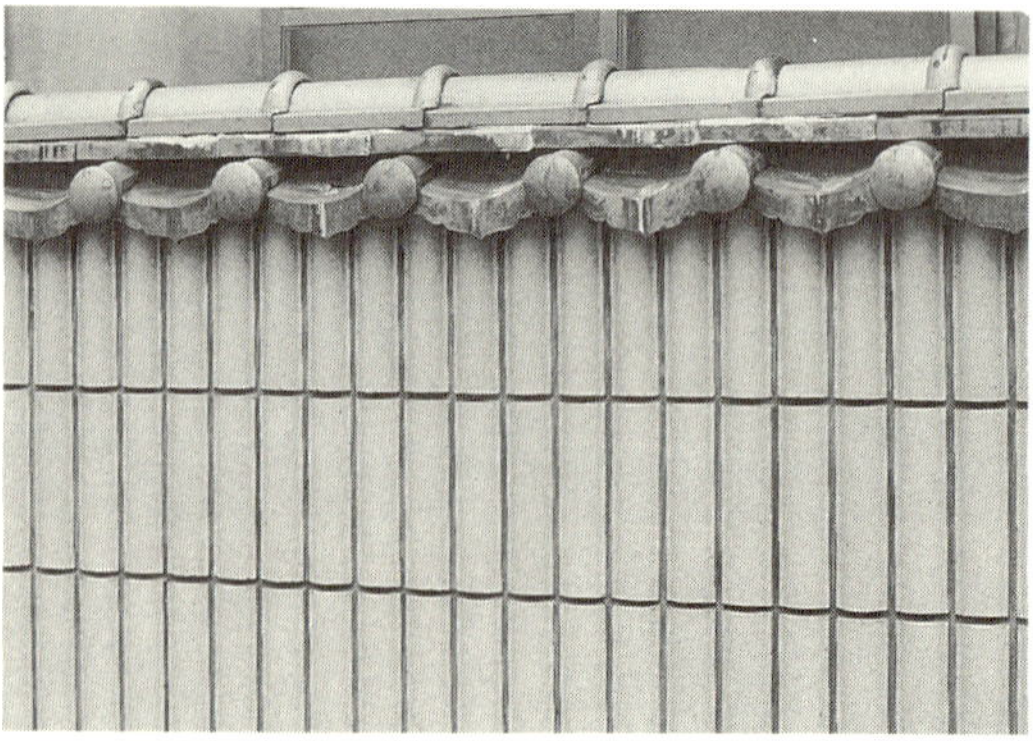

左軒栈瓦を載せた民家の塀．螻羽用の瓦を転用したものであろうか

左桟瓦と右桟瓦　上：両者の中間に両端に桟をもつ瓦が使われている。下：中央に通常の軒平瓦・平瓦を葺き、その左右にそれぞれ左桟瓦と右桟瓦を葺いている

左桟瓦風にセメント瓦を載せた民家の塀

ごく一般には桟は向かって左端にあるが、屋根構造によって雨水が入りやすいところには、桟が向かって右端にある「左桟瓦」を使う。ここで左というのは、葺き上げた瓦を大棟から軒先を見ての左右である。一般の桟瓦を「右桟瓦」とは呼ばないだろうが、ここではそう呼んでおく。左桟瓦はあまり用いられていないが、地方によってはしばしば見かけられる。屋根全体が左桟瓦で葺かれていることもあるが、母屋は普通の桟瓦で、庇《ひさし》の部分は左桟瓦で葺かれているという場合もある。そして、あまり多くはないものであるが、寄棟屋根の面によって左右それぞれの桟瓦を葺いている屋根を見たこともある。また、民家の塀に一文字瓦を使っているのだが、門を境に左桟瓦と右桟瓦を使い分けたり、曲がり角を境に両者を使い分けているというようなものもある。

このように使い分けるのは基本的には両者を一つ屋根には葺けないからであるが、興福寺の西隣りにある幼稚園の東西方向の北築地では、東から右桟瓦を葺いていき、西から左桟瓦を葺いていき、二種の桟瓦が接するところには左右両端に桟をもつ特殊な形の瓦が伏せられている。高知城の南にある山内家下屋敷長屋は東西棟であり、その南面の庇では軒桟瓦も使っているのだが、さきの奈良の例とは異なり、中央に普通の軒平瓦と平瓦を葺き上げ、その東に右桟瓦を葺いていき、西に左桟瓦を葺いている。両桟瓦の混用がこのように見られるのは、興味深いことである。

軒先に置く桟瓦には文様部がある。それを軒桟瓦と呼ぶ。文様を飾ったものと飾らないものとがある。文様をもつものでは、桟の先端（雀口《すずめぐち》）を軒丸瓦ふうに作り、主として巴《ともえ》文を、また桟の先端をことさらに軒丸瓦ふうに作らず雀口のままにして、軒平に相当するところにのみ文様部を作るものがある。軒平瓦に相当するところには均整唐草文を飾ったものが多い。なお、軒桟瓦の中には底面を平坦に作ったものがあり、これを「一文字軒瓦」と呼んでいる。近年の桟瓦にはまったく文様が施されないものがあり、味気ないものとなってしまっている。

鬼瓦

大棟や降り棟の先端には鬼面の瓦が据えられる。これをその姿から鬼瓦《おにがわら》という。屋根本来の目的である雨や雪から建物を保護するという点からは、装飾用の意味合いが強いということになる。しかし、鬼瓦は建物に悪神が憑りつかず、福を招くと考えられていたのであるから、恐ろしい顔つきの鬼瓦はその建物にとっては、大切な役割を果たすものであった。このような、主として屋根を装飾する瓦を道具瓦とか役瓦と呼んでいる。

そうした道具瓦の中でも鬼瓦は、すでに初期寺院の棟にも据えられていた。わが国で最初に建立された飛鳥寺にどのような鬼瓦が使われたのか定かでないが、法隆寺若草伽藍跡（奈良県生駒郡斑鳩町法隆寺）からは蓮華文の鬼瓦が出土している(8)。蓮華文は、文様面に直接彫刻したものである。まず、文様面の全面を方格に区画する。中央部では一辺八・四から八・六センチの正方形になる。そしてそれぞれの交点を中心にしてコンパスを使って半径三・一センチの円を描く。この円の中を八等分して八弁の蓮華文を描く。蓮弁とはいうものの、先端は角ばり、中央に高い稜をもつ形で彫られるので、きわめて幾何学的な文様となっている。文様面には、下絵を描く際の定規で線を引いた割付の「あたり」や、コンパスの芯の孔がよく残っている。

文様面に下絵を描いて文様を施す手法は、同じ頃に作られた若草伽藍跡や坂田寺跡（奈良県高市郡明日香村坂田）の軒平瓦とまったく同じである。複数の蓮華文を飾る鬼瓦は、扶余時代の百済にその例があり(9)、おそらくその影響を受けているのだろう。

蓮華文を飾りながら鬼瓦と呼ぶのも奇妙なことであるが、いずれにせよ、大棟の両端をなんらかの形で塞がねばならない。さきに装飾用の意味合いが強いと述べたが、実際には大棟や降り棟の木口《こぐち》からの雨水の浸透を防がねばならないので、当時瓦当文様に使われていた蓮華文をそれに使ったのであろう。したがって、七世紀代の棟飾りの瓦には蓮華文が用いられるのであり奥山廃寺（奥山久米寺＝奈良県高市郡明日香村奥山）、山村廃寺（奈良市山村町）や秦廃寺（岡山県総社市秦）など各地から出土している。奥山廃寺からは二種の鬼瓦が出土している。一つは七世紀前半に属するもので、角端点珠の無子葉単弁蓮華文を大きくおき、その周囲に大ぶりの連珠文をめぐらせるものであり、笵《はん》によって作られた鬼瓦としては最古に属するだろう。よく似た文様をもつものが末ノ奥瓦窯跡（岡山県都窪郡山手村宿末ノ奥）から出土している。この瓦窯は畿内との強いつながりをもつ豪族の経営によるものと思われる。奥山久米寺のこの鬼瓦とよく似た資料が推定小墾田宮《おわりだのみや》跡（奈良県高市郡明日香村豊浦）からも出土しており、奥山久米寺が特別な寺であった可能性をうかがわせる。他の一つは有子葉単弁蓮華文を大きくおき、その周囲にやはり大ぶりの連珠文をめぐらせるものである。均整のとれた美しい文様である。この鬼瓦ときわめてよく似た鬼瓦が山村廃寺から出土している。山村廃寺例では蓮華文の周囲に線鋸歯《きょし》文をめぐらす。この両者の検討から、外区の珠文帯を線鋸歯文帯に彫り直したものであることが確認されている(10)。この寺の創建期に使われた軒丸瓦の瓦当文様は、鬼瓦と同じものである。奥山廃寺の後者の鬼瓦と山村廃寺の鬼瓦は、両者とも足元の中央と両端が弧状にえぐられている。

われわれが鬼瓦と感じる邪鬼面の鬼瓦が出現するのは、どうやら八世紀に入ってからのことのようである。藤原宮からは弧を何重かにあらわしたものしかなく、平城宮で鬼面文や邪鬼文の鬼瓦があるので、この時期にそうした文様をもつ鬼瓦が採用されたものと考えられる。鬼面文の鬼瓦には、統一新羅の鬼瓦と

扶余扶蘇山出土の石製鬼瓦

法隆寺若草伽藍の鬼瓦

奥山廃寺の鬼瓦（左右とも）

山村廃寺の鬼瓦

共通する要素をもっているものもあり、新羅の影響のもとに作られた可能性も考えられるが、他の鬼面文、あるいは獣身文鬼瓦から、唐の影響下に鬼面文鬼瓦が採用されたとの考え方も強い(11)。

ところで八世紀の鬼瓦には大きく分けて二種が存在すると考えられている。すなわち平城宮式と南都七大寺式である(12)。両者の大きな相違は外縁部の珠文の有無である。平城宮式にはこれがない。また南都七大寺式鬼瓦は顔面のみの表現で、下顎の下端と下歯を欠くものが多いのも特徴である。

これらの鬼瓦は笵《はん》、すなわち型に粘土を押しこんで作られる。そうした作り方の鬼瓦は平安時代、鎌倉時代を通じて作られるが、般若相の、立体感にあふれた角をもった鬼瓦は室町時代に出現する。

鬼瓦には、大棟用のものと降り棟用のものとがある。大棟に据える鬼瓦は「拝み」の軒丸瓦をまたぐ形で据えられるために、足元がアーチ状に大きくえぐられる。螻羽《けらば》を押さえるために降り棟が出現するのであるが、降り棟に用いる鬼瓦はやや小形に作られる。足元のえぐりは、七世紀後半のものでは足元の中央と両端がえぐられ、八世紀のものでは中央部だけがえぐられるものがめだつ印象である。これは降り棟の構造によるものであり(13)、後に二段になった降り棟の鬼瓦では足元はそのままか、あるいは足元の中央と両端をも弧状にえぐり、降り棟両側の丸瓦上におさまるように作られるものがある。この種のものは、さきにあげた奥山廃寺や山村廃寺のものがよく知られているため、七世紀代に限られるような印象が強いが、八世紀の鬼瓦にもそうしたものがある。また、隅の降り棟も二段になり、一の鬼瓦と二の鬼瓦の二つの鬼が載せられる。二の鬼瓦は棟が高いので足元が深くえぐられ、一の鬼瓦はさきに述べたように、足元はそのままか、足元両端が弧状にえぐられる。ただ、降り棟や隅棟が二段になるのは、屋根勾配が大きくなるにつれてそうなったのであり、それは平安時代後期のことである。したがって、それ以前の降り棟や隅棟の鬼瓦は、各棟一個であったと考えられる。

平城宮の鬼瓦

平城宮の鬼瓦

新羅の鬼瓦（雁鴨池出土）

平城宮の鬼瓦

鬼瓦には大棟用と降り棟用とがあると述べたが、ごく初期の段階のことはよくわからない。完全な形のものや、かなり確実性の高い復元品は降り棟用である。確実に大棟にのったものが明らかでないのである。そして、古代の史料に鬼瓦に相当するものの名称が見えないのも不思議なことである。『西大寺資財流記帳』の「薬師金堂」の記録は屋根に関して詳細であるが、「鬼瓦」に相当するものとしては「角隄瓦端銅華形八枚」とあるものがそれかと思われる程度である。[14] 寄棟重層であれば隅棟の先端に鬼瓦が八個必要になる。そうしてみると、鬼瓦をこの時代には「華形」と呼んでいたものとも考えられる。しかし西大寺造営の頃であれば鬼面があらわされていたはずである。

さきにふれたように、古代の鬼瓦の多くは、軒瓦と同じように型（笵）に粘土を押し込んで作っていた。なかには型のひび割れが文様面にあらわれているものも見られる。鬼瓦を大棟にのせる際には、下端中央の刳りをその下に置いた軒丸瓦、これを「拝みの瓦」と呼ぶが、そこにまたがせる。ところが美濃国分寺（岐阜県大垣市青野町）の鬼瓦では、特殊な作り方をしている。拝みに使う軒丸瓦とともに焼き上げられているのである。[15] 鬼瓦を跨がせるだけで良さそうに思われるのだが、これも一つの工夫なのであろう。また、鬼瓦の上部には鳥衾《とりぶすま》がのるのだが、大宰府出土の鬼瓦にはこれをのせやすいように、文様面上部を削り取っているものがある。逆に、こうした資料によってすでに古代において、鳥衾があったことが知られる。

鬼瓦の文様面には孔があけられているものが多い。これを一般に釘孔と呼んでいるが、釘を打ち込む孔ではない。鬼瓦を棟に留めるためにここに金具を塡め込むのである。孔をもたないものでは、鬼瓦の左右外縁に直接金具を懸けて引っ張ったり、鬼瓦の背面に把手をつけたりする。背面に把手をもつ鬼瓦は時期の降るものとの印象が強いが、わが国最古の資料である法隆寺の手彫り蓮華文鬼瓦の背面には把手がある。

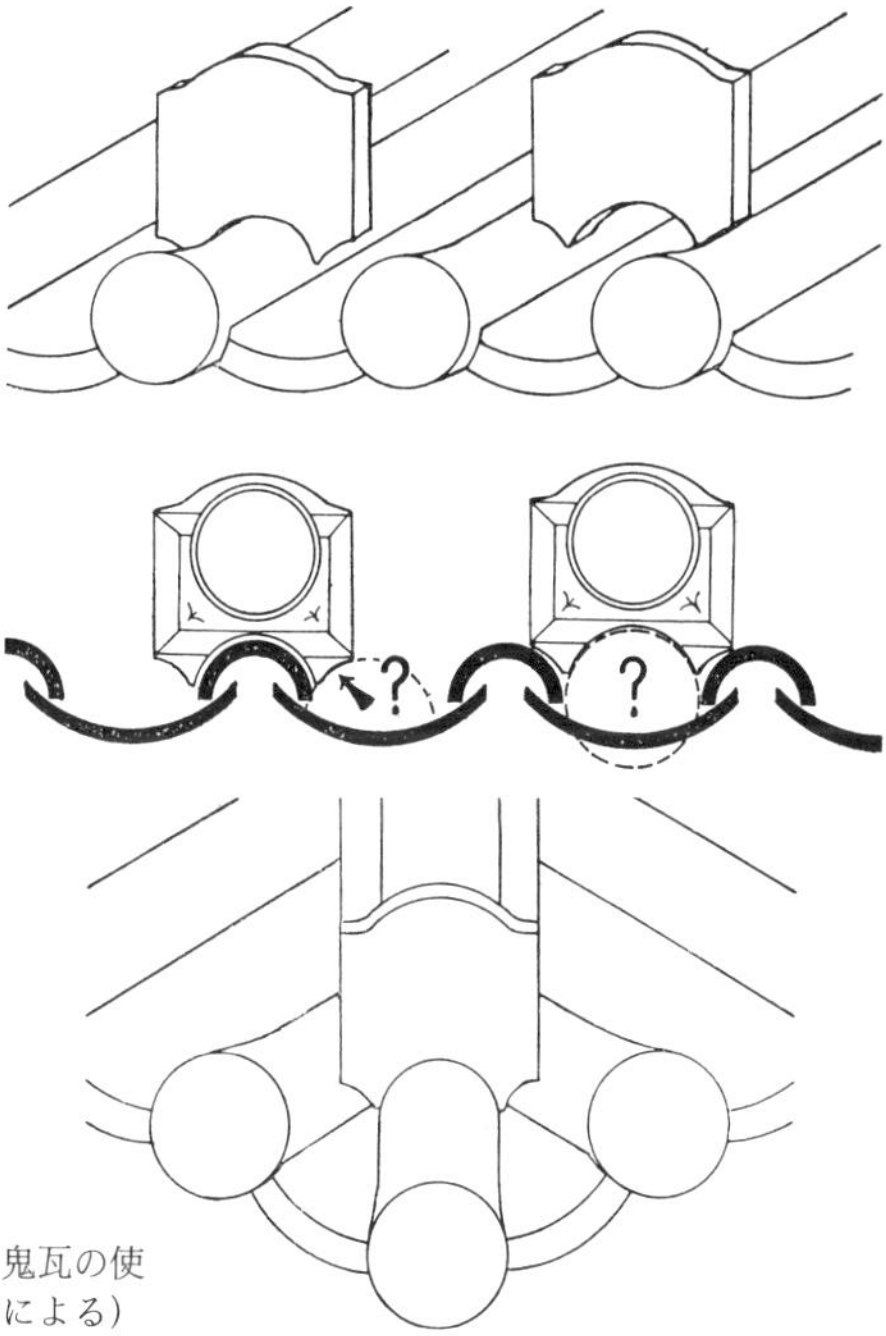

足元両端をえぐった鬼瓦の使用法（註12木村論文による）

隅棟の一の鬼瓦と二の鬼瓦

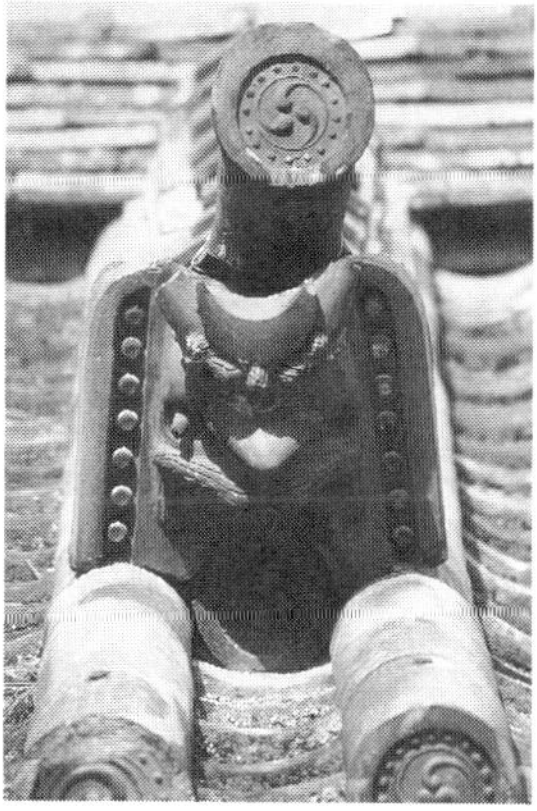

下面両端をはつった降り棟の鬼瓦

九州・大村線大村駅旧駅舎の鬼瓦　鉄道の象徴である「レール」を飾っている

美濃国分寺の鬼瓦　拝みの瓦を組み合わせて焼成している

大棟の飾り瓦　へら描きで文様が施されている．その形からは鬼瓦とは呼べそうにない

木製の「鬼瓦」

「二つ引」紋をおいた鬼瓦　拝みには「三つ柏」をおいた軒丸瓦を使用，この隅棟の向かって右には左桟瓦を葺いている

家紋「笹竜胆」をおいた鬼瓦

「水」をおいた鬼瓦

古代の鬼瓦の中には鬼面以外のものもある。さきにふれた藤原宮や小山廃寺（紀寺跡＝奈良県高市郡明日香村小山）からは、重弧文の鬼瓦が出土している。蓮華文から鬼面文への過渡期のものとも理解されている。また平城宮からは鳳凰が大きく羽を広げた鬼瓦が、第二次内裏北方官衙地域から出土している。[16] それが載せられた建物は特定できないが、内裏にきわめて近いことからすれば、そのどこかの建物に使われたのではなかろうか。祥瑞を呼び込む意図からそのようなものが作られたのであろう。また素文の鬼瓦、文様がまったくあらわれていない鬼瓦形の瓦製品が信濃国分寺（長野県上田市大字国分）から出土している。[17] 下半部に方形の刳りがあり、上半部中央にいわゆる釘孔がある。素文のまま屋根にのせられた可能性なしとしないが、木彫りの鬼面をこれに取り付けたとは考えられないだろうか。

さきにもふれたように、立体的な般若相の鬼瓦は室町時代に出現するが、時代が降るにつれて鬼面以外の鬼瓦も作られるようになる。魔除けの意味合いなのか、「喼々如律令」のように呪文をあらわしたもの、あるいは「水」一字をあらわしたものがある。前者は古代の呪符によく見られ、呪文の最後に付ける文言、「水」は火災からその建物を護る意味をこめたもの、両者ともに現代の屋根に見ることができる。

城郭建築が営まれた頃、家紋を軒瓦に飾るようになるが、鬼瓦にもそれが採用される。家紋は次第に城郭建築以外にも用いられ、現代の民家にも家紋をあらわした鬼瓦を見ることができる。特殊なものに、鬼瓦とは言いにくいのであるが、変形の棟飾りがある。

鴟尾

建物の大棟の両端を飾る瓦に鴟尾《しび》がある。[18] 鴟尾は大きく胴部、縦帯、鰭《ひれ》部、腹部に分けて呼んでいる。もともと大棟の両端を強く反り上がらせるところに起源があったようで、漢代の墓の副葬品である明器《めいき》や、北魏時代の壁画にそうした状況があらわされている。わが国古代の鴟尾の中にもそうした状況をあらわしたものがある。飛鳥寺や法輪寺（斑鳩《いかるが》）の例では削り出しの段型《だんがた》で、大棟が反り上がる状況をあらわしている。四天王寺の例では、それを沈線であらわしている。鴟尾の鰭部には、多くの場合段型があらわされている。胴部に段型があらわされないようになっても、この部分にそれが残ったものである。

また、鴟尾の起源については祥瑞と辟邪の象徴である鳳凰の翼があらわされたとの見方もある。最古の鴟尾は飛鳥寺中金堂と西金堂に使用されたと考えられるものであり、薄手に作られている。胴部に見られる削り出しの段型は大棟を反り上げた形をあらわし、鰭は羽根が重なったようにあらわされる。縦帯は胴部と鰭部の段型を互い違いに作ることによってあらわしている。

胴部に鳥の羽をあらわした鴟尾が山田寺（奈良県桜井市山田）や和田廃寺（奈良県橿原市和田町）の例、そして模型であるが玉虫厨子の例などにあり、これらからすれば建物大棟の両端を、あたかも鳳凰が羽を広げたように表現したと考えてもよいだろう。「鴟尾」という文字からすれば、鳥を意識したとの考えが強くなるが、鎌倉時代の復古作である唐招提寺金堂のそれには、「鮪」の文字があてられており、鴟尾に対する意識が鳥から魚に変わっている。(19) また奈良時代の史料、『西大寺資財流記帳』などには「沓形《くつ》」とあり、貴族たちの履き物のその形から連想された名称で呼ばれたことが知られる。(20)

鴟尾には鳥の羽をあらわした装飾性豊かなものもあるが、多くは段型や凸線程度である。しかし、七世紀代の鴟尾の中には胴部に蓮華文を飾ったものも見られる。おそらくその寺所用の軒丸瓦の瓦当部を貼り付けたものであろう。特殊な文様をもつものに、西琳寺旧境内から出土した胴部に「へら描き」文様をもつ鴟尾がある。(21) その文様は、火焰宝珠と正面から見た蓮華文が組み合わされているのである。まさに仏教世界が図案化されて描かれているのである。瓦製品と金工品との違いはあるが、この文様は法隆寺の菩薩

山田寺鴟尾復原図

法輪寺の鴟尾

和田廃寺の鴟尾

唐招提寺金堂大棟の鴟尾

山王廃寺の鴟尾と
その復元図

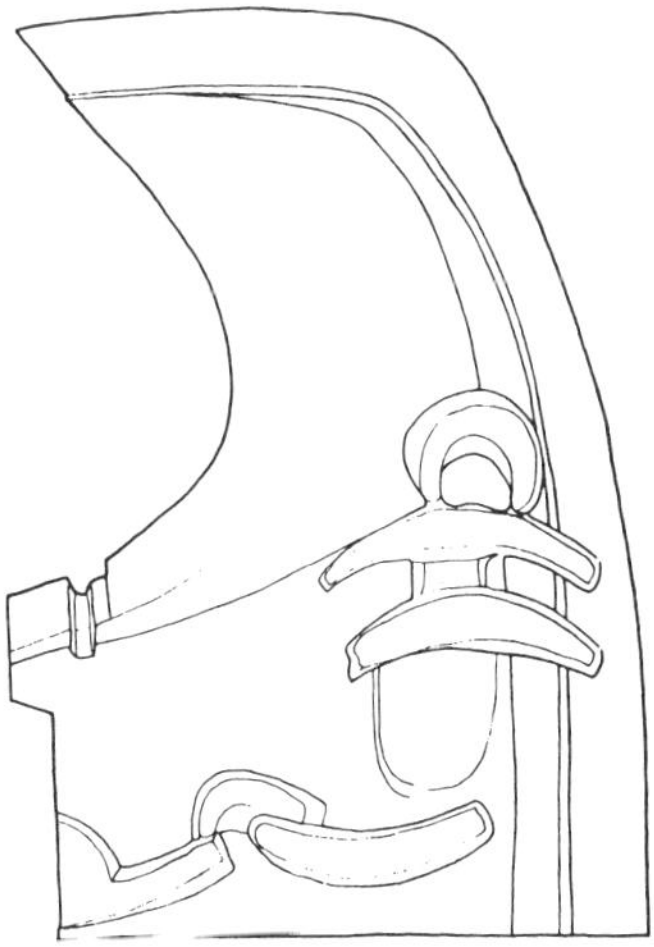

立像の宝冠の文様に共通するところがある。また、平安宮で使われた鴟尾には珠をくわえた鳳凰をあらわしたものがある。

鴟尾はおおむね瓦製であるが、伯耆大寺廃寺（鳥取県西伯郡岸本町大殿）や山王廃寺（群馬県前橋市総社町）には石製鴟尾がある。山王廃寺の鴟尾は二点のうち一点は胴部と鰭部に段型をあらわさないが、縦帯は凸帯状にあらわされている。この鴟尾の特徴は、瓦とのとりつきの仕口があらわされていることである。脊稜の下端は大棟の雁振《がんぶり》瓦に連なるように作られている。そして少し手前に溝が彫られているが、これについては雨水を流す水切りの溝と考えられている。胴部側面には屋根の頂部と降り棟がとりつく仕口がある。屋根の頂部がとりつく仕口は、丸瓦と平瓦それぞれ二枚がとりつくように彫られ、降り棟は平瓦列の上におさまるようになっている。他の一点は胴部には何の表現もない。縦帯もあらわされていない。この二点の鴟尾は別々の建物にのせられたのであろう。大寺廃寺の鴟尾は、鰭部に弧状の段型をあらわしており、一見羽根状に見える。

『大安寺伽藍縁起并流記資財帳』には、大安寺の前身である百済大寺の石製の鴟尾が焼けたという記事がある[22]。また、鴟尾のような大形品は窯での焼成が困難だったためか、奈良時代の瓦製の鴟尾の実例はきわめて少ない。

奈良時代に寺が数多く建てられた平城京では、唐招提寺の鴟尾が唯一の瓦製品である。他の寺々には見られないのである。平城宮に大極殿をはじめとする多くの殿舎が建てられたにもかかわらず、瓦製品の鴟尾は断片すら出土していない。唐招提寺の鴟尾は金堂大棟西方に奈良時代に作られたものが今でも健在である。東方の鴟尾は鎌倉時代、元亨三年（一三二三）に橘正重によって忠実に複製されたものであり、凸帯で区画した縦帯には小ぶりの連珠文をおく。この連珠文は基底部にまで連なっており、縦帯本来の意味が失われたことを示している。鰭部には段型をあらわすが、頂部をめぐらず、途中で切れている。こうした形態の鴟尾は初唐時代の影響を受けたものであり、七世紀後半代に採用され、平安時代にも及んでいる。

さきにあげた西大寺の史料や、法華寺阿弥陀浄土院造営関係の史料によって金銅製の鴟尾が作られたことが知られる(23)。また史料によれば、鉛製や木製の鴟尾もあったようである(24)。鴟尾の側面下部に三日月状、あるいは半月状の透かしをもつものと、そうでないものとがある。その透かしには降り棟がとりつくのである。したがって、その種の鴟尾は、切妻造りか入母屋造りの屋根にのっていたことがわかる。また、透かしの位置によって破風、すなわち螻羽《けらば》から何列目に降り棟が設けられていたかもわかるのである。

鴟尾は平安時代以降ほとんど作られなくなり、中世以降は魚形に変化して鯱《しゃち》が出現する。

鯱

鴟尾と同様、建物の大棟を飾る瓦である。頭を下にして尾を跳ね上げた姿から、鯱鉾《しゃちほこ》と呼ばれることもある。胴部は鱗に覆われ、胸鰭、腹鰭、尾鰭が一対ずつ大きくあらわされ、雁振瓦を嚙んでいる。鯱は室町時代に出現したようであるが、その起源はよくわからない。その形態からすれば、鴟尾から変化した可能性も考えられるが、変化の過程を示す資料は見られない。さきに唐招提寺の橘正重による復古作の鴟尾に「鮪」の文字があてられていることにふれたが、強いてあげれば鳥から魚への変化という意味あいから、この程度であろう。

鯱は明らかに海魚の姿を示しており、一説には海の水を一気に飲み干すとも言われている。そのことからすれば、建物を火災から守るために水にかかわる想像上の海魚を屋根にのせるようになったのではないかと考えられる。鯱が多用されるようになるのは城郭建築からであるが、雄壮なその姿が時代としてそれ

鯱

大棟両端の鬼瓦に鳥衾を載せたため，鯱が後方へ下がり，通常見られるものとは若干異なっている

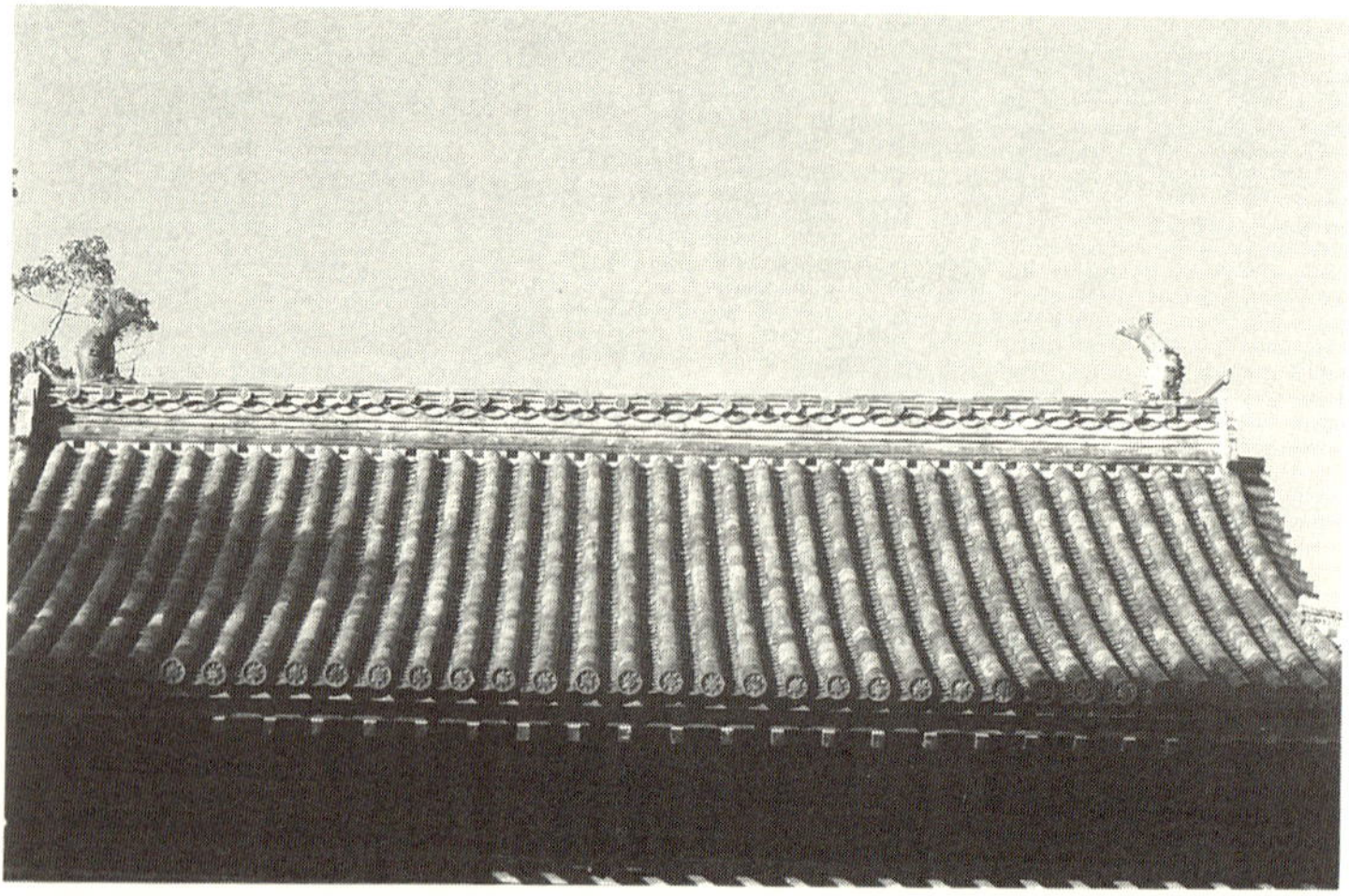

獅子口

隅棟に使われる獅子口は、鬼瓦と同じように二段になる

足元をつけた獅子口

を受け入れやすい背景になっていたのであろう。

獅子口

大棟の両端や降り棟の端に据える箱形の棟飾りである。獅子とは無縁な形態をしているにもかかわらずこのような名前で呼ばれるのは、内裏の紫宸殿《ししいでん》の大棟にのせられたからだとの説もある。獅子口に紫宸口の文字をあてることもあるのは、そのことからきているのであろう。

獅子口の基本的な形は正面五角形で、頂部に三個から五個の軒丸瓦状のものをのせる。そして胴部正面に山形の線を入れる。頂部の軒丸瓦風のものを「経の巻」と呼ぶ。経巻に擬しての用語なのであろう。胴部に施した山形の線を「綾筋」と呼んでいる。箱形に作られた側面に軒丸瓦の瓦当部を塡め込むものが多いが、ここにも綾筋を入れるものが見られる。最古の獅子口は東寺蔵品であろう(25)。経の巻の断片であるが、その巴文の形から鎌倉時代の製品と考えられている。いわば模型であるが、法隆寺聖霊院厨子の屋根にある木製の獅子口は鎌倉時代の作品であることがはっきりしている。経の巻の文様は巴文である。

隅棟に使われる獅子口には一の鬼、二の鬼と同じように使われることがある。当然のことながら、二に使われる獅子口では足元が大きくえぐられ、棟を深くまたぐ形になる。

獅子口は時代が降るにつれて経の巻が前に出てきて、両側面の下部、これを足元と呼ぶが、そのあたりが雲形に作られ、棟を大きくまたぐ形に発展する。

隅木蓋瓦

寄棟造りや入母屋造りの建物では、隅木が軒下に長く突き出る。必然的に隅木の先端は風雨を常に受け、

但馬国分寺の隅木蓋瓦　隅木にのせるように蓋形に作っている

西隆寺の隅木蓋瓦　軒平瓦の後部を直角に打ち欠いて隅木蓋瓦としている

隅木蓋瓦

風蝕しやすい。そのために隅木の先端を保護する工夫が古代からなされている。簡単なものでは、平瓦や軒平瓦の凸面を上にして隅木に伏せて釘留めしたものがある。隅木の奥、茅負《かやおい》の隅角に当たるところ、すなわち平瓦部狭端側を直角三角形状に打ち欠いている。丁寧に作られたものでは、隅木に塡め込むように箱形に作られる。新堂廃寺例では正面に獣面をあらわし、頂部に重弧文軒平瓦を伏せて載せた形に復元されている。(26)上野廃寺例では箱形に作った正面と側面にパルメットをレリーフ状にあらわし、側面端を雲形に削っている。(27)これらほど丁寧ではないが、法隆寺や薬師寺には浅い蓋形に作ったものがあり、正面や側面に唐草文や花雲文などを飾っている。(28)

留蓋

切妻屋根で、螻羽《けらば》（破風《はふ》）に掛瓦《かけがわら》を用いると、隅巴と呼ぶ軒丸瓦の後部の雨仕舞いの都合上、ここを覆わねばならない。そのために考案された瓦を留蓋《とめぶた》という。軒丸瓦が三方に出るため、留蓋の下端は丸瓦部凸面に合わせたえぐりをもつ。また、築地の曲がり角のような、雨仕舞いのわるいところに留蓋が使われることもある。形は単なる蓋形ではなく、上面には蓮華、天女、鳥、獅子、恵比寿・大黒・桃などいろいろな飾りがつけられる。これらは仏教的なもの、めでたいものであるが、桃などは魔除けの意味をもたせたものであろう。軒の隅を蓋するために隅蓋と呼ぶこともあるが、隅木蓋瓦を隅蓋と略して呼ぶことがあるので誤りやすい。

熨斗瓦

大棟や降り棟を高く積み上げるための瓦である。その、瓦を積み上げて形成された棟が堤のように見え

留蓋

留蓋

阿吽の獅子を置いた留蓋を稚子棟の両端にのせている

るためか、古代の史料に「堤瓦」や「隄瓦」の表現で見える。平瓦を長軸に沿って半截した形の瓦である。瓦葺き上げの現場で平瓦の中央を玄翁《げんのう》で筋をつけて半截し、それを熨斗《のし》瓦としている情景を見かける。当初から熨斗瓦として作るのが本式であり、古代の遺跡から出土する資料にはそうしたものもよく見られる。生瓦の段階で平瓦に切り込みを入れて、適度に乾燥した段階で半截し焼き上げるのであるが、長辺の一方の側面はきちんと調整が加えられているのに、他方の側面は割り放しの痕跡をそのまま残したものをよく見かける。熨斗瓦では、長辺の一方は棟の中に入り外からは見えないので、調整を加える必要がないからである。熨斗瓦の名は、進物の熨斗包みに似ているところからそう名づけられたという説がある。

面戸瓦

丸瓦と平瓦を葺き上げた際に、大棟や降り棟では平瓦の谷に隙間が生じる。そこを漆喰で塗り込めることもよく行なわれることであるが、きちんとする場合には、そこを瓦で塞ぎ棟の景観を整える。その瓦を面戸《めんど》瓦という。大棟と降り棟とでは、平瓦で生じる谷の形がちがうので、面戸瓦の形も異なる。すなわち、大棟用の面戸瓦は左右対称の形であるが、降り棟用は一方がやや細い。その形から前者を「蟹面戸」、後者を「鰹面戸」と呼ぶ。また後者を「登り面戸」と呼ぶこともある。面戸瓦も熨斗瓦と同様、その瓦として作られたものがある。丁寧に作られたものでは、平瓦の谷間だけでなく、それに隣接する丸瓦にまでかかるように作られたものがある。しかし、そうした資料はさほど多くなく、単に平瓦の谷間を埋めるだけのものが多い。面戸瓦として作られたものの中には、丸瓦製作途中でそれに転用したと思われるようなものもある。しかし、そうした中には、きわめて杓子定規なものも見られる。丸瓦製作途中で面戸瓦の規格に合わせて切断しているのだが、玉縁部もそのまま面戸瓦としているのである。なにかしら員数合わせと

平城宮出土熨斗瓦

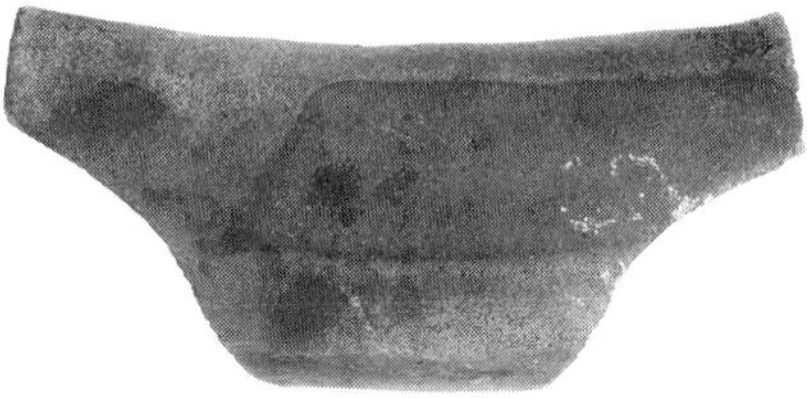

平城宮出土面戸瓦

面戸瓦（蟹面戸）

面戸瓦
（鰹面戸）

いう気がする。

雁振瓦

建物の大棟や降り棟の頂部に伏せ並べていく瓦を、雁振《がんぶり》瓦とか衾《ふすま》瓦と呼んでいる。七世紀後半の平瓦状の製品で、凸面側の一端に葺き重ねを考慮して玉縁を設けた雁振瓦の事例があるが、このような瓦はごく特殊なものであり、古代には棟の頂部には丸瓦を置いたり、平瓦の凸面を上に向けて置いたものと考えられる。室町時代に法隆寺で活躍した瓦大工橘氏が作った瓦の中に「衾瓦」「フスマ瓦」とへら書きしたものがあり、少なくとも、この時代にはそれ専用の瓦が作られたことが明らかである(29)。

寺々の屋根には、鳥衾の後部と同じ形の平瓦状の製品が凸面を上に向けて置き並べられている。小規模な堂宇では丸瓦を用いたりしている。しかし、面白いことに、古代に作られたものと同じく玉縁をもった雁振瓦がかなり使われている。機能を考えた発想というものは今も昔も変わらないのであろう。丸瓦では、玉縁は丸瓦凸面側から本体の厚さ分下げた位置にあるが、この雁振瓦の玉縁は平瓦状に作った一方の端の凸面側からその厚さ分上に設けられる。こうした雁振瓦を使った屋根では、おおむね玉縁方向は一定なのだが、ときとして大棟の中央を境にして、玉縁の位置が左右違えて用いられている場合がある。そうした事例では、中央には左右両端に玉縁をもつ雁振瓦が使われている。大棟に用いられる瓦であるから、下から見上げてもそのようなことは注意しなければわからないのだが、やはり屋根を美しく見せるための瓦作りの人たちのこだわりなのであろう。注意して周囲を見回してみると、民家の塀にも雁振瓦が載せられ、両方に玉縁をもつものが使われているのを目にすることがある。

雁振瓦

雁振瓦　一文字軒瓦の丸瓦部の文様は難波宮のものによく似ている

雁振瓦

立浪形飾り瓦　塀の角に立浪形を置いた雁振瓦を使っている

立浪形鳥衾

立浪形鳥衾

鳥衾

これは、大棟や降り棟に据える鬼瓦の上に載せる瓦である。軒丸瓦の後ろに雁振瓦をつけた形であるが、瓦当部上端から丸瓦部にかけて強く反っている。すなわち瓦当部が大きく立ち上がるように作られる。また、瓦当部を鬼瓦の上端に懸けやすいように顎を深く作っている。発掘調査でやや顎の深い瓦当部の断片が出土することがあり、隅棟の端に使う軒丸瓦、通称隅巴と誤りやすい。いつ頃からこのような鳥衾《とりぶすま》が作られるようになったか明らかでないが、大宰府出土鬼瓦の頂部に、雁振瓦を安定させる切り込みが見られ、平城宮からは鳥衾に似た大形の軒丸瓦が出土しているので、かなり古い時代から作られていたことが予想される。しかし、現在見るような形になったのは中世以降であろう。鳥衾はおおむね鬼瓦と共に使われるが、寄棟造りの大棟では鬼瓦や鴟尾がなく、鳥衾だけで棟端をおさめている場合がある。一般の鳥衾の他に、波のうねりをあらわしたような形の、立浪《たつなみ》形鳥衾もよく見かける。

甍瓦

大棟や降り棟を飾る瓦である。「甍《いらか》」とのみ呼ぶべきものかもしれない。棟にはこれまでにあげてきたような熨斗瓦、面戸瓦、雁振瓦などが用いられるのだが、大棟の上部や下部に軒丸瓦や軒平瓦が装飾として使われることがある。寺院建築などで顕著なのだが、菊花文を飾った小さな瓦が差し込まれたり、小形の丸瓦が凹凸面を違えて何段か差し込まれることもある。前者を「菊丸」、後者を「輪違い」と呼んでいる。大棟も地域によってさまざまに作られ、長野県などでは熨斗瓦の上に大形の輪違いを組み合わせ、あたかも透かし彫りの棟を構成しているように見える。雨仕舞いについては、輪違いの下できちんとされているのであろう。

上葺

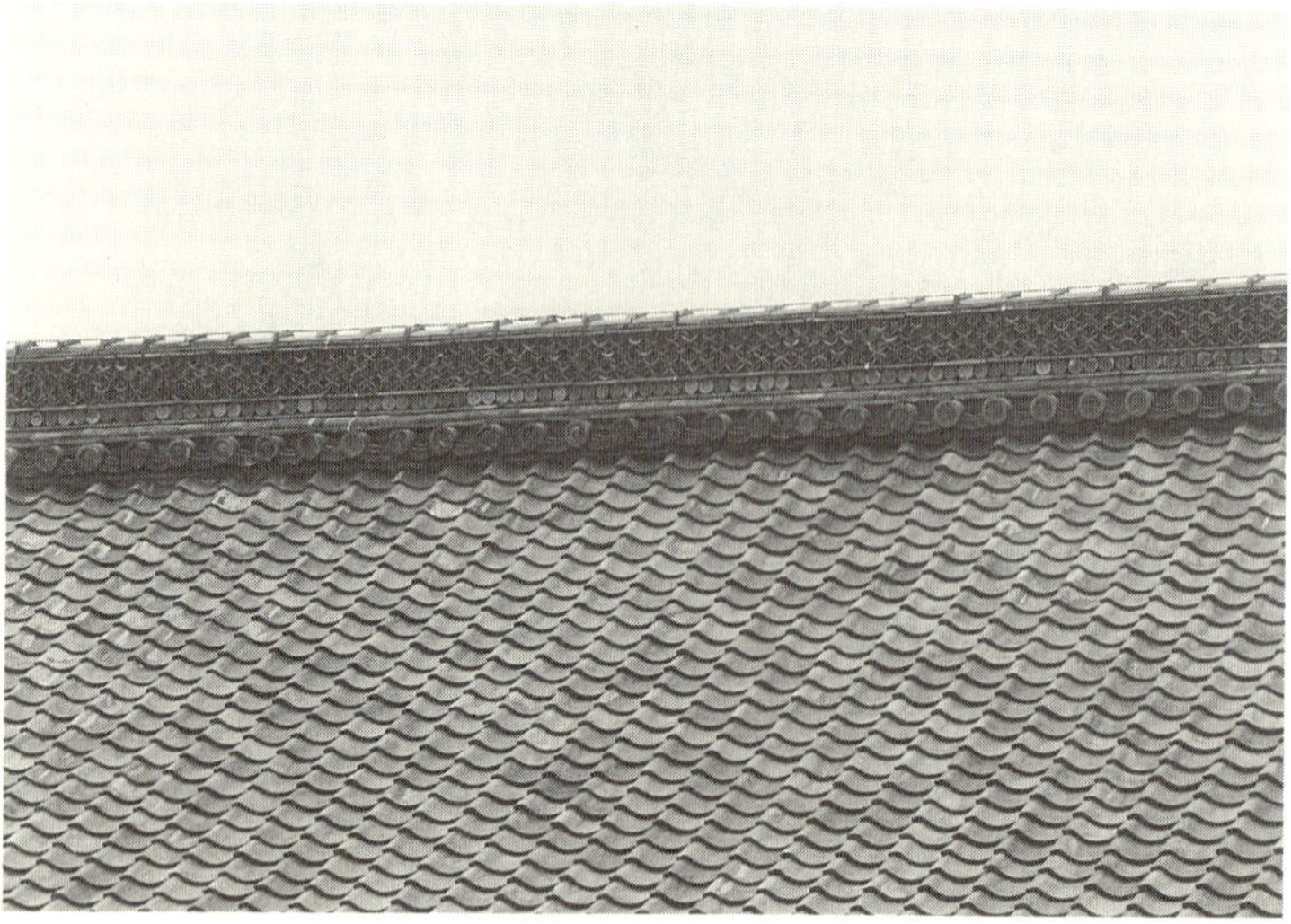

下葺

甍各種

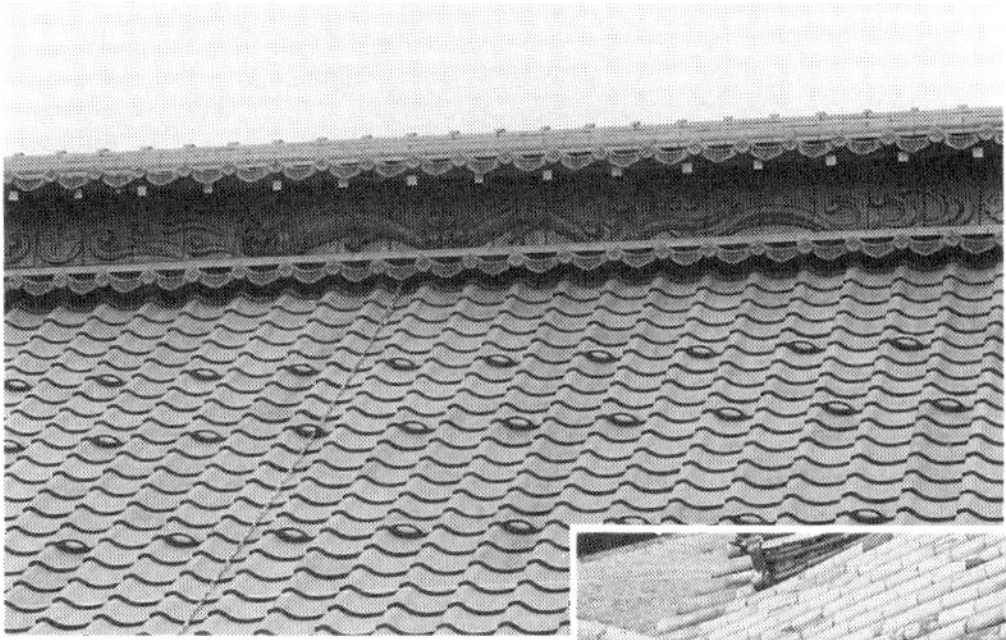

上下に甍を置き，中間に竜の飾り板を置いている

青海波を置いている

輪違いと菊丸を置いている

大棟の中段に家紋の軒丸瓦を置いている

棟飾りが使われている様子は平安宮を描いた絵巻物に見られるところであり(30)、檜皮葺き屋根の棟飾りとして瓦が使われたことが知られる。平城宮内裏跡の地域からは小形の軒丸瓦と軒平瓦が出土している。普通の軒丸瓦は瓦当部の直径が一六センチ前後なのだが、小形品では瓦当部の直径が一二センチ前後である。軒平瓦も同様で、普通のものが瓦当部の幅が二四センチ前後であるのに対して小形品は二〇センチ前後である。そして小形品にはそれに伴うような丸瓦や平瓦が見られない。そのようなことから、棟飾りの甍瓦と考えられている。棟飾りとして、軒丸瓦や軒平瓦がいつ頃から使われるようになったのか明らかではないが、少なくとも平城宮ではそのための瓦が作られている。

絵巻物に描かれた棟を見ても、また現代の寺社の棟を見ても、おおむね甍は棟の下部に使われている。屋根に関する本の中には、関東地方で棟の上部に甍が使われ、関西地方で下部に使われると記されたものがある。これを下甍、上甍と区別するという。関西地方では下甍を随所で見ることができる。関東でも下甍が多いが、確かに静岡・群馬・栃木・岩手などの各県で上甍を見かけることができる。どの地域から下甍と上甍が分かれるのかと調査に出かけてみたところ、香川県・広島県でも上甍の屋根を見ることができた。大きな傾向として、東日本では上甍、西日本で下甍ということであろうか。

垂木先瓦

垂木《たるき》の木口は風蝕しやすいので、装飾を兼ねて金属板に文様を透かし彫りした垂木先金具を打ち付けてこれを保護する。ときにはこれに瓦製品を使うことがある。それが垂木先《たるきさき》瓦である。飛鳥寺でもすでに使われている。蓮弁内に何の飾りももたない、無子葉単弁蓮華文を飾ったものと、蓮弁中央に一条の凸線を入れたものとの二種がある。前者は扶余の軍守里廃寺から出土したものに文様がよく似ている。こちらの方が先行したのであろう。中央に釘が錆びついたまま残っているものもある。

奈良時代には施釉の垂木先瓦が南都の諸大寺で使われている。大安寺と西大寺では、三彩釉で文様を施した円形と方形のものが、薬師寺では緑釉の方形垂木先瓦が出土している。薬師寺で無釉の垂木先瓦がなく、緑釉の方形垂木先瓦だけが出土しているということは、地垂木《じだるき》の先端は飾り金具を打ち付けたのであろう。垂木先瓦はおおむね円形であるが、ときに方形のものが見られる。垂木は地垂木が円《まる》垂木、飛檐《ひえん》垂木が角《かく》垂木なので、垂木先瓦の形によってどの垂木に使われたかがある程度わかる。もっとも、古代寺院で二軒《ふたのき》をもつ堂宇が必ずしも地垂木が円垂木で、飛檐垂木が角垂木とはなっていないので、円形の飛檐垂木に使われた円形垂木先瓦もあったことだろう。無釉であるが井上廃寺（福岡県小郡市井上）からも方形の垂木先瓦が出土しており、わざわざ方形に作ったことからすれば、これは飛檐垂木に使ったと考えたくなる。

また新堂廃寺（大阪府富田林市緑が丘町）には楕円形の製品が見られる。これを横長に使ったとすれば、その建物が扇《おうぎ》垂木で、しかも先端を軒の方向に一致させて整えていたために、楕円形の垂木先瓦を必要としたとすることができる。もっとも、この場合には同じような文様で円形の垂木先瓦が共に出土しなければならない。これを縦長に使ったとすれば、垂木の先端を鉛直に切り落としたために木口が縦長の楕円形になり、楕円形の垂木先瓦が必要になったと考えられよう。

施釉瓦

釉《うわぐすり》をかけた瓦は瓦の種類ではないが、古代瓦の中で特殊な製品なので一項設けて述べよう。釉をかけた瓦には緑釉、二彩釉、三彩釉、灰釉などがある。唐三彩に倣った施釉《せゆう》の技術は、まず陶磁器生産に導入されたと考えられている。製作年代がおさえられるもので、確実に古いものは神亀六年（七二九）銘をもつ小治田安萬呂墓誌にともなって出土した三彩壺片である。興福寺や薬師寺など、奈良時代の初めに建立された寺々から施釉の瓦塼《がせん》類が出土しているので、施釉技術の導入は同じ頃なのであろう。

施釉瓦の出土地はさきにあげた興福寺、薬師寺の他に大安寺、東大寺、西大寺、法華寺、秋篠寺、唐招提寺そして平城宮・京などである。このように奈良時代の施釉瓦が大和、それも平城京内という特定地域に限って出土することは、その技術を官が掌握していたことを示すものと言えよう。『続日本紀』神護景雲元年（七六七）四月の記事に「東院の玉殿新たになれり。群臣畢《ことごと》く其の殿《との》に会す。葺くに瑠璃《るり》の瓦を以てし、画《えが》くに藻績《そうかい》の文を以てす。時の人之を玉の宮と謂《い》う」とある。これは新宮殿に瑠璃の瓦、すなわち施釉の瓦を葺いたことを記したものである。平城宮の東張り出し部から大量の緑釉塼とともに緑釉屋瓦類が出土しており、その地域が東院に比定される要素のひとつとなった。

平城宮でのこの他の施釉瓦として、第二次内裏地域から出土した三彩釉鬼瓦がある。(31) これは音如ケ谷《おんじようがだに》瓦窯出土の無釉鬼瓦との同笵品である。(32) 音如ケ谷瓦窯出土軒瓦の大部分は、法華寺阿弥陀浄土院出土の軒瓦と同笵関係にあり、同瓦窯が阿弥陀浄土院造営時の官瓦窯であったことが『正倉院文書』から知られるので、平城宮第二次内裏出土三彩釉鬼瓦の年代もこの頃におくことができる。

『正倉院文書』の同院関係の史料の中には「一貫七百文飛炎木尻料玉瓦作工百七十人功人別十文」と記したものもあり、同院においても玉瓦、すなわち施釉瓦が使われたことがわかる。玉瓦と記した史料は、東大寺関係のものとして「丹裏《につつみ》古文書」がある。(33) これは天平勝宝五年（七五三）六月十五日と十六日に丹を計量した時のものであり、第七十五・八十二・九十二号の包み紙に「玉瓦料」と記されている。丹は釉薬をかける際に用いられるもので、これを包んでいた包み紙は施釉瓦製作の一工程のものである。

さて、さきに平城宮東院玉殿の記事には「葺くに瑠璃の瓦を以てし」とあったことにふれた。この記事からは屋根全体を施釉瓦で覆った感がする。しかし、東院地区における施釉瓦の出土量は、他の無釉の瓦と比べると微々たるものであり、施釉の丸・平瓦が極端に少ない。むしろ施釉の塼の出土量が多いのである。そして、施釉瓦で意外にめだつのが熨斗瓦と面戸瓦なのである。したがって、施釉の瓦は屋根全体を施釉瓦で葺いたとすれば、施釉の丸瓦や平瓦の出土量は厖大なものとなろう。したがって、施釉の瓦は屋根全体を葺くために用いられたのではなく、中国西域の壁画に描かれた建物に見えるように、その軒先、大棟、降り棟、鴟尾など、屋根の縁取りの部分だけに用いられたものであろう。東院で用いられた塼は壁面の一部、あるいは基壇内で人が踏み込まない範囲での縁取りに使用された可能性が考えられる。

施釉の瓦塼は平安遷都後、平安京以外でも僅かながら使用された形跡はあるものの、基本的には都城内での使用に限られている。このことは、平城京時代の延長線上にあるということができ、施釉瓦塼の使用が都城内の宮殿および官寺に限られていたことを示している。その技術は、官の掌握するものであり、他に広めることはなされなかったのである。

施釉の瓦に関するエピソードを二つほど紹介しておこう。いずれも平安時代のことであるが、一つは西大寺に関する話である。『七大寺巡礼私記』に「堂の瓦消滅の事」として、西大寺の堂の瓦は青瓷《あおし》、すなわち緑釉瓦であったが、貞観年間に日照りが続いたことがあり、その時にことごとく消滅してしまったので、他の瓦で葺き替えたと記されている。また『建久御巡礼記』には、この寺の建物は銅の瓦で葺かれていたが、貞観の日照りで溶けて流れてしまった。そのため只の瓦で葺き替えた、と記されている。おそらく、緑釉が緑青のように見えたのであろう。これらの史料に見える、流れてしまったというのは、施釉の瓦が鉛釉であったために、うち続いた日照りで釉が剝落してしまったことを意味しているのであろう。もう一つは、万寿二年（一〇二五）に平安宮豊楽殿の鴟尾を藤原道長が降ろさせようとしたことがあったというのである。このことについては、この鴟尾が鉛製であったために、道長が新阿弥陀堂の造営に際して、その鴟尾を緑釉の原料にしようとしたのであろうと考えられている。

その他の瓦

このほか特殊な瓦として桁先《けたさき》瓦と考えられるものがある。唐招提寺蔵品で、横向きの鬼面文をもつ円形の瓦である。鬼瓦として用いることはできず、垂木先瓦としては大きすぎる。切妻造りでは棟木や桁の木口を懸魚《げぎょ》で隠すので、同じように妻側に突き出た桁の木口を保護する目的をもつ瓦と考えられるのである。(34)鬼面を飾っているのは、やはり建物に邪悪なものが憑《よ》りつかないように願い、招福を意図していたのであろう。

瓦の種類ということにはならないが、小形の瓦が使われることがある。古代の瓦ではさきに述べた甍用の瓦がそうであるが、小形の軒瓦に伴う丸瓦や平瓦も作られている。代表的なものに、薬師寺の裳階《もこし》用の瓦がある。軒瓦には母屋《もや》の軒瓦と同じ文様が飾られている。母屋の瓦との大きさの差はおおよそ三対二である。軒丸瓦を実寸で示せば、母屋用の瓦当部直径が一八・三センチに対して裳階用の瓦当部直径は一三・七センチである。軒平瓦では瓦当部の幅が母屋用のもので三四・三センチ、裳階用のもので二七・一センチである。現代の屋根においても、両者が使い分けられている場合がある。母屋と庇とで大型品と小形品が使い分けられているのを見かけることがよくある。軒先用の瓦に同じ文様が使われているものを見ると、薬師寺の事例を思いおこさせる。古代の建物には、小形品だけで屋根を葺いた事例もあり、南春日遺跡では、鬼瓦を含めてすべての瓦が小形品であった。

木製の屋根覆いもある。瓦を使えない雪国のような地域では、長方形の木の板を檜皮葺きのように重ねて葺きあげていく。それを柿《こけら》葺きと呼ぶ。『長秋記』などの史料に見える「木瓦葺」はこのようなものかもしれない[36]。もっとも、中尊寺金色堂の屋根はきちんとした瓦の形である。平瓦は薄く作られているが、丸瓦は行基葺きのように見受けられる。吉野水分神社（奈良県吉野郡吉野町吉野山子守）楼門の屋根は、一見檜皮葺きに見えるが木板で葺かれている。また、大和葺きと呼ばれる木製の屋根覆いがある。長い板を加工して瓦と同じ幅で作られる。法隆寺の金堂と塔の裳階の屋根がこれで葺かれている。金堂と塔とでその形が若干異なっている。こうした大和葺きがいつごろから行なわれていたのか明らかではなかったが、平城宮東院地域の発掘調査の際に、法隆寺の塔の裳階に使われているものと同じ形のものが出土した。このことによって、少なくとも奈良時代には存在したことが明らかになった。平城宮東院苑地が復元され公開されており、ここの塀の屋根は大和葺きで復元されている。こうしたものの他に、長い板を平《ひら》や妻《つま》に平行に葺いていく、単に板葺きと呼ぶものも行なわれている。

　時代は異なるが、招福を目的とした特殊な屋根飾りが沖縄に見られる。シーサーと呼ばれている屋根獅子である。獅子を構造物に使うことは古くから行なわれていたようであるが、屋根にのせるようになったのは、瓦葺きの民家が多く建てられるようになった明治以降のことであるという。初期のシーサーは瓦職人が瓦の破片を上手に組み合わせて作ったようであるが、現代では陶製のシーサーが作られている。また、台風対策のためにコンクリート建ての民家が増え、そうした家々では一対のシーサーを門柱にのせている。しかもあたかも狛犬のように阿吽《あうん》に作られている。

　また切妻造りの妻側の端に葺き並べる螻羽《けらば》瓦も、今ではほとんどの民家に見受けることができる。こうした瓦がいつごろから普及したのかよくわからないが、試作品と思われるものが平城宮瓦窯の一つ、中山

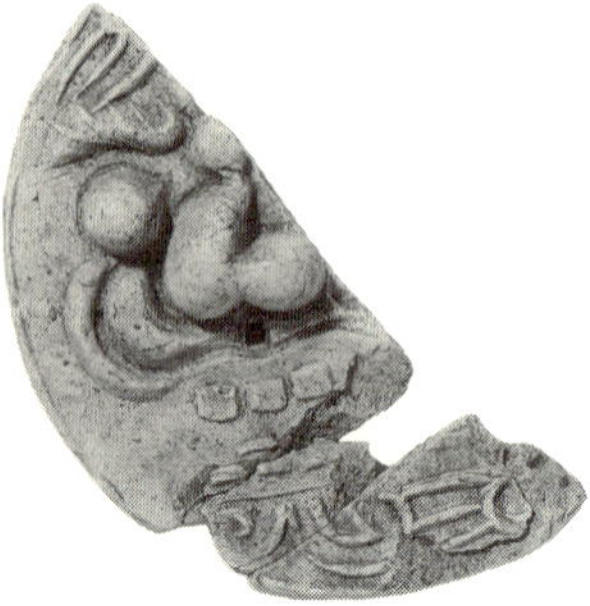

桁先瓦

垂木先瓦　垂木に打ち込んだ釘が残っている

板葺き屋根（吉野水分神社）　一見檜皮葺きのようだが，かなり厚い板を葺き重ねている

薬師寺の母屋の軒瓦（右）と裳階の軒瓦（左）

母屋と庇の瓦　それぞれ大きさが異なる，いわば母屋と裳階に葺いた瓦である

屋根の上のシーサー

大和葺き

法隆寺金堂

法隆寺五重塔

平城宮東院で復元された大和葺き

瓦窯跡から出土している。[35] 螻羽の分だけではなく、螻羽から軒先にかけての軒隅に使うものもあり、文様面には偏行唐草文が飾られている。多少分厚く作られている。凸面には長軸方向に段差が設けられており、野地板の桟に懸けやすいように作っている。丸瓦でいえば玉縁に相当する重ねの部分もきちんと作られている。ただし、平城宮からは現物が出土していない。作ってはみたものの文様部を設けたために重量が増えてしまい、丸瓦だけでは固定できなかったのであろうか。その文様構成から、奈良時代の半ばに近い頃の製品と考えられる。尼寺廃寺（奈良県香芝市尼寺）からは平瓦の凸面に段差を作り出したものが、上野廃寺（和歌山市上野）からは軒平瓦の向かって右端を極端に曲げたものが出土している。これらについても螻羽に使った可能性が高いと考えられている。

古代の資料としては、このようにいくつか見られるのであるが、それが普及するようになるのがいつのことであるのかよくわからない。さきにもふれたように、現在の民家には中山瓦窯出土のものとほとんど変わらない形のものが使われている。その間の約千年が空白なのである。それにもかかわらず、まったく同じ形のものが考案されたことに驚きを感じる。高知城の門など切妻屋根の螻羽に何か所か今風の螻羽瓦を見ることができるが、それが享保十二年（一七二七）の火災で焼失した後に再興された時のものなのか、さらに後に行なわれた修理の際に、螻羽を保護するために今風の螻羽瓦を用いたのか、これもよくわからない。松本城黒門の庇にも螻羽瓦が使われており、雨樋のための刳りがある。姫路城では見かけられなかった。

屋根に用いられる瓦製品として、土として宝形《ほうぎょう》の屋根に見られる露盤《ろばん》や宝珠《ほうじゅ》がある。

奈良山瓦窯で焼かれた螻羽瓦　試作品と考えられる

螻羽瓦　奈良時代の試作品とよく似た形である

螻羽瓦

螻羽瓦　螻羽の向かって右側に使用される

平瓦部が滴水形に作られた螻羽瓦

何も手当てされていない螻羽

左桟瓦に使う螻羽瓦

左右の軒桟瓦を使った螻羽

瓦製の露盤・伏鉢・宝珠

塼

瓦の類を瓦塼類と称することがある。塼《せん》は屋根に使うものではないが、ここでふれておこう。塼とは一言でいえば煉瓦であり、粘土を方格型に入れて形作り、乾燥させる。そして焼き上げたものである。西アジアや中国では、焼かずに天日で乾燥させただけで用いることも多いが、わが国では日乾煉瓦は瓦窯の壁体に使われることはあるが、一般にはない。塼は、建物の基壇外装や敷き塼として使われ、一辺三〇センチ程度の方塼と、それを半截した大きさの長方塼とがあり、それらが塼としての標準的な大きさである。文様を飾ったり釉を施すものが見られるが、それらは特殊な例である。施釉製品では殿堂内の壁面や須弥壇の外装などに用いられたものと考えられる。また波文をレリーフ状にあらわしたものがあり、それらは大形の厨子の床面に使われたものと思われる。方格の型に白土を詰めて文様を描き、それをいくつかに分割して焼き上げるのであるが、描かれた文様を復原しやすいように、分割されたそれぞれの裏面に番付が施されることがある。

特殊な例としては、岡寺（奈良県高市郡明日香村岡）出土の二種の文様塼、天人をあらわした塼と鳳凰をあらわした塼である。(37) 両者ともに一辺約四〇センチの正方形で厚さは八センチある。文様面の四辺は幅四センチほどの外縁で縁どられている。天人塼は、ひざまずいて両手で領巾《ひれ》を捧げ、天空を仰ぎ見る天人をレリーフ状にあらわしている。髪が一部で逆立っているので、天空から天人が舞い降りてひざまずいた様子であろうとされる。鳳凰塼もやはりレリーフ状に鳳凰があらわされており、翼を大きく広げ、尾を巻き立てすっくと立っている鳳凰の傍らには瑞雲がたなびいており、瑞雲を呼びながら天空から舞い降りた情景である。こちらの塼は現在壺阪寺（南法華寺＝奈良県高市郡高取町清水字高宮壺坂）所蔵となっている。

このような特殊な塼がなぜ岡寺に用いられたのであろうか。岡寺は義淵僧正が草壁皇子の宮を寺としたと

鳳凰文塼

天人文塼

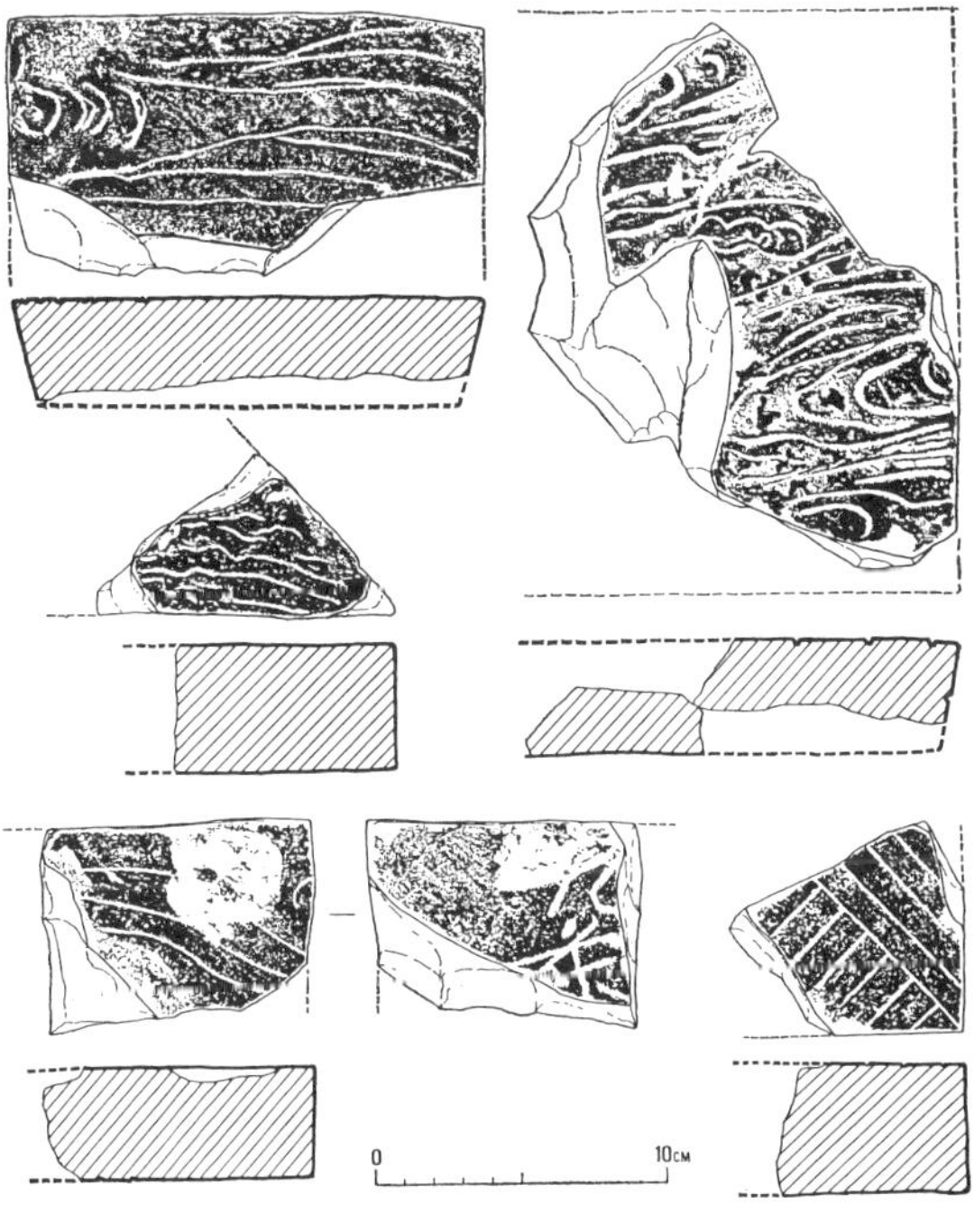

平城京出土波文塼

築地にはめこまれた瓦

瓦で飾られた築地

鯱を並べた飾り

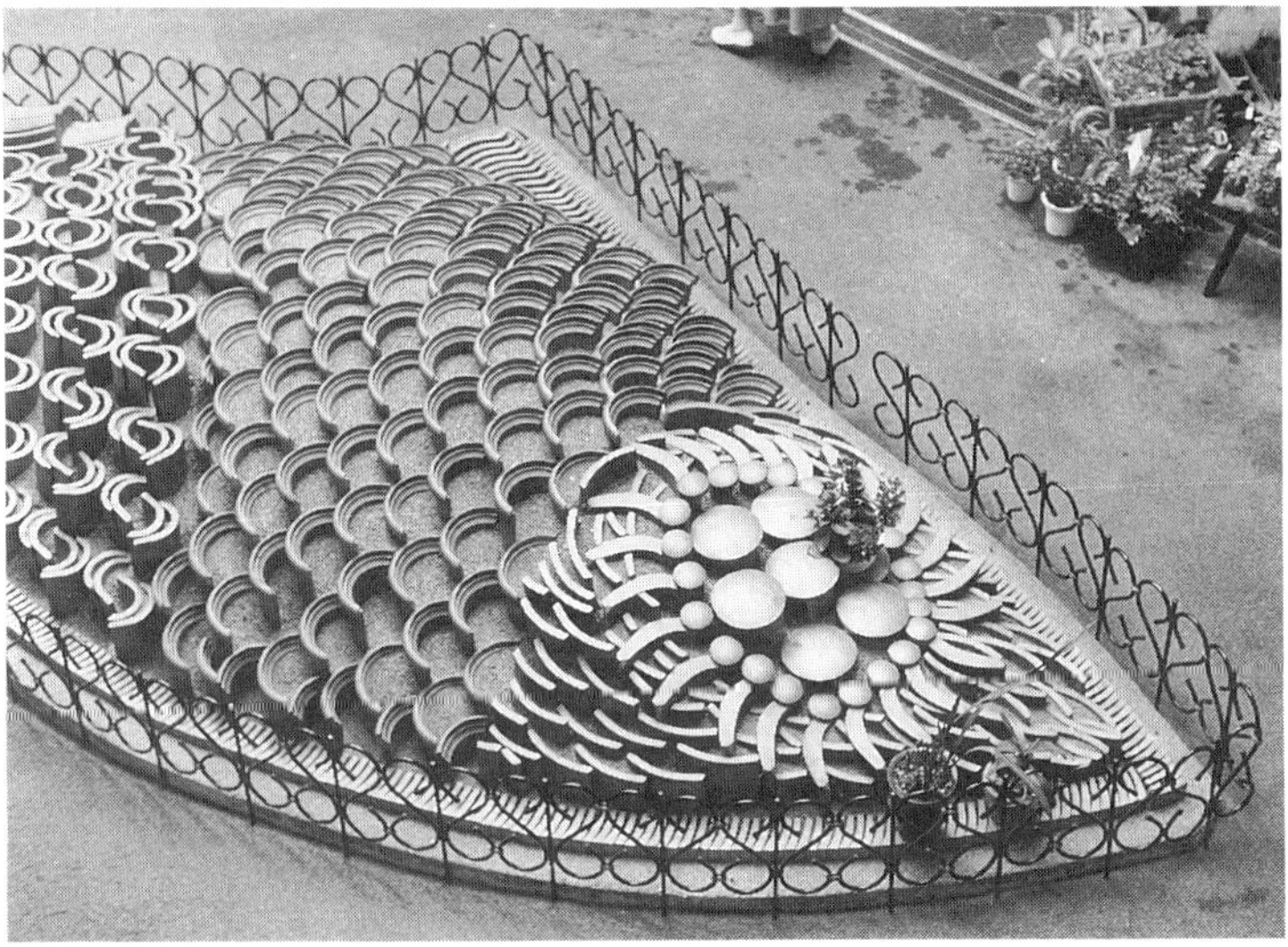

瓦を使った芸術作品

中国で見かけた平瓦を
埋めこんだ道の飾り

栈瓦を並べた雨落溝
(大石内蔵助邸)

伝えられている。そのことからすれば、草壁皇子に大きな期待を寄せていた持統天皇の強い意志が働いての建立であったろう。そして他の寺々とは性格を異にした寺であり、山岳仏教的な在来仏教とは異なる要素、一面で神仙思想的な、さらには密教的な要素をもっていたものと考えられるのである。これらの文様塼は、そうした特殊な性格をもっていた岡寺の、たとえば須弥壇の壁面などに飾られたものと考えられる。これらの塼にあらわれた文様が、ひとつのストーリーをもって意味をなすものなのか、それともそれぞれの塼に縁取りをもつところから、単に斬新な要素として須弥壇を飾ったものにすぎなかったものなのか、明らかではない。

以上のように、瓦はおおむね屋根に用いるのが本来の目的なのであるが、周囲を見回すと、屋根以外にもずいぶん使われている。それらの多くは、屋根の葺き替えなどによって地上に降ろされたものが、装飾のために転用されたものである。要するに、不要品の再利用なのである。しかし、それが意外に役に立っているのである。よく見かけるのは、築地《ついじ》に塗り込められたものである。塗り込めるとはいっても、乱雑に放りこまれているのではなく、一定の間隔で何段かに平瓦がはめ込まれた築地を見かけることがある。築地がきわだって見え、美しささえ感じることがある。これは一九七八年のことであるが、新薬師寺の近くの元春日大社権宮司千鳥佑信氏宅で築地の工事を行なっていた際に、築地にはめ込まれていた瓦に奈良時代の瓦が大量に含まれていることがわかり、調査の結果それらの瓦が新薬師寺の瓦であることが明らかになった。一般には、築地にはめ込まれている瓦は近世以降のものであり、古くても中世のものなのだが、千鳥家の場合は珍しい例である。新薬師寺の奈良時代の瓦というのはよくわからないのだが、その築地にはめ込まれていた瓦のお陰でいろいろなことが明らかになった。けっして瓦礫ではない。

次によく見かけるのが、寺の参道などに木口や側面を上面にして埋め込まれたものがある。こうすれば水はけもよく、参道もいたまず、何よりも風情がある。道の縁は瓦を少し突き出させ、アクセントをつけているものも見受けられる。足元に注意すると、寺内のちょっとした階段などにも瓦が転用されているし、雨落溝の縁石の代わりに瓦を立てて埋め込んでいることもある。

少々変わった使われ方のものを紹介すると、竪穴住居の竈に瓦が転用されていることがある。奈良時代や平安時代には、多くの人々が竪穴住居で生活していた。その竪穴住居には竈が設けられているのだが、それらは粘土で築かれている。そして時として瓦を手に入れることができる人たちが瓦と粘土で竈を築いている。おそらく寺の造営に従事していた人たちなのだろう。また、地下の施設に瓦が使われていることがある。発掘調査ではよく経験することなのだが、建物基壇の外装に瓦を積み上げたり瓦で組み上げた井戸を見つけることがある。井戸は平面が円形のものもあれば、方形のものもある。その多くは平瓦を使ってきちんと組み上げているが、ときには軒平瓦が何枚か混じっていることもある。もちろんそれらの瓦は廃棄されたものが転用されたものであるが、その井戸が掘られたおおよその年代を知ることができ、堂宇の葺き替え時期を知る手がかりともなる。

瓦の歴史的名称

瓦には、その用途の多様性から多くの種類があり、それぞれにつけられた名称も複雑である。同じ瓦で複数の名称をもつものもある。それらのほとんどは学術的につけられたものではなく、瓦職人の伝統的用語をそのまま使っているからである。本書でもそうしたものの多いことをお断りしておきたい。そのような名称が存在する一方で、新たな名称が考案され、学術論文等でも使われるようになると、その「学術的名称」をめぐって論争が行なわれたこともあった。主としてそれは丸瓦、平瓦、軒丸瓦、軒平瓦の名称をめぐっての論争であり、歴史的名称を使うべきかどうかということであった。歴史的名称とは古代の史料に見える瓦の名称のことである。古代の史料をいくつか紹介しながらそのことを簡単に述べておこう。

瓦の名称については、さきにもふれたように瓦職人の伝統的用語も用いられ、いろいろな名称が交錯していた。昭和七年、会津八一氏はそれらの名称を整理し、基本的な名称として古代の史料に見える鐙《あぶみ》瓦・宇《のき》瓦・男《お》瓦・女《め》瓦を用いるべきことを説き[38]、それ以来足立康、石田茂作、久保常晴らの各氏が論争を重ね、主として男瓦・女瓦・鐙瓦・宇瓦の名称を用うべきとするものと、丸瓦・平瓦・軒丸瓦・軒平瓦を用うべきとするものの二つの立場に分かれたのである[39]。現在でも学術論文にこの両者の用語が使われている。古代の史料には、以下のようなものがある。

男瓦・女瓦・鐙瓦・宇瓦

① 表「進上瓦三百七十枚 女瓦百六十枚　宇瓦百卅八枚 / 鐙瓦七十二枚 功卅七人 十六人各十枚　廿三人各六枚 / 九人各八枚」

裏「付葦屋石敷 神亀六年四月十日穴太□ / 主典下道朝臣向司家」

（『平城宮出土木簡[40]』）

② 「造東大寺司　牒興福寺三綱務所

応造瓦参萬枚

男瓦玖仟毎　女瓦壱萬捌仟枚

堤瓦弐仟肆伯枚　鐙瓦参伯枚

宇瓦参伯枚　「不要」

右、限十一月十五日以前、可用件瓦、然司造物繁忙、不堪造瓦、乞察此
趣、彼所令造、期内欲得、其所用人功幷食料、依数将報、今以状牒、々至
早速処分、以、牒
天平勝宝八歳八月十四日主典正七位上葛井連根道
長官正五位上兼下総員外介佐伯宿祢今毛人　判官正六位上兼下野員外掾上毛野君真人
大僧頭良弁
（『造東大寺司牒』[41]）

③ 今作男瓦　（『元興寺出土丸瓦箆書銘』[42]）

沓形・堤瓦

④ 造法華寺金堂所解
四百五十文借堤瓦九百枚運車九百両賃　（『大日本古文書』[43]）

⑤ 堂塔房舎第二
金堂院
薬師金堂
蓋上東西金銅沓形各重立金銅鳳凰形、各咋銅鐸、蓋
上中間金銅火炎一基、中在金銅茄形、居銅蓮華形、
令持於金銅師子形二頭、蹈金銅雲形、又宇上周廻
火炎卅六枚、幷在銅瓦形、角隄瓦端銅華形八枚、桶
端金銅華形卅六枚、各着鈴鐸等、又四角各懸鐸、堂

「今作男瓦」と記された瓦（元興寺）

扇幷長押、在金銅鋪肱金等、（『西大寺資財流記帳』[44]）

以上の資料や史料は、すべて奈良時代のものである。元興寺の丸瓦は、その製作技法から元興寺の有段式丸瓦の中では、最古の様相を示す製品であることが確認されている。

さて、奈良時代の瓦のうち男瓦、女瓦、鐙瓦、宇瓦、堤（隄）瓦、沓形の六種類については名称が与えられていることがわかる。これらについては、すでに先学によってそれぞれが現代の丸瓦（男瓦）、平瓦（女瓦）、軒丸瓦（鐙瓦）、軒平瓦（宇瓦）、熨斗瓦（堤瓦）、鴟尾（沓形）に相当することが明らかにされている。そのため、こうした歴史的名称を使うべきとの考えかたがあるのである。その他、丸瓦に対しては断面が半円形なのだから円瓦、軒丸瓦や軒平瓦に対しては、けっしてこれらが軒先だけに使われるのではなく、屋根の端に用いられるものであるから、端円瓦《はなまる》、端平瓦《はなひら》と呼ぶべきとの考え方もある[45]。

以上の各種の瓦の他、垂木先瓦については天平宝字六年（七六二）の「造金堂所解案」に「飛炎木後玉瓦作工[46]」と見えるので、飛檐垂木に用いる垂木先瓦を飛檐木後瓦と呼んでいたようにも思える。しかし、地垂木に使う垂木先瓦を飛檐垂木と同じ表現にすると、「地木後瓦」となってしまい、これはなんとなくしっくりいかない感じがする。その他の面戸瓦や鬼瓦をどのように呼んでいたのか、それを知ることのできる史料は今のところ見られない。

第二章　瓦の歴史

中国の瓦

東アジアで初めて瓦が出現したのは中国である。中国でいつごろから瓦が作られはじめたのかは明確ではないが、ずいぶん古い時代の遺跡から瓦が発見されはじめている。瓦が発明され、改良が加えられて建物を雨から護ることができるようになったことを思うと、たかが瓦とはいえ、中国文化の大きさを感じずにはいられない。

初期の瓦

発掘調査によって確認された最古の瓦は、陝西省岐山県鳳雛村所在西周初期の宮殿遺跡出土のものであった。それはいわば大形の平瓦であり、その形状からすると屋根のごく一部、棟頂や曲がり屋の屋根の谷間などに使われたものとの考えが示されている(1)。西周初期といえば紀元前一〇〇〇年頃、今から三千年も前のことであり、これはまさに驚くべきことである。この遺跡の東南約二・五キロ、召陳村にある西周時代の遺跡でも宮殿遺構に伴う瓦が出土している。これらの瓦を検討した結果、西周時代の中期にはすでに瓦は発展期にあり、丸瓦と平瓦の両者が作られている。また、陝西省客省庄の西周晩期の遺跡からは凹面、あるいは凸面に円柱状、または環状の突起をもつ薄手の平瓦が出土している。さらに、周代のものをあげると、陝西省扶風、岐山両県の周代の遺跡から凸面に円柱状の突起を二か所につけた平瓦が出土している。(2)その機能については明らかではない。やがて瓦作りの技術は周辺の国々や、広く各地域に伝えられていく。

瓦当の出現

西周晩期になると瓦は薄手に作られ、丸瓦先端に文様部、すなわち「瓦当《がとう》」をもつ瓦も作られるようになった。これ以後二千年以上におよぶ瓦の変遷を知る手がかりは、瓦当に飾られた文様構成によっている。瓦当はその初期には、丸瓦の先端を塞いだそのままの形、すなわち半円形であった。今、これを半瓦当と呼んでいる。これが秦・漢交代期の頃に円形瓦当に変化するのである。秦始皇帝陵内の建物遺構から円形瓦当が出土し、前漢時代の天津西漢墓から半瓦当が出土しているので、ちょうどこのころが半瓦当から円形瓦当へ変化する過渡期だったのであろう。

瓦当面に飾られる文様は、半瓦当では饕餮《とうてつ》文・動物文・樹木文などが主体であり、秦・漢時代の円形瓦当では、「千秋萬歳」「羽陽千歳」のような吉祥の文字や、瓦当面を四等分してそれぞれの区画に蕨手《わらびて》文を配置したり、あるいは瑞鳥を瓦当面全体に飾ったりする。一般に蕨手文と呼んでいるものは、他の吉祥の文字や瑞鳥を飾ったりするものの存在からみて、むしろ瑞雲・雲気をあらわしたものと見るべきであろう。また青竜をはじめとする四神を飾ったものも見られる。このような軒丸瓦に対して、平瓦の先端に文様部がとりつけられるということはなかった。軒先に葺いた平瓦の端に、指圧による凹文が加えられるという程度であった。

中国の瓦

①

②

④ ③

⑥ ⑤

① 周代の瓦，② 戦国時代の半瓦当（饕餮文)，③ 漢代の軒丸瓦（玄武)，④ 漢代の軒丸瓦（「長楽未央」と記す)，⑤ 漢代の軒丸瓦（雲文)，⑥ 楽浪郡時代の軒丸瓦（「楽浪富貴」と記す)

甋瓦葺き屋根（中国）

瓪瓦葺き屋根（中国）

瓪瓦葺きと甋瓦葺きの屋根（寧楽美術館）

楽浪時代の塼

これ以後の瓦当文には、おおむね蓮華文が用いられるようになる。さほど明らかになってはいないが、華北では古くから、たとえば北魏時代に複弁蓮華文を瓦当文様に用い、華南では単弁蓮華文を用いているようである。南朝の軒丸瓦の文様は単弁蓮華文を飾ったものが基本的なものであり、こうした文様が南朝をとおして使われたようであるが、ときには複弁蓮華文も見られる。

唐代には単弁蓮華文と複弁蓮華文の両者が見られ、蓮華文の外側に珠文がめぐらされるようになる。外側が幅広く作られるのもこの時代の特徴である。中国で軒平瓦が出現するのはもう少し後のことであり、これを滴水《てきすい》と称している。

施釉《せゆう》の瓦は敦煌莫高窟の壁画などを見れば、遅くとも隋代には存在したようである。施釉瓦は屋根全体をこれで覆うのではなく、軒先《のきさき》・大棟《おおむね》・降《くだ》り棟などに用いた。いうなれば屋根に縁取りを加えて、アクセントをつけるように飾ったのである。元代になると、緑釉・褐釉・黄釉・青釉など各種の施釉瓦が作られ、中国では今でもこれらの彩りの瓦を屋根に見ることができる。

現代の中国でもそうなのだが、必ずしも丸瓦と平瓦を組み合わせた、わが国でいう本瓦葺きばかりではない。雨の少ない西方では、平瓦だけを敷き並べているという感じすら受ける葺き方も見られる。『営造法式』によると、本瓦葺きに相当する葺き方を「甋《とう》瓦葺」と呼び、宮殿、官衙、邸宅など格式の高い建物の屋根をこの方法で葺く。これに対して、平瓦だけで葺くものを「瓪《はん》瓦葺」と呼んでいる。これはまず平瓦の凹面を上に向けて葺き上げ、次にその平瓦と平瓦の間に、平瓦の凸面を上に向けて葺いていく方法である。この方法は古くから行なわれていたが、いわば格式の低い建物の屋根に用いられた(3)。奈良の名園、依水園で名高い寧楽《ねいらく》美術館の屋根は、この両者で葺かれていて興味深い。

中国では古くから塼《せん》が作られ、墓室、宮殿、寺院等に使われた。塼には長方形のものと正方形のものとがある。長方形の塼では平側や木口に重菱文、同心円文、斜交文などの幾何学文、五銖銭文、あるいは吉祥句や年号、地名を記したものがある。南朝の塼には、さきにもふれたように蓮華文を施したものが見られ、唐代になると宝相華《ほうそうげ》文など華やかな文様が施されたものが見られる。

朝鮮三国の瓦

朝鮮半島の瓦は、大まかにいうと三つの時期に分かれるのではなかろうか。最初は紀元前二世紀に漢がこの地に勢力を張ってから、高句麗が国を興すまでである。しかし、朝鮮半島全域で瓦が作られたということではなく、おおむね北半部である。それは主として楽浪の瓦として知られるものである。当然のことながら、瓦当文様は漢のものに酷似し、吉祥句、官司名、雲気文が主流となっている。瓦当面をおおむね四分割し、それぞれに文字や雲気文を入れている。文字には「楽浪富貴」「楽浪礼官」といったものが見られる。中心部には大きな中房に一個の蓮子がおかれる。

二期目は高句麗が国を興してから新羅が朝鮮半島を統一する六六〇年代までである。この時期、朝鮮半島には高句麗・百済・新羅の三国が鼎立し、それぞれ特徴ある文様をもつ瓦を作った。

三期目は新羅が国を統一してから後である。統一新羅の瓦当文様は、それまでのものとは大きく変わり、いわば華やかなものとなる。新羅で用いられた文様は変化しながらも次の高麗にも影響を及ぼしている。

高句麗の瓦

楽浪の故地に国を興した高句麗では、朝鮮半島三国の中で最も早く瓦生産が行なわれた。そのほとんどが赤褐色であるのが特徴である。軒丸瓦の文様構成には楽浪の影響が強くうかがわれる。すなわち瓦当面を四分割したり、中央の大きな中房に蓮子を一個おくことなどである。ただ瓦当面の分割は必ずしも四分割ではなく、六分割や八分割のものも見られる。そして各分割区には単弁の蓮弁がおかれるが、開いた蓮弁というよりもむしろ蕾状であり、蓮蕾文と表現することがある。また蓮弁の両側上部には珠文が二個ずつ伴うのも一つの特徴である。中房もまたいくつかに分割され、それぞれの中に蓮子が一個ずつ入れられるものがある。

以上が高句麗瓦当文様の基本的な状況であるが、時代が降るにつれて文様構成も多様になり、複弁蓮華文、蓮華を正面から見た文様、パルメットを蓮弁の中に表現した文様、蓮弁とパルメットを交互に配置した文様などが見られる。中房の蓮子も中央の一個を中心にして四個、六個、八個をめぐらせたもの、さらには弁区の周囲に珠文をめぐらせたものもあらわれる。蓮華文以外の文様としては、鬼面をあらわしたものがある。

高句麗の軒瓦で今一つ特徴的なのは、半瓦当が見られることである。文様の多くは唐草文の一種のように見られるが、蟾蜍《ひきがえる》をあらわしたものもあり、これが変化を重ねて唐草文状になったものとも思われる。

百済の瓦

わが国に直接瓦作りの技術を伝えた百済は、漢山城（広州）に国を建てたが、後に高句麗におされて熊津城（公州）そして泗沘城（扶余）へ都を遷している。漢山城地域からは、いわゆる高句麗系といわれる軒丸瓦が発見されているが、これが漢山城に伴うものかどうか明らかでない。一般に百済瓦当と呼ばれる単弁蓮華文軒丸瓦は、南梁から本格的に技術を学んで作ったものであろう。

百済の軒丸瓦

高句麗の軒丸瓦

熊津城時代における百済瓦当の存在については、必ずしも確実視されてはいない。その中で、公州宋山里の古墳から発見された塼に記された「梁良品為師矣」から、公州時代にすでに瓦が製作されていた可能性が考えられている(4)。もっとも、銘文の読みとりも一定でなく、不確かだと考えるむきもある。しかし、公州地域での近年の調査が進むにつれて、百済瓦当の遡源が次第に明らかにされてきている。たとえば、西穴寺の発掘調査で出土した単弁蓮華文軒丸瓦は、武寧王陵墓室壁面を飾る塼の蓮華文ときわめてよく似ている。すなわち西穴寺軒丸瓦の瓦当文様が、中房から間弁が発せられず楔形に配置される構成、弁端が強く反転する形態であることは、これが熊津城時代のものであることを考えさせるものである。

また、武寧王陵出土の文字塼「□士壬辰年作(5)」は、百済瓦当の初源を推察することができる資料として貴重である。中国南朝（梁）との交流が武寧王代から行なわれているところからしても、壬辰年すなわち五一二年、聖王以前からすでに瓦が用いられていたと考える余地はあろう。ただ、次の国都扶余の地から出土する瓦の量と比べると、熊津城での瓦の量はきわめて少量であって、蓮華文壁塼の存在すなわち百済瓦当の存在というには、いまだ資料不足の観はあろう。

泗沘城時代の蓮華文はこれこそわが国で百済瓦当と呼びならわしている姿を示している。それは、威徳王代（五五四―五九七年）を中心とした文様構成である。蓮弁の先端中央部に、あたかも切り込みを入れた形で弁端の反転を示しているのである。泗沘城時代約一二〇年間の瓦当文様は、ほとんどこの型式である。もちろん百済末期には従来のイメージとは異なったものがいくつか作られるが、終始、弁端切り込みの単弁蓮華文が用いられる。したがって、文様構成による変遷過程を見分けにくい面があるが、百済瓦当については、近年編年の試みが行なわれ、その成果がいくつか発表されている(6)。また、軒平瓦もこの時代に見られる。軒平瓦といっても、瓦当面に唐草文などの文様を飾ったものではなく、通常の平瓦の広端に指圧痕をもつといった、ごく簡単な文様を施したものであり、軍守里廃寺から出土している。

新羅の瓦

三国時代新羅の瓦当文様は、百済の影響を主として受けたものであった。百済の瓦当文様と見分けにくいものも見られるが、蓮弁が短くずんぐりした感じのものが多い。また、蓮弁の中央に一条の縦線をもつものものめだつ。これは高句麗の影響を受けたものといえよう。高句麗から影響を受けたと考えられる要素は、まだいくつかある。蓮弁が蕾状に作られるものがあること、中房内を六等分や八等分というようにいくつかに区分するものがあること、中房の周囲の溝を巡らせるものがあることなどである。こうしてみると高句麗から受けた要素が強いように思われるが、中房の蓮子が中央の一個を中心にしてその周囲にいくつかおかれる形は百済の要素である。このように、古新羅の瓦当文様は主要なところには百済の要素が見られ、細部には高句麗の要素が見られる。百済・高句麗の両国と国境を接していた新羅が新たな文化を受け入れた状況があらわれていると言うことができよう。

新羅が三国を統一した後の瓦当文様は、大きく変化する。蓮華文を基調としながらも、鳥や動物などを飾った華麗な文様をもつ、新羅独特のものである。瓦に関して特筆すべきことは、この時代に華やかな文様をもつ軒平瓦が出現したことである。文様の種類は豊富で、忍冬《にんどう》文・飛天文・双竜文などが飾られる。さらには顎の下面にも文様が飾られ、七世紀末葉から八世紀にかけてのわが国の軒平瓦に少なからず影響を与えた。

また、各種の道具瓦が作られるようになり、鬼瓦が作られるのもこの頃のことである。鬼瓦の中には、わが国の奈良時代の鬼瓦に連なる形態のものがある。たとえば、近年の発掘調査で慶州雁鴨池から出土し

統一新羅の軒瓦

古新羅の軒丸瓦

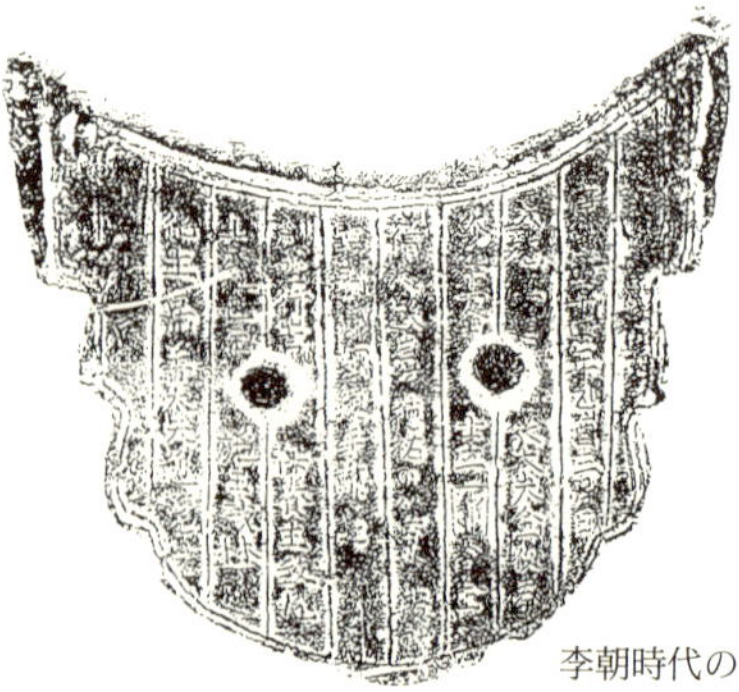

李朝時代の軒平瓦

た緑釉鬼瓦は、文様構成、舌を突き出しこれを噛んでいる様相などよく似たものである。統一新羅時代でふれておかねばならないのは、文様塼が大量に作られたことである。各種の宝相華文の他に、動物・瑞鳥・天人などを飾っている。大宰府出土の文様塼は、新羅の影響を受けて作られたものと考えられる。

高麗時代には、その初期のものは新羅の系統をひく文様構成を瓦当面に飾った軒丸瓦が多い。しかし、年代が降るにつれて簡単な文様に変わる。この時代、特殊な瓦として青磁の瓦がある。やや小ぶりであり、堂内の仏殿に使われたものかもしれないが、青磁が盛んに作られた時代に、瓦にもそれが及んだことは興味深く感じられる。李朝時代の軒平瓦には、下端が舌状に垂れるものがある。これは中国の「滴水」の影響を受けた瓦であり、わが国でもその影響を受けた瓦が城郭建築の屋根や、沖縄などに見受けられる。

日本の瓦

瓦屋根の家並みは、今や日本的な風景となっている。それは江戸時代に桟《さん》瓦が発明されたことによって、瓦葺き屋根が普及したためであろうが、われわれの生活の中に溶け込んでいるのも事実である。その瓦屋根が普及するまでには千年をこえる時間を必要としたのであり、その間に活躍した数えきれない多くの瓦工たちの苦労があった。わが国は四季がはっきりしており、夏は暑く冬は寒い。そうした気象に耐える瓦を作る技術をもつには、不断の努力を要したことであろう。また、時代によっては、そうした技術がすたれかけたこともあったことだろう。

奈良の寺々には多くの古い建物が残っている。それらの建物には、飛鳥時代や奈良時代に作られた瓦が今でも屋根に葺かれている。元興寺の本堂と禅室の屋根の一部に、飛鳥寺から運ばれてきた瓦が今も葺か

本瓦葺きの屋根

桟瓦葺きの屋根

元興寺禅室に見られる
奈良時代の軒平瓦

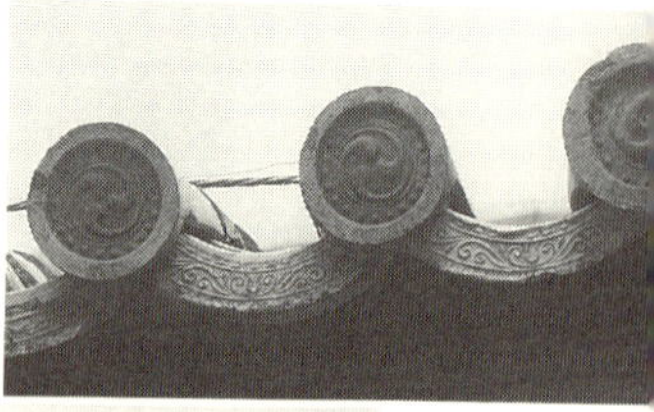

元興寺本堂と禅室（手前）の屋根に葺かれた飛鳥時代の瓦

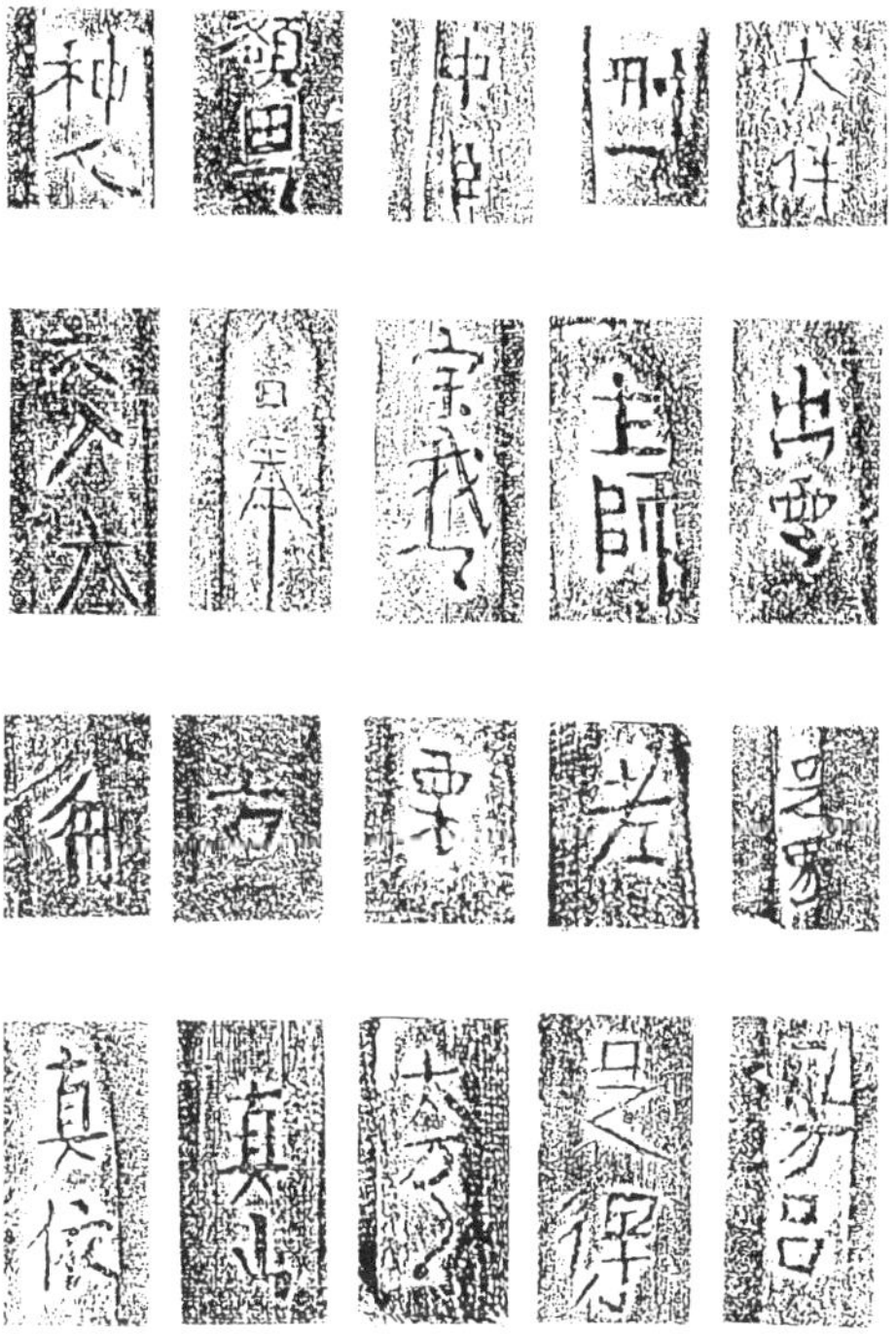

文字瓦
東大寺法華堂の屋根に葺かれていた瓦に記された瓦工の名

瓦大工橘氏の作った平瓦
「山土良きか悪き
か知らんが為なり
文安三年九月十九日
大工祐阿弥歳六十九
酉の年」

れていることはよく知られていることである。禅室の軒先には、奈良時代の軒平瓦さえ見られる。唐招提寺金堂や講堂、東大寺法華堂、法隆寺東院礼堂などの屋根には、奈良時代の瓦が一部葺かれているのである。鎌倉時代や室町時代の瓦に至っては、古代から法灯を伝えている寺であれば、極端な言い方をすればどの建物にも見ることができる。しかし、平安時代の瓦を屋根に見つけることは難しい。けっして平安時代に瓦が作られなかったわけではない。技術の低下があったのだ。再び技術の向上を見たのは、鎌倉時代に入ってからのことであった。

わが国での瓦作りの大まかな流れを追ってみると、いくつかの画期のあることがわかる。さきにふれた桟瓦の発明などは、その流れの中ではきわめて大きなものといえる。順を追って述べよう。

瓦作りがわが国で始められて初めての大きな出来事は、軒平瓦が考案されたことであろう。このことについては後に詳しく述べるが、創建法隆寺（若草伽藍）建立に際して作られ、相前後して坂田寺でもよく似た文様をもつものが使われた。

次の画期は平瓦の桶巻作りから一枚作りへの転換であろう。全国一斉に変わったわけではなく、畿内でまず、藤原京から平城京への遷都の頃にそうした変化があった。その変化の要因は、大量生産への対応だったと考えられる。すなわち、桶型成形台に平瓦四枚分の粘土板を巻き付けたり粘土紐を巻き上げる作業は、熟練を要するものであり、そのために、瓦工一人が簡単に作業を行なえる一枚作りが考案されたと考えるのである。最近の研究成果では、桶型に粘土を巻き付けるには、平瓦四枚分の長い粘土板ではなく、平瓦二枚分の粘土板を二枚桶型にセットしたということが明らかになったという。ということになると、熟練度はかなり軽くなるが、四枚作りから一枚作りへ転換したこと、そしてそれが平城遷都の頃であることは確かなので、やはり大量生産の必要性から一枚作りという技法が考案されたと考えざるをえない。

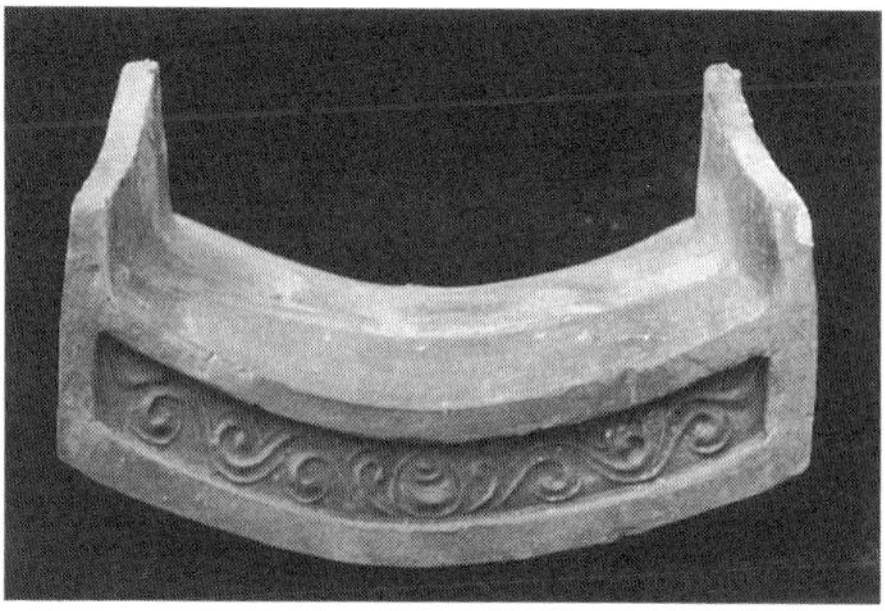

懸かりの軒平瓦

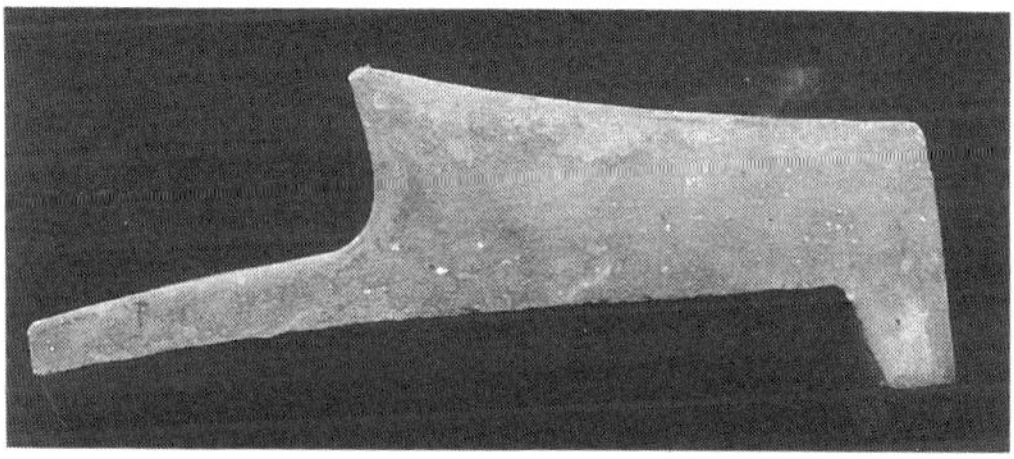

軒丸瓦凹面につけた桟が軒平瓦両端のひれ状の突起にひっかける

瓦座に懸かるように凸面に桟を設けている

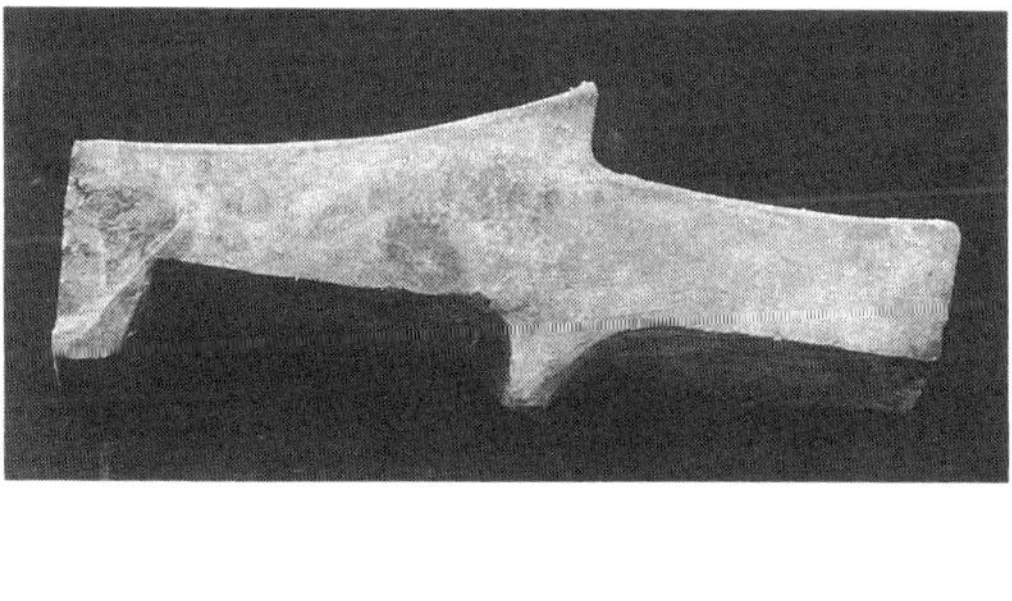

瓦にあらわれた次の変化は室町時代にあり、従来の型によって作られたものから立体的な鬼瓦が作られるようになったこと、そして懸かりの瓦が作られたことなどであろう。この頃独立した瓦大工が台頭し、なかでも法隆寺を中心に活躍した瓦大工橘氏が瓦に書き記した銘によって、瓦作りに多くの工夫がなされたことが知られる。(7) 土選び一つをとりあげても、山土で作って試みに焼いてみたとか、法隆寺西室の土と福井の土とを半分ずつ合わせて作ってみたというようなことも記されている。

戦国時代、城郭建築の出現によって大棟に鯱《しゃち》がのせられるようになる。大棟の飾りが、鳥形の鴟尾《しび》から魚形の鯱へ変化したのであり、これも大きな変化といえよう。また城郭建築に、中国の滴水に似た軒平瓦が使われるようになったことも一つの画期といえよう。ただし、同様のものが寺院にも使われるが、多くは城郭建築の屋根に使われた。特別な形をしているためか、現在の民家の螻羽《けらば》などに似た形のものが使われている。城郭建築に伴う変化を付け加えておくと、これは瓦当文様にかかわることなのでここではふさわしくないかもしれないが、家紋をあらわした文様が城郭建築の瓦当文様に使われるようになることである。戦国大名の家紋を城郭建築の屋根瓦にずいぶん見ることができる。また特殊な事例であるが、金箔で瓦当面を飾った軒瓦もある。これは安土城で初めて採用されたようであるが、その後他でも採用されたようで、いくつかの遺跡から「金箔瓦」が発見されている。ただ興味あることには、安土城のものは文様そのものにではなく、「地」の部分に金箔が貼られている。聚楽第などでは、軒丸瓦であれば巴文、珠文、外縁、軒平瓦でも唐草文、珠文、外縁など凸出した部分に金箔が貼られているのである。金箔が安土城のものとはまったく逆に貼られるのである。

次にあげるべき変化は、軒平瓦で両脇寄りに文様が付けられなくなることである。わが国で軒平瓦が考案されて以来、約千年間、軒平瓦の文様は両脇の端まできちんと施されてきた。しかし、両脇のおおよその部分は軒丸瓦のために隠れてしまう。要するに、その部分に文様を施すのは無意味なことであったのだ。そのことに気がついたのがいつのことなのか定かではないが、江戸時代の初期の軒平瓦の中には両脇に文様を施さないものがあるようだ。その江戸時代に入って、桟瓦が発明されたのである。桟瓦の発明によって瓦葺き屋根の普及をみたことについてはすでに述べたところであるが、それと同時に建物自体も防火のために土蔵造りのものが増えた。腰高までに塼状の板瓦を貼り付け、その目地に漆喰を塗った「なまこ壁」が、これまた日本的な情景をつくり出した。

詳細に取り上げれば、述べなければならない事柄がまだいくつもあろうが、おおよそこのような流れである。

初めての瓦作り

わが国に瓦作りの技術が伝えられたのは崇峻元年（五八八）のことであり、それは百済から伝えられた。『日本書紀』によると、その時に寺工二名、鑪盤《ろばん》博士一名、画工一名とともに瓦博士が四人渡来したという。四種八人の工人集団が渡来してきたこのことが契機となって、飛鳥寺の造営に至るのである。同じような内容をもつ記事は、『元興寺伽藍縁起幷流記資財帳』にも見え、ここでは彼らを鏤盤《ろばん》師、寺師、瓦師、書（畫）人と呼んでいる。工人たちの名前も両者でよく似ており、各分野の工人の人数も一致するので、百済から工人集団が渡来したこのことは史実と見てよい。

わが国に初めて渡来した『日本書紀』に記す瓦工の名前を記しておこう。かっこ内は『元興寺伽藍縁起幷流記資財帳』に記す名前である。

麻奈文奴（麻那文奴）、陽貴文、陵貴文（布陵貴）、昔麻帝彌の四名である。

「滴水」状の軒平瓦

両端に文様が施されていない軒平瓦

なまこ壁

飛鳥寺創建時の軒丸瓦

扶余・扶蘇山廃寺の軒丸瓦

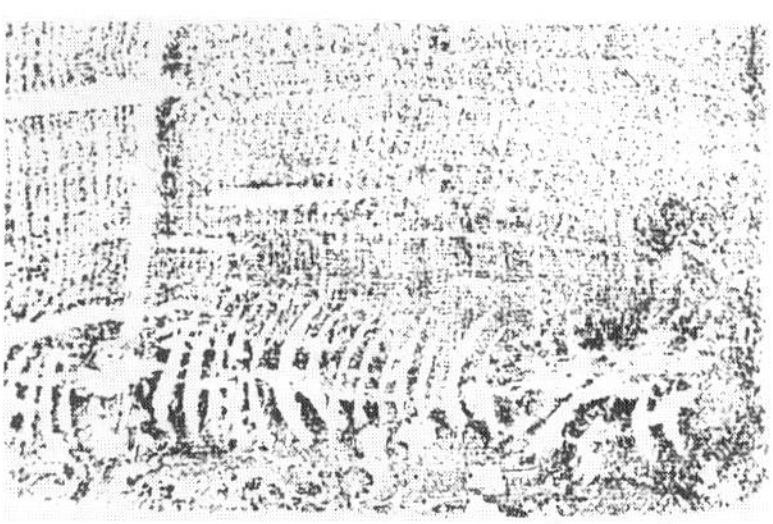

同心円文のみられる平瓦（飛鳥寺）

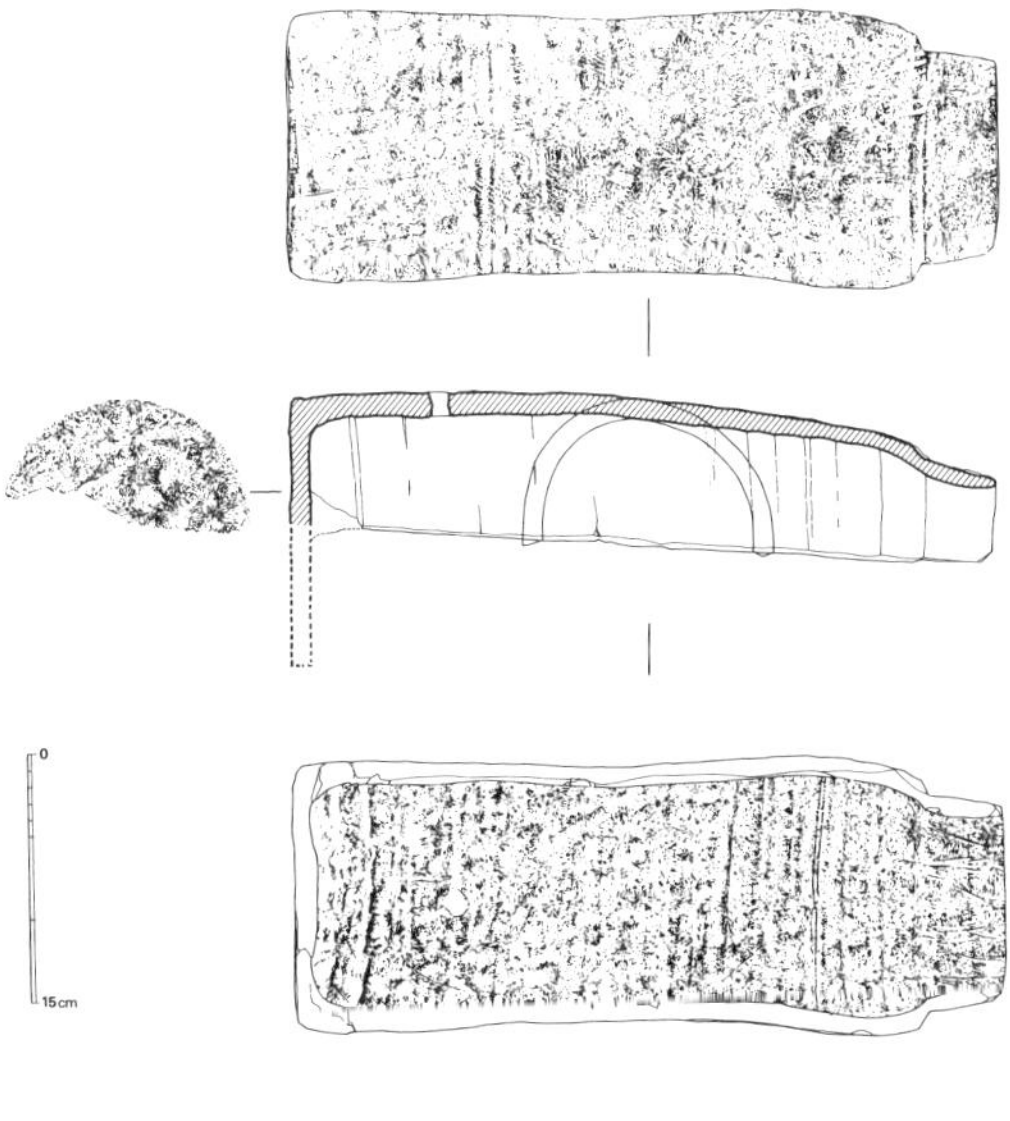

神ノ前窯跡出土軒丸瓦

また、『元興寺資財帳』には「金堂ノ本様《ほんよう》」がもたらされたことも記されている。[8] これは金堂の模型のことであるが、おそらく屋根瓦の表現もきちんとなされていたであろう。今元興寺に伝えられている五重小塔の屋根もきちんと表現されている。飛鳥寺には中金堂と東西金堂があるので、「金堂ノ本様」がそのどれであるのかわからない。あるいは二種の金堂の模型があったのかもしれない。もっとも、東西金堂はわれわれがそのように呼んでいるだけであって、当時は別の名で呼ばれていたのかもしれない。いずれにせよ『日本書紀』にはこのことが記されていないので、記録に残らない多くの技術が百済からもたらされたと考えねばなるまい。「金堂ノ本様」がもたらされたのであれば、瓦作りに関して言えば瓦当笵《がとうはん》をはじめとする瓦作りの道具も百済から運ばれたのであろう。

飛鳥寺の造営に際して寺造りという今まで経験したことのない工事を行なうのに、これら八人の工人たちだけで進められたとはとても思えない。おそらく彼らの指導によって各方面の技術者が大勢養成されたことであろう。そして百済から渡来した八人の工人たちの半数、四人が瓦作りにかかわる工人であったことにも注目しなければならない。寺院建築に瓦が欠くことができなかったこと、そして単に瓦作りだけでなく、瓦窯を築く、また屋根に瓦を葺き上げるという技術をも合わせもった工人も含まれていたのであろう。瓦作りそのものについても、新たに技術者が養成された。動員されたのは須恵器作りの工人たちである。飛鳥寺出土平瓦の中に、凹面に同心円文をもつものがある。成形台上での平瓦製作時に叩きしめが足りなかった部分を補足的に叩きしめた際に、平瓦の凹面側に当てた「当て道具」の圧痕がそこに残ったのである。同心円を刻んだ当て道具は、須恵器作りの工人が使用する道具なので、このことから初期の瓦作りの段階に、須恵作りの工人がこの作業に動員されたこと、彼らが瓦作りの技術を百済から渡来した瓦工から教えこまれたことが知られるのである。

飛鳥寺創建時に作られた軒丸瓦の瓦当文様は、われわれが百済瓦当と呼んでいる、扶余を中心とした地域に多く見られる瓦当文様によく似ている。蓮弁の数こそ十弁であるが、蓮弁の様相はまさに百済の瓦当文様そのものといってもいい過言ではない。百済から瓦博士が渡来し、その技術を伝えたことがこの面からしても史実であったことが明らかである。この時にわが国ではじめて礎石建ちの建物が造られるようになった。これはきわめて大きな出来事というべきものである。それと同時に主題の瓦に関しても、これまたわが国ではじめて瓦生産が行なわれるようになったことは、これ以後のわが国の瓦生産の歴史上、大きな出来事であったと言わねばならない。飛鳥寺の発掘調査によって、寺造営時にいくつもの種類の瓦が使われたこと、またその製作技術も明らかにされているが、それらはとりもなおさず、主として当時の百済地域を中心とするそれであった。したがって、飛鳥寺の瓦によって当時の朝鮮半島における瓦生産の一端を知ることもできるのである。

ここですこし飛鳥寺の瓦についてふれておこう。平城遷都に際して飛鳥寺のなんらかの建物が移建されており、それに伴って瓦も運ばれている。昭和三十年代に、元興寺極楽坊本堂と禅室の解体修理が行なわれ、屋根から降ろされた四四一三枚の瓦の中に飛鳥寺から運ばれた瓦が、四パーセント（約六〇〇枚）含まれており、さらに飛鳥寺創建時の瓦がなんと四パーセント（約一七〇枚）も含まれていたことが明らかにされた(9)。千四百年の星霜に耐えてきたのである。いかに丹念に作られたかがわかろう。

初期の瓦作りということでは、飛鳥寺の瓦を強調せざるをえないし、その技術が百済からもたらされたことを強調することになるのだが、それは、前述したように、『日本書紀』や『元興寺伽藍縁起幷流記資財帳』にそのことが記されており、それが史実として認められているからなのである。しかし、文化の流入というものは特定のルートを通じてばかりではない。複数のルートがあったはずである。飛鳥寺の造営

②

①

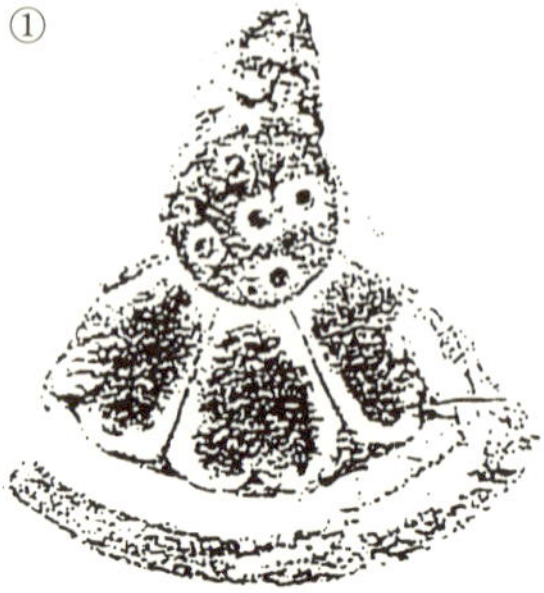

① 寺谷廃寺の軒丸瓦
② 平等坊・岩室遺跡の軒丸瓦
③ 慶州皇龍寺の軒丸瓦
④⑤ 隼上り瓦窯出土軒丸瓦

③

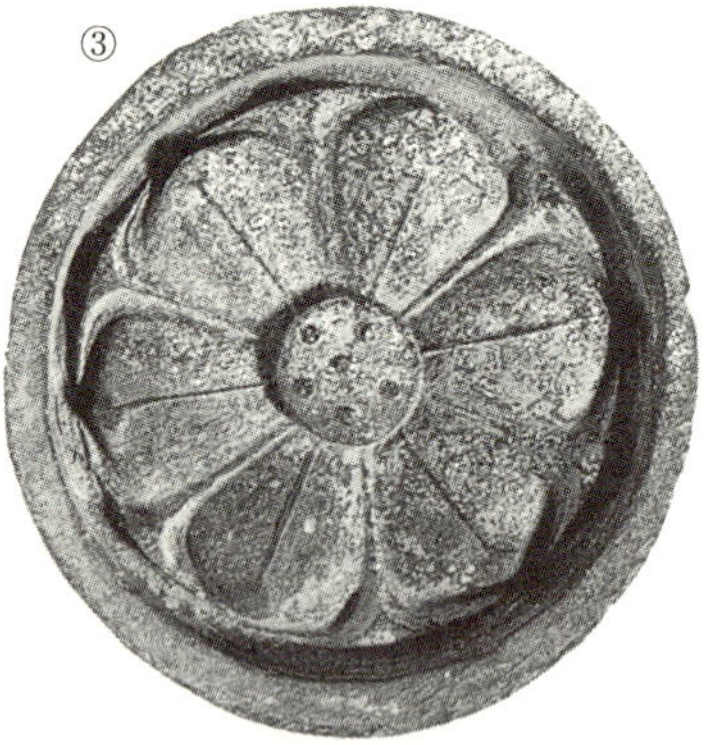

⑤

④

軍守里廃寺の軒瓦

手彫り忍冬文を飾った軒瓦
上：若草伽藍，下：坂田寺

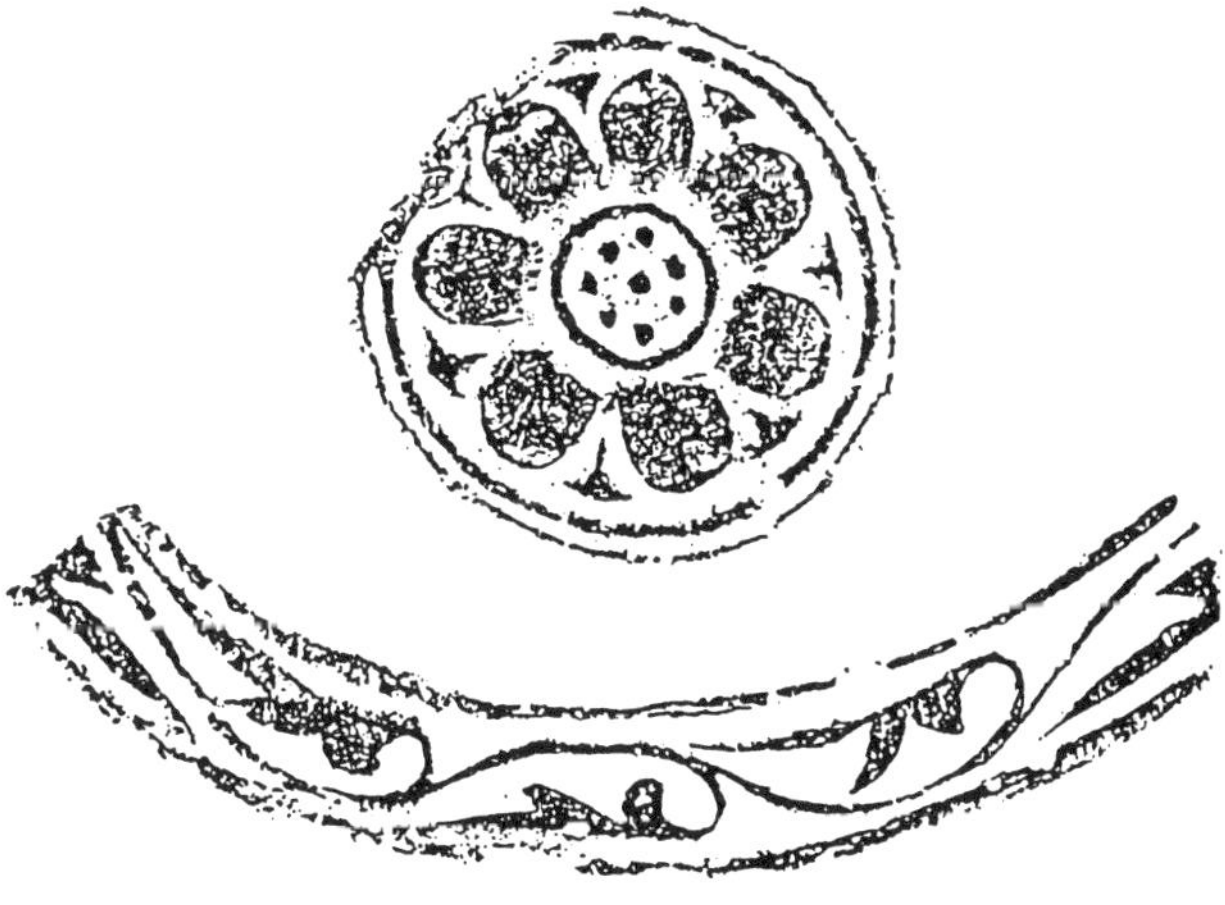

に相前後する時期のものとしてよくとりあげられる資料として、神ノ前窯跡(福岡県太宰府市吉松字神ノ前)出土品がある。[10] 丸瓦・平瓦・軒丸瓦が見られ、その窯跡から共に出土した須恵器の年代観から、六世紀末葉頃の製品と考えられている。瓦の観察結果から、それらは成形台を用いず、土器を作るときと同じように粘土紐を巻き上げて形作ったものと考えられている。軒丸瓦には瓦当部が設けられてはいるが、そこには文様がつけられていない。どうやら、瓦とはこのような形をしたものだという知識で作られたもののようである。近年その供給先が確認されたようであるが、それは寺ではないようである。九州地域では他に伊藤田窯跡や大浦窯跡出土品が、伴出する須恵器によって六世紀末から七世紀初め頃の製品と考えられている。今のところ、両者ともに供給先が明らかでない。しかし、九州は外からの文化を受け入れる窓口のひとつである。いずれ七世紀初頭頃の、実用化された瓦が発見されるのではなかろうか。

技術の伝播が一様でない例として、他に寺谷《てらやつ》廃寺(埼玉県比企郡滑川村大字羽尾字寺谷)をあげることができる。[11] ここからは二種の軒丸瓦が採集されており、瓦当文様は古い様相をそなえている。一種は子葉がきわめて細くあらわされており、時期が降ると考えられるが、他の一種は百済瓦当と同じ文様構成であり、飛鳥寺創建時の軒丸瓦と相前後する時期の製品と考えられている。この軒丸瓦は寺谷廃寺から複数出土しており、さらに丸瓦や平瓦が大量に採集されているので遺構の存在が予想される。しかし、残念ながら今のところ発掘調査は行なわれていない。寺としての遺構が確認されれば、わが国への寺造りの技術の流入形態を再検討しなければならないであろう。

また平等坊・岩室遺跡(奈良県天理市平等坊町)出土の軒丸瓦は、飛鳥寺創建時のものとはまったく異質の要素をもっている。[12] 蓮弁が幅広く六弁で構成され、蓮弁の中央に一条の凸線がおかれる。そして弁区と外縁の間隔が広く、外縁も幅広い。このような要素はけっして百済瓦当のものではなく、明らかに古新羅の要素なのである。こうした様相を示す瓦当文様は、新羅の古都慶州の皇龍寺や雁鴨池出土の古新羅時代の軒丸瓦に見られる。古新羅の瓦当文様の編年が確立していないこともあって、平等坊・岩室遺跡出土軒丸瓦の年代を示しにくいが、新羅が朝鮮半島を統一する以前に、新羅から瓦製作技術がもたらされたことは確かなことである。

そうした目で瓦当文様を注意してみると、百済系の瓦当文様以外の要素をもつものが数多く見られる。従来、百済系の他に高句麗系の瓦の存在が認められてきた。その代表例として、豊浦寺や中宮寺の軒丸瓦があげられてきた。細長い蓮弁の中央に鎬《しのぎ》をもち、弁間に珠文や楔状の間弁がおかれることが、高句麗系瓦当文様の特徴としてあげられてきた。たしかに条件としてあげていくと、高句麗系の瓦当文様に連なるのであるが、百済の要素をもつわが国の瓦当文様が、百済のそれにきわめて近いことに比べると、高句麗系のそれは遠いと言わざるをえない。そのことについては、百済を経由して高句麗の要素が伝えられたからなのだとの説明がなされている。文化の伝播とはそうしたものなのであろう。しかし、七世紀前半代の瓦当文様の中には、百済系にも高句麗系にも属さない文様も見られる。新堂廃寺や片岡王寺（奈良県北葛城郡王寺町本町）の事例が典型的なものであり、それらの瓦当文様では中房の周囲に深い溝がめぐらされている。そうした事例は、百済や高句麗の軒丸瓦にではなく、古新羅の軒丸瓦の瓦当文様に見受けられるものなのである。

わが国の七世紀前半代の軒丸瓦に、明らかに古新羅の軒丸瓦の瓦当文様に酷似したものがあるという、そのような観点から古新羅の瓦当文様の要素をとり出してみると、以下のようなものがある。

蓮弁は無子葉であるが蓮弁が幅広く作られるものと蕾状に先端を尖らせるものがある。

蓮弁には凹弁に作られるものがある。

蓮弁数は八弁が主流であるが、六弁で構成されるものがめだつ。
蓮弁の中央に鎬というよりも縦に一本の凸線を入れるものがある。
蓮弁内にパルメットを入れるものがある。
中房が大きく作られるものがある。
中房内を放射状にいくつかに分割するものがある。
中房の周囲に溝をめぐらすものがある。
弁区と外縁との間隔が広く離れている。
外縁が幅広く作られる。

以上のようないくつかの特徴をあげることができる。これらのうち、蓮弁が無子葉単弁蓮華文であることは百済の影響そのものということができる。そして蓮弁が蕾状に作られたり、蓮弁の中央に鎬をもつこと、中房が放射状に分割されることなどは高句麗の影響を受けた結果といえるのである。このように、百済と高句麗両者の影響を受けて成立した古新羅の瓦の文様や技術がわが国になんらかの影響を与えたであろうことは、当然考えられうることである[13]。その典型的な事例が平等坊・岩室遺跡の資料というわけである。

わが国初期寺院は、飛鳥寺以後に法隆寺・豊浦寺・坂田寺・高麗寺（京都府相楽郡山城町大字上狛）・北野廃寺（京都市上京区北野町）・四天王寺（大阪市天王寺区元町）・船橋廃寺（大阪府柏原市船橋）・新堂廃寺等の寺々が相次いで建立されていく。それらの寺々の造営工事が完成まで継続していたのかどうか定かでない面もあるが、それらの軒丸瓦を見れば、たとえば飛鳥寺から法隆寺へ、法隆寺から四天王寺へというように技術が伝えられた面も見られるのである。しかし、瓦に限らず飛鳥寺造営時の技術者だけではまかないきれなかったにちがいない。前述したように、百済はもとより他のいくつかの地域からも技術者たちが渡来してきたにちがいない。

初期の瓦作りは朝鮮半島から伝えられたものであるが、ここで強調しておきたいのは、この時期に軒平瓦が考案されたことである。飛鳥寺創建時には軒平瓦は作られなかった。このことは、百済から軒平瓦の製作技術が伝えられなかったことを示している。わが国に瓦作りの技術が伝えられるまでの中国大陸や朝鮮半島の平瓦の中に、広端部凸面先端に波形の圧痕を加えたものがある。それが軒先に用いられたものであることは明らかなのであるが、平瓦に瓦当部を設けて、そこに文様を施した事例すなわち本格的な軒平瓦の事例は確認されていない。ところが、法隆寺と坂田寺で文様を施した軒平瓦が用いられているのである。法隆寺では、その創建時の軒丸瓦に伴うことが確認されている。法隆寺の創建年代は、軒丸瓦の検討から七一〇年代と考えられるので、そのころに軒平瓦がわが国で考案されたことがわかる。坂田寺に関しては、七世紀前半代の寺院としての遺構がさほど明らかではないが、飛鳥寺創建時の軒丸瓦と同笵品ではないかと思われるほどの軒丸瓦があり、軒平瓦に伴う軒丸瓦は次の段階の単弁七弁蓮華文軒丸瓦のようである。法隆寺の軒平瓦も坂田寺の軒平瓦も、パルメットが反転する文様をあらわしているが、法隆寺では主として七葉のパルメットを、坂田寺では三葉のパルメットを文様としている。このことは両者で使い分けをしているように感じられる。したがって、両者での軒平瓦の製作は時期を同じくしているのではないかと考えられるのである。

造営工事と瓦

七世紀の第II四半期になると、畿内だけでなく各地で寺造りが始められるようになる。第I四半期の末、推古三十二年（六二四）には寺の数が四六であったと『日本書紀』には記されている。その実体はつかみにくく、遺跡として確認できるものを含めても把握できるのは飛鳥寺をはじめとしてその七割程度である。この時期の寺は七堂伽藍兼ね備わった堂々たる寺々ばかりではなかったろうし、掘立柱建ち仏堂で瓦葺き屋根をもたない寺もあったことであろう。

そのことはともかくとして、七世紀第II四半期に入ると確実に寺の数が増えていく。各地からその頃の瓦が出土することによって明らかである。主要なものをあげると、大和では朝廷が初めて建立した百済大寺、そして山田寺・法起寺・西安寺（奈良県北葛城郡王寺町舟戸）などがある。百済大寺が吉備池廃寺（奈良県桜井市吉備）であれ、木之本廃寺（奈良県橿原市木之本町）であれ、新たな文様構成をもつ軒丸瓦が出土している。また、同笵品の存在から吉備池廃寺から木之本廃寺へ堂塔が移されたと考えられるのであるが、かつてない規模の寺が出現したのである。

山背では久世廃寺（京都府城陽市久世）・普賢寺跡（京都府京田辺市上寺）など、河内では西琳寺（大阪府羽曳野市古市）・野中寺（大阪府羽曳野市野々上）などをあげることができる。近江もまた古代に建立された寺が多く、その数は八〇をこえる。造営年代のわかる寺は少ないが、小川廃寺（滋賀県神崎郡能登町小川）・大宝寺（滋賀県高島郡新旭町熊野本）・衣川廃寺などからは七世紀前半代の瓦が発見されている。西国では小神廃寺（兵庫県龍野市揖西町小川）・須恵廃寺（岡山県邑久郡長船町西須恵寺村）・幡多廃寺（岡山市赤田塔元）などをあげることができる。これらの寺々のすべてについてその実体が明らかにされているわけではなく、瓦が出土することによって寺の造営が行なわれたと考えられているものを含んでいる。このように各地域で寺々の造営事業が盛んになったということは、造瓦の面でもその工人が増えてきたことを示すものである。ここにあげた寺々で用いられた軒丸瓦の文様はけっして同一ではない。単弁蓮華文であっても、蓮弁の形態にそれぞれ特徴をもっている。また蓮弁とパルメットを組み合わせたものも見られる。

造瓦活動が盛んになると同時に、さらに外から新しい要素が入ってきた可能性も考えられよう。

七世紀後半代になると、さらに寺院造営事業が盛んになる。朝廷の方針もあったのだが、各氏族が競って寺院建立に取り組むのである。大化元年（六四五）八月に、孝徳天皇は寺造りを望む豪族でそれができない者がいたならばみずからがそれを援助しようとの詔を出している。蘇我氏を倒し、寺造営技術をかなり掌握したことを示している。すなわち蘇我氏の滅亡により、すくなくとも飛鳥寺、豊浦寺などの寺は朝廷の管理するところとなった。その二年前には上宮王家が滅亡したことによって法隆寺をはじめとする上宮王家ゆかりのいくつかの寺も朝廷の管理するところとなったに相違ない。それとともに寺造営に関わる工人たちをも掌握できたに違いない。このような状況を推察することによって、寺すなわち仏教を通じての諸豪族支配を確立しようとする意図を読みとることができる。そして『扶桑略記』によれば、持統六年（六九二）に全国の寺の数を数えさせたところ、五四五か寺あったと記されている。このことは天武・持統朝の仏教政策が強力に推し進められたことを示すものであるが、同時に全国の広い範囲で寺造りが行なわれたことが知られるとともに、瓦作りの技術もまたそれだけ広まったことを示している。

このように、瓦作りの技術は寺院造営事業とともに各地に広まっていくのであるが、やはり官営事業に伴ってより広まっていった感がある。そして寺院以外に瓦葺き建物が営まれるのは、寺院よりずっと遅れて持統朝の藤原宮造営からである。朝廷としてはそれ以前から宮殿建築を瓦葺きにする意志をもっていた。『日本書紀』斉明元年（六五五）十月の記事に「小墾田に宮闕を造り起てて瓦葺きにせんとす。又、深山広谷に宮殿を造らんとする材、朽ち爛る、者多し。遂に止めて作らず」とある。当時の宮殿建築は掘立柱建物であった。七世紀半ばの宮殿建築の中にはかなり大規模なものもあった。しかし、屋根を瓦葺きにするとなれば、数十トンの重さが建物全体に加わり、不等沈下を来すことになる。宮殿にふさわしい材を得ることができなかったと記されているが、瓦の重量に耐えられないことから小墾田の瓦葺き宮殿建設は無理だったのであろう。

現実に瓦葺き宮殿が建てられたのは、『扶桑略記』持統天皇条に「天皇の代、官舎始めて瓦を葺く」とあるように、藤原宮の建物からである。藤原宮で瓦葺き建物が建てられたことは、発掘調査で確認されているところである。瓦葺き建物が営まれたのは、大極殿をはじめとする朝堂院地域や宮城門が中心であり、ここに中国的な景観が成立したのである。飛鳥地域の宮殿遺跡からの瓦の出土量がきわめて少量であることからすれば、藤原宮から瓦葺き宮殿の造営が始まったことは確かなことである。礎石を据えて柱を建てるという、寺院建築と同じ発想で行なわれたからこそ、それが実現したのであろう。藤原宮所用瓦の生産地はかなり広い範囲に広がっている[14]。このことは宮殿建築ではじめての瓦作りのため、というよりも造宮職としての瓦作りの体制が整っていなかったと考えられるのだが、瓦の詳細な観察からその生産地が具体的に示されるようになった。

藤原宮造営初期に使われた瓦を生産した瓦窯は藤原宮に近い所にも築かれているが、近江・阿波・讃岐など遠隔地でも生産されている。また、瓦当笵が他からもたらされたとみなされるものもある。その逆に藤原宮所用瓦として藤原宮近辺の瓦窯で生産されたものの瓦当笵が、尾張へ運ばれたことが明らかになっているものがあるなど、複雑な動きを示している。

藤原宮より古い時期の宮殿である斑鳩宮跡からも瓦が出土しているが、おそらく宮内の小規模な仏殿的なところに使われたのであろう。

官衙で瓦葺き建物がいつ頃から建てられるようになったのかは明らかではない。各地で進められている国庁や郡衙などの官衙遺跡の発掘調査では、瓦が大量に出土することがあるが、藤原宮に先行するものは見られない。天平十年の『駿河国正税帳』や同十一年の『伊豆国正税帳』には「瓦倉」が何棟か存在したことが見える。正税帳とは律令体制のもとで、稲を中心として貯蔵されている穀物の収納や、運用の状況を国司が太政官に毎年提出する報告書のことである。それらの文書に記されている倉には穀倉、頴倉《えいそう》、糒倉《ほしいいぐら》、粟倉、塩倉などのように、そこに納められる物品によって呼ばれる倉もあれば、板倉、丸木倉、のように壁面の構造によって呼ばれる倉もある。そうした中に、瓦倉の名が見えるのである。これが瓦を納める倉であるはずはなく、瓦葺きの倉なのである。おそらく柱は礎石に据えられていたのではなかろうか。しかし、伊豆の例では、瓦倉にわざわざ「礎无」と注記がある(15)。官衙では、初期の頃に営まれた政庁域は瓦葺きであっても掘立柱建物だったのであろうか。

八世紀に入ると瓦の生産体制に大きな変化が起こる。平城遷都に伴う大量生産体制の確立である。藤原宮造営に際しての瓦生産は飛鳥地域をはじめとして、大和のいくつかの地域に瓦窯が築かれて瓦作りが進められるが、遠隔地、たとえば香川県宗吉瓦窯で生産され、はるばる製品が送られてくるという状況でさえあった。大官大寺や薬師寺の造営に伴って、官の瓦窯、官の工房が営まれていたが、造寺と造宮とは、その機構が別個のものであり、造寺機構からの供給はできなかったのであろう。いずれにせよ、寺造営のために政府の掌握する瓦工は手一杯だったのである。そのために藤原宮で使用する瓦は各地で生産せざるをえなかったのであろう。

藤原の地へ都を定めて僅か十数年での平城遷都である。すべての面で準備が整えられ、瓦生産についても新たな機構で対処することになったものと考えられる。そして瓦窯は平城京の北方、奈良山丘陵に営まれた。平城宮だけでも、必要とされた瓦は五百万枚以上と試算されている(16)。平城宮の造営を担当した造宮省においては、当然のことながら建てられるべき瓦葺き建物の棟数は計算され、それに必要な資材の量も計算されたにちがいない。瓦についても同様である。そうした計算にもとづいて奈良山丘陵に瓦窯が築かれた。ここに一大工場群が出現したのである。平城遷都にともなって建立された大安寺・薬師寺・元興寺などの瓦窯も奈良山丘陵に営まれた可能性がある。造宮省と造寺司とは別機構であるが、初期の興福寺瓦窯が奈良山丘陵に営まれているので、他の寺についてもそのように考えられるのである。ただし『大安寺伽藍縁起幷流記資財帳』を見ると、「処々庄」の中「山背国三処」の相楽郡に「棚倉瓦屋」とある。棚倉は今の京都府相楽郡山城町に含まれており、大安寺との距離は約一二キロメートルある。

八世紀半ば、全国で造瓦事業が盛んになる。今まで瓦作りが行なわれることのなかった佐渡、あるいは壱岐といった島々でも瓦が生産された。それは国分寺造営を契機としてのことであった。国分寺の瓦に関しては改めて述べなければならないが、その造営工事は多くの国々でけっして順調に進んだものではなかった。政府は工事の進捗をはかるために、各方面の技術者を工事の遅れていた国々に送りこんだようであり、瓦にそうした面が反映している。その技術援助は、政府から直接提供するという場合もあったし、ある国を核にして、順次技術提供されていったこともあったようだ。したがって、国分寺の瓦の中には同一種の瓦であっても、複数の技術が混在しているという状況さえ見られる。国分寺造営工事の慌ただしさが瓦によくあらわれているのである。奈良時代の瓦で注目すべきは、施釉の製品が作られたことである。平城宮や京内の寺々から緑釉・二彩・三彩の瓦塼類が出土している。建物を装飾する要素がそれだけ増えたわけである。

延暦三年（七八四）、長岡遷都が行なわれる。新たな都造りであるが、瓦の面からはその生産活動が活発であったとは言いがたいようである。長岡京域の発掘調査では、長岡宮所用瓦を含めて独自の文様をもつ軒瓦の種類がさほど多いとはいえない。軒丸瓦、軒平瓦ともに数種類の瓦当文様が認められているだけ

長岡宮の軒瓦

である。軒瓦そのものは大量に出土しており、それらの多くが難波宮や平城宮から運ばれた転用瓦なのである。長岡宮の軒瓦にはこのような特徴がある。このことは、丸瓦や平瓦をはじめとして、各種の瓦が難波宮や平城宮から運ばれてきたことをも示している。

転用瓦が見られるのは長岡宮に限ったことではなく、平城遷都に際しても、藤原宮から多くの瓦が運ばれている。平城宮ではそれらの転用瓦は宮城門や大垣など、宮城の外周地域に多く使われたようであるが、長岡宮では宮内の主要な地域にも使われている。すなわち朝堂院地区では難波宮の瓦を、内裏地区では平城宮の瓦を中心として長岡宮の瓦を補ったという分析結果が示されている。文様の種類では、難波宮から運ばれた軒丸瓦・軒平瓦ともに約二〇種類、平城宮から運ばれた軒丸瓦が四〇種類をこえ、軒平瓦が約六〇種類である。いかに多くの瓦が長岡宮に運ばれたかがわかる。興味あることには、軒瓦に藤原宮式のものが含まれていることである。平城宮を経て長岡宮でも再使用されたのであるが、概して藤原宮の瓦は良質であり、約百年を経ても十分使用に耐えたのである。

瓦が長岡宮に大量に運ばれたということは、他の資材も同様に運ばれたこと、建物も解体され長岡宮で再び組み立てられたことを示している。史料にも延暦十年（七九一）に越前をはじめとする八か国に命じて平城宮の諸門を長岡宮に運ばせたという記事が見える。ここに見える諸門は宮城門のことと考えられるのだが、藤原宮式の瓦はそれらの門とともに長岡宮に運ばれたのであろう。

長岡に都が遷されながら、その十年後の延暦十三年（七九四）都は山背葛野の地に遷される。平安京である。平安宮においても長岡宮と同様、難波宮や平城宮からの転用瓦が数多く見られるのである。このことは、長岡から平安への遷都に際して建物の多くが平安宮へ運ばれたことを示している。しかし、その一方で平安宮へ供給するための瓦窯が営まれているが、平城宮の場合とは異なり一地域に集中するものではなかった。平安時代初期の瓦窯としては岸部紫金山瓦窯（大阪府吹田市岸部北）、牧野瓦窯（三重県多気郡多気町牧）、西賀茂角社《すみやしろ》瓦窯（京都市北区西賀茂角社町）、鎮守庵瓦窯（京都市北区西賀茂鎮守庵町）、醍醐の森瓦窯（京都市北区西賀茂川上町）、岩倉幡枝窯（京都市左京区岩倉幡枝町）などが確認されている。操業の順序もおおむねここに並べたとおりである。それぞれの製品に対する細かい観察結果からは、先行する瓦窯が次の瓦窯の操業によって廃絶するのではなく、一定期間併行して操業されていたと考えられている。要するに瓦生産の拡大である。遠く離れた地域で造瓦が行なわれたのは、遷都に対する準備が十分でなかったことを感じさせる。岸部や牧野は交野（大阪府交野市）に含まれ、ここは朝廷の遊猟の地である。そして古くから窯業生産の盛んな地域であった。そのようなつながりから、この地が瓦生産の地として選ばれたものであろう。

瓦生産事業が拡大していくなか、官瓦窯では技術の低下を来していたようであり、承和元年（八三四）

正月二十九日の太政官符に次のようなものがある。(17)

応置造瓦長上一員事

右得造瓦使解称。瓦之脆弱無師之所致也。方今木工寮瓦工従八位上模作子鳥。久直寮家知造瓦術。望請。件人為長上。謹請官裁者。右大臣宣。奉勅依請宜割木工寮長上工十四人之内。置造瓦長上一員。以件人初為任。

承和元年正月廿九日

要は、近頃瓦が脆弱であるのは良き師がいないためである。最近木工寮の瓦工に模作《かたいつくり》子鳥なる者がおり、久しく木工寮で瓦作に従事し、その技術が優れている。よってその者を長上工としてとりたてたいという請願が造瓦使からあった。木工寮の長上工十四人の内であれば造瓦長上工一人を置けるので、その者すなわち模作子鳥をそれに任ずるようにせよ、という内容である。

この文書によっていろいろなことが知られる。まず九世紀前半の政府に造瓦使という役所が置かれていたこと、その役所にすでに高い技術をもった瓦工がいなかったこと、木工寮に造瓦工人がいたことなどが知られる。もっとも木工寮は造宮職が廃止された後、造営関係の事業を継承したので、これは当然のことといえよう。模作子鳥の技術がどの程度のものであったのかよくわからないが、造営技術がもち直されたことは確かであろう。そのもち直した技術については、軒丸瓦で瓦当部と丸瓦部をとも土で作る「一本作り」と呼ばれる技法ではなかったかと考えるむきもある。もちろん軒丸瓦製作の技術だけでなく、その文様構成の変化、丸瓦や平瓦の胎土に良質の粘土が使われ、焼成も非常に堅くなったことなどがあげられている。

このように、技術面で復興した平安時代の造瓦事業ではあったが、一般には官の瓦生産は停滞したとの

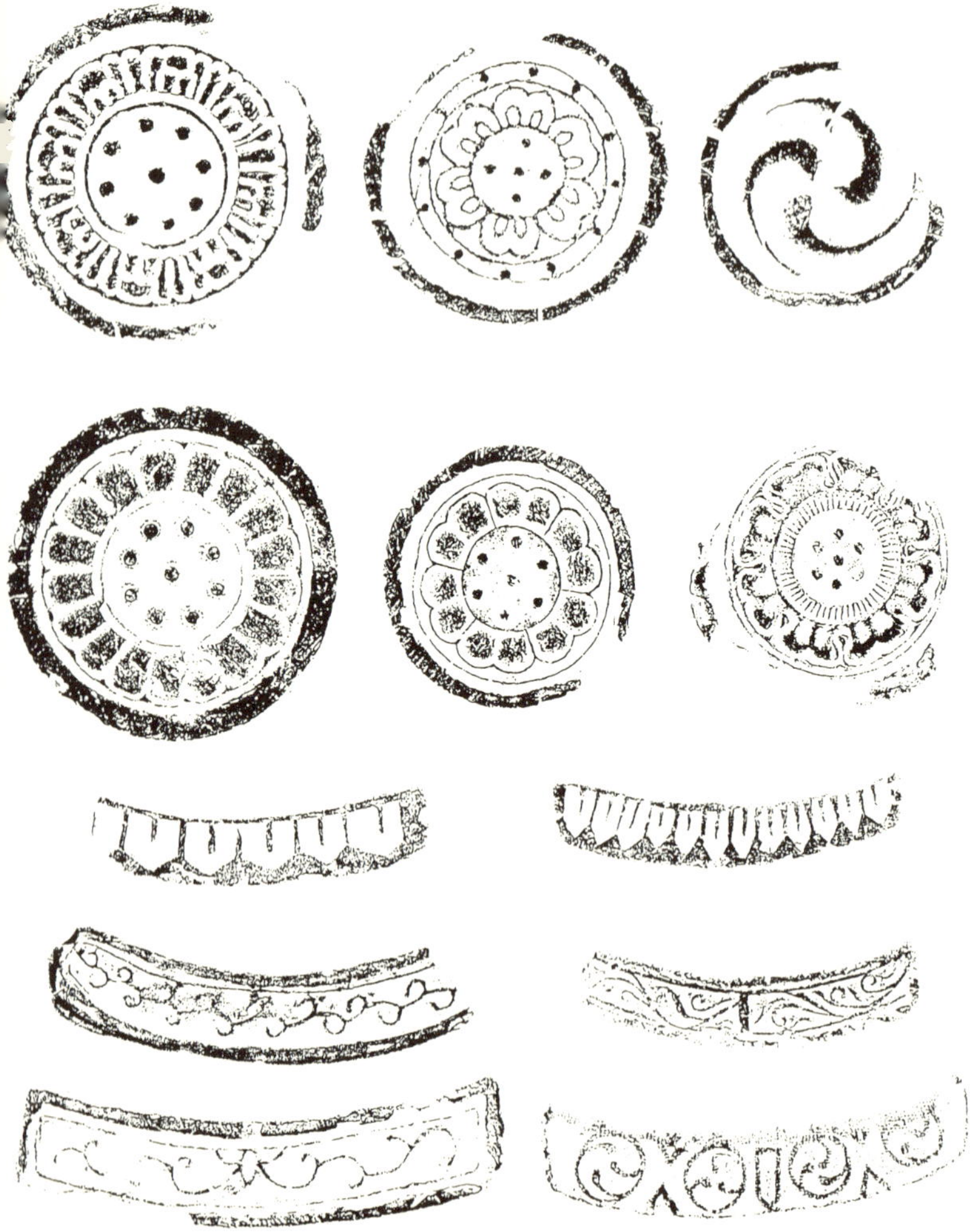

六勝寺の軒瓦

印象が強い。それはこの時代の後期、とくに六勝寺《りくしょうじ》の造営にあたって、造寺国制がとられ、瓦も都以外のいくつかの国で生産されたからである。確かに法勝寺や尊勝寺などの六勝寺跡の発掘調査では、各国で生産された瓦が出土する。そのことを反映するかのように、軒瓦では瓦当文様はきわめて多様で、しかも大きさがまちまちである。一体屋根にどのように葺き上げたのだろうかと思うほどである。しかし、山城以外のいくつかの国に造営工事を請け負わせたのは、必ずしも平安時代の後期に入ってからのことではなく、すでに天慶元年（九三八）に頻発した地震によって破損した宮城大垣などの修復を五畿内・近江・丹波などの国に造営が命じられ、延暦創建の内裏が焼亡し再興工事が天徳四年（九六〇）に始められた時にも美濃・周防をはじめ二七か国に造営が命じられている。このようなことからすれば、すでに十世紀代には官の造営機構が破綻を来していたということができるのであろう。平安京内から出土する瓦との同笵品が各地の瓦窯跡から出土することによって、かなりの数の生産地が確認されている。

瓦の年代

すでに瓦の年代については随時ふれてきており、この後の項でも随時ふれるが、ここで瓦の年代決定の方法について述べておこう。瓦そのものに、それが作られた時の干支や年号が記されることはごく稀である。瓦の年代がわからないと、瓦をとおして歴史を語ることは難しい。それを知るために、いろいろな角度から検討を加える。そして誤差の少ない年代を推定するのである。いくつかの、確実性の高いものを基準として年表ができあがるというわけである。それを決める手がかりは、やはり瓦当文様が中心となる。もっとも軒瓦に飾られてきた文様も、現代ではまったく施されないものが多くなり、味気ないものとなっている。

何も文様のない軒瓦や鬼瓦

瓦の年代で最も確実なものは、飛鳥寺創建時に用いられた桜花状の蓮弁を飾った、いわゆる弁端切り込みの単弁十弁蓮華文の軒丸瓦である。さきに述べたように、崇峻元年（五八八）に百済から瓦工が渡来したことは『日本書紀』と『元興寺伽藍縁起幷流記資財帳』によって明らかである。したがって、飛鳥寺創建期の瓦の年代が知られるのである。しかし、渡来して直ちに瓦生産が行なわれたものなのか、『日本書紀』崇峻三年十月に「山に入りて寺の材を取る」とある、この時に工事が開始されて瓦生産もあわせて行なわれたのか、あるいは同五年十月に「是の月、大いに法興寺の仏堂と歩廊を起こす」と記す記事から、この時に実際に堂宇の建設が始まり、瓦生産もそれに伴って始められたとするのか、いくつかの考え方がある。すると、ここに五八八年から五九二年まで五年の差ができてしまう。しかし、建築工事では、瓦は早い段階で屋根に葺かれるということを考慮すれば、少なくとも飛鳥寺で工事が始められた崇峻三年には瓦生産も始められたと考えてよかろう。これで差は三年に縮まることになる。いずれにせよ、史料に寺の造営のことが記されているとはいうものの、瓦の年代はこのように決めがたい面が多い。

次に確実性の高い資料は山田寺創建時の資料である。山田寺で

山田寺創建時の軒瓦

の堂塔造営の過程は、『上宮聖徳法王帝説』「裏書」[18]に記されるところであり、舒明十三年（六四一）に寺地の整備が行なわれ、その年に引き続いて金堂が建立されたと記されている。したがって、山田寺創建時の軒瓦は新たな文様をもって六四一年に生産されたことは確かなことである。しかし、山田寺所用の単弁蓮華文軒丸瓦は六種、重弧文軒平瓦は八種あり、いずれもよく似た文様構成である。そこで創建時所用の軒瓦を特定する方法は、出土状況と、文様構成の検討ということになる。古代の寺跡では、金堂地域から大量に出土する瓦は、火災等で再建されない限り、当初所用のものと考えてよい。このようなことから、山田寺では軒丸瓦Aと軒平瓦Aとが当初の製品と判定された。[19]

この新たな単弁蓮華文様も、百済大寺跡と目される木之本廃寺や吉備池廃寺からこれに先行する文様構成の軒丸瓦が出土している。したがって、舒明十一年すなわち六三九年という二年さかのぼる年代がきちんと押さえられる、珍しい資料である。

飛鳥寺に次いで建立された寺は、蘇我氏が引き続いて建てた豊浦寺か、上宮王家の建立になる創建法隆寺（若草伽藍）のどちらかであろうが、斑鳩で法隆寺が建立されたのは六一〇年前後のことと考える。これも瓦の年代観による。昭和四十三年に行なわれた若草伽藍の発掘調査で、金堂造営中に掘られた溝から、投棄された状態の軒瓦を含む瓦が出土した。これによって、創建時の瓦が明らかになった。軒丸瓦は無子葉単弁蓮華文を、軒平瓦は手彫り忍冬文を瓦当文様とするものであった。そして、軒丸瓦は飛鳥寺造営中に用いられた一つの瓦当笵の一部を彫り加えて、若草伽藍造営のために使われたことが明らかにされた[20]。

この軒丸瓦は製作技法上、飛鳥寺で弁端切り込みの単弁十弁蓮華文軒丸瓦と同時に使われた角端点珠の単弁十一弁蓮華文軒丸瓦と同じなのである。ここで、その軒丸瓦が弁端切り込みの十弁軒丸瓦と同時に使われたことを説明しなければならない。

飛鳥寺の発掘調査で出土した十弁蓮華文軒丸瓦と、十一弁蓮華文軒丸瓦は、必ずしもすべてが遺構に密着した状況を示すものではないが、その分布を概観してみると、中金堂、東金堂、西金堂、塔の各地域では二対一を若干超える割合で十弁蓮華文軒丸瓦が多く出土している。丸瓦部がそれぞれ無段式と有段式なので、両者を併用することはなかったのではなかろうか。したがって、金堂、塔地域では出土比率の高い十弁蓮華文軒丸瓦を用いたと考えるべきであろう。あるいは現在の元興寺極楽坊本堂および禅室にみるように、屋根の一部だけ葺き方をかえた可能性なしとはしないが、いずれにせよ十弁蓮華文軒丸瓦が十一弁蓮華文軒丸瓦より先行する。一方、中門地域においては、逆に二対一の割合で十一弁蓮華文軒丸瓦が多く出土している。このことは、十一弁蓮華文軒丸瓦が中門に用いられたことを示すものである。飛鳥寺における一連の造営工事の中で、回廊については『日本書紀』によれば崇峻五年（五九二）に営まれたとされている。回廊の造営時には、中門の造営も同時に行なわれたと考えるべきであり、その完成の年がいつであったにせよ、回廊の工事が行なわれたとする崇峻五年から、飛鳥寺の造営が終わったと記される推古十七年（六〇九）までの間であることはほぼ誤りのないことである。以上の要点から、十一弁蓮華文軒丸瓦の製作年代が推古十七年以前であることが明らかとなった(21)。

このことは、飛鳥寺の十一弁軒丸瓦が十弁軒丸瓦と同時期でないにしても、若草伽藍の九弁軒丸瓦に先行することを示すものでもあり、このような角端点珠の単弁蓮華文軒丸瓦の年代の基準となるものである。

若草伽藍創建期には手彫り忍冬文軒平瓦が伴っているのであるが、同様な製作技術による軒平瓦が坂田寺にある。したがって、六一〇年前後に坂田寺でその軒平瓦が使用されていたことになり、それと組み合う軒丸瓦も同じ年代ということになる。組み合う軒丸瓦は大ぶりの間弁をもつ、一見重弁風に見える単弁蓮華文を飾るものと考えられている。

若草伽藍の軒瓦は大きく二時期に分けることができる。さきに述べてきた創建時の瓦は金堂跡を中心とした地域からの出土がめだつ。これと異なった文様をもつ一群のものが塔跡を中心とした地域に集中する傾向が見え、大きく二つのグループに分けられる。それは軒丸瓦では中房が大きめに作られた無子葉単弁蓮華文を飾るものと、蓮弁の中にパルメットをおいたものである（忍冬弁軒丸瓦）。この軒丸瓦では、さして明瞭ではないが外縁に重圏がめぐらされる。軒平瓦も二種あり、パルメット一単位分の印章を作り、それを文様面に押捺しているものである。押捺に際しては、印章の天地を交互に逆にして順に一方の端から他方の端に押捺している（スタンプ文軒平瓦）。もう一種は瓦当笵による均整忍冬唐草文を瓦当面に飾ったものである。

軒丸瓦も軒平瓦も、前者がまず使われ次に後者が使われたものと考えられる。後者の軒瓦が斑鳩宮跡から出土する。斑鳩宮は皇極二年（六四三）に蘇我氏が差し向けた軍勢によって焼き討ちされた。したがって、これらの瓦の年代は六四三年に近いところにおくことができる。そして後者のセット、すなわち忍冬弁軒丸瓦と均整忍冬唐草文軒平瓦は中宮寺跡からも出土する。

複弁蓮華文軒丸瓦で最も古いものがどれなのか、そしてそれがいつ出現したのか、厳密には言いがたい面があるが、ある程度年代をおさえることができるのは川原寺創建時所用の軒丸瓦であろう。川原寺創建時の軒丸瓦の瓦当文様は、面違《めんたがい》鋸歯《きょし》文縁複弁蓮華文である。川原寺に関する史料として確実と思われるものは『日本書紀』天武二年（六七三）三月に「書生を聚めて始めて一切経を川原寺に写さしめる」の記事である。これによれば壬申の乱を経た天武朝の初期に、寺として機能していたことが明らかである。また『扶桑略記』斉明元年（六五五）十月条に「天皇飛鳥川原宮に遷幸す。川原寺を造る」とあり、この記事については、「遷幸す」と「川原寺を造る」との間に「後に」の語が抜けているのであり、川原宮の跡に川原寺を建立したことを述べたものと考えられている(22)。川原宮は、飛鳥板蓋《いたぶき》宮が焼失したことによって斉明天皇が一時遷っていた宮である。昭和三十二・三十三の両年度に行なわれた発掘調査では、川原寺建立以前の遺構が、規模の大きな築土層や石組み暗渠など特殊なものであることが確認され、川原宮の一部と推定された。

　このような成果によって、川原寺が天智天皇発願の寺である可能性が高く、造営の時期は近江遷都以前にしぼられると考えられている。この考え方はきわめて妥当なものであろう。したがって、川原寺の面違鋸歯文縁複弁蓮華文軒丸瓦の成立は、六六二年から六六八年までの間に限ることができる。

　七世紀後半になると、軒平瓦に変形忍冬唐草文や偏行唐草文が飾られるようになる。それらの軒平瓦は、本薬師寺の造営を契機として作られるようになった。本薬師寺、すなわち天武九年（六八〇）に発願された薬師寺がいつごろから造営工事にとりかかったのか明らかでないが、持統二年（六八八）に無遮大会《かぎりなきおおえ》がここで行なわれているので、遅くともこの年を数年さかのぼった段階にこのような軒平瓦が生み出されたことがわかる。また、薬師寺造営を契機として、複弁蓮華文軒丸瓦の外区が内外縁に分けられ、内区に珠文を、外区に鋸歯文をめぐらすようになる。

均整唐草文軒平瓦は、大官大寺造営に伴って初めて採用されたものである。その軒平瓦が採用された大官大寺跡は、奈良県高市郡明日香村小山にあり、長い間天武朝大官大寺の跡と考えられていた。しかし、昭和四十九年から五十六年まで八次にわたって行なわれた発掘調査の中で、従来講堂跡と考えられてきた基壇、それは後に金堂跡であることが明らかになったのであるが、その金堂基壇下層から藤原宮期の須恵器が出土したことによって、文武朝造営の大官大寺跡であったことが明らかにされた。(23)『続日本紀』大宝元年七月の記事に「造大安、薬師二寺の官を寮に準じ、造塔、丈六の官を司に準ず」とあり、その翌年八月に高橋朝臣笠間を造大安寺司に任じている記事は文武朝大官大寺造営に関わるものであると考えられるようになった。このことによって、均整唐草文軒平瓦が七世紀末葉に成立したことが明らかになった。

奈良時代、造営の時期が明らかな寺に用いられた瓦は、年代の基準になっている。平城京内に営まれた興福寺や東大寺軒瓦の文様は、それぞれ特徴的な様相をもっており年代を示しやすい。興福寺の場合は、軒丸瓦では中房の蓮子が二重にめぐらされることや、外縁に沈線がめぐる表現になっており、軒平瓦では中心葉が通常のものと異なって天地逆になり、上外区の珠文が楕円形にあらわされている。興福寺の造営に関しては、『続日本紀』養老四年（七二〇）に造興福寺仏殿司設置の記事があり、これによって興福寺式軒瓦の年代が知られる。東大寺ではよく似た文様構成をもつものが数種類あり、それらのすべてが同一年代であるのかどうか定かではない。しかし文様構成の上から軒丸瓦では、やや大ぶりで最も整った文様をもつものが、軒平瓦では対葉《たいよう》花文《かもん》の先端が相接しているものが東大寺創建期のものと考えられている。東大寺の造営工事が現在の地で本格的に始められたのは、天平末年のことであるので年代の基準となる。

今まで述べてきたような、文様構成の変化の流れにのったものは年代を決める手がかりとなるし、それに類似した文様をもつものも、おおよその年代を考えることができる。ところが、まったく異なったというか、変化の流れにのらない文様、いわば一風変わった文様をもつ軒瓦も往々にして見受けられる。要するに突如あらわれる文様である。葡萄唐草文などもその類なのであるが、それについては岡寺の造営を基準とすることができる。軒丸瓦では、獣面文、軒平瓦では飛雲文などもそうした類例に入るだろう。そうした変わった文様をもつ軒瓦の年代をどのようにして決めていくのかについて、いくつかの事例をあげて述べよう。ただし、年代順ではない。

遠江国分寺（静岡県磐田市国府台）の軒瓦は、軒丸瓦についてはさほど違和感はないのだが、軒平瓦についてはなんとも表現のしようがない。瓦当部の形すら他に例のないほどである。三日月形なのである。瓦当文様は細かく分けると一五種類ほどの文様に分かれるのであるが、そのほとんどが三日月形をしている。そして文様は鉤形とか、S字形としか表現できない。そのように表現された文様も唐草文の変形したものなのであろうが、本来の文様をまったく知らない者が図を描いたのであろう。確かに本流からはずれたような瓦なのであるが、逆に考えれば、中央の力を借りず、遠江国独自の力で作ったもの、すなわち遠江国分寺は、在地の力で造り上げたものと考えることができる。この軒平瓦と比べると、八種類ほどある軒丸瓦の方はまともな文様といえよう。これらの軒瓦のうち右の組み合わせの軒瓦が先行するものと考えられており、それらは主として金堂地域から出土している(24)。したがって、遠江国分寺は金堂から造営工事が始められたわけである。実は、遠江国分寺の発掘調査では寺域西北隅の外側で桁行九間、梁《はり》間五間南北庇付きという大きな規模の掘立柱建物が見つけられている。この建物の周辺にはそれに関連するような建物は見られず、国分寺に先行する建物と見られている。このような建物が住居として単独で建てられたとも考えられず、おそらく天平九年（七三七）三月に仏像を造るよう各国に向けて出された詔によって造ら

遠江国分寺の軒瓦

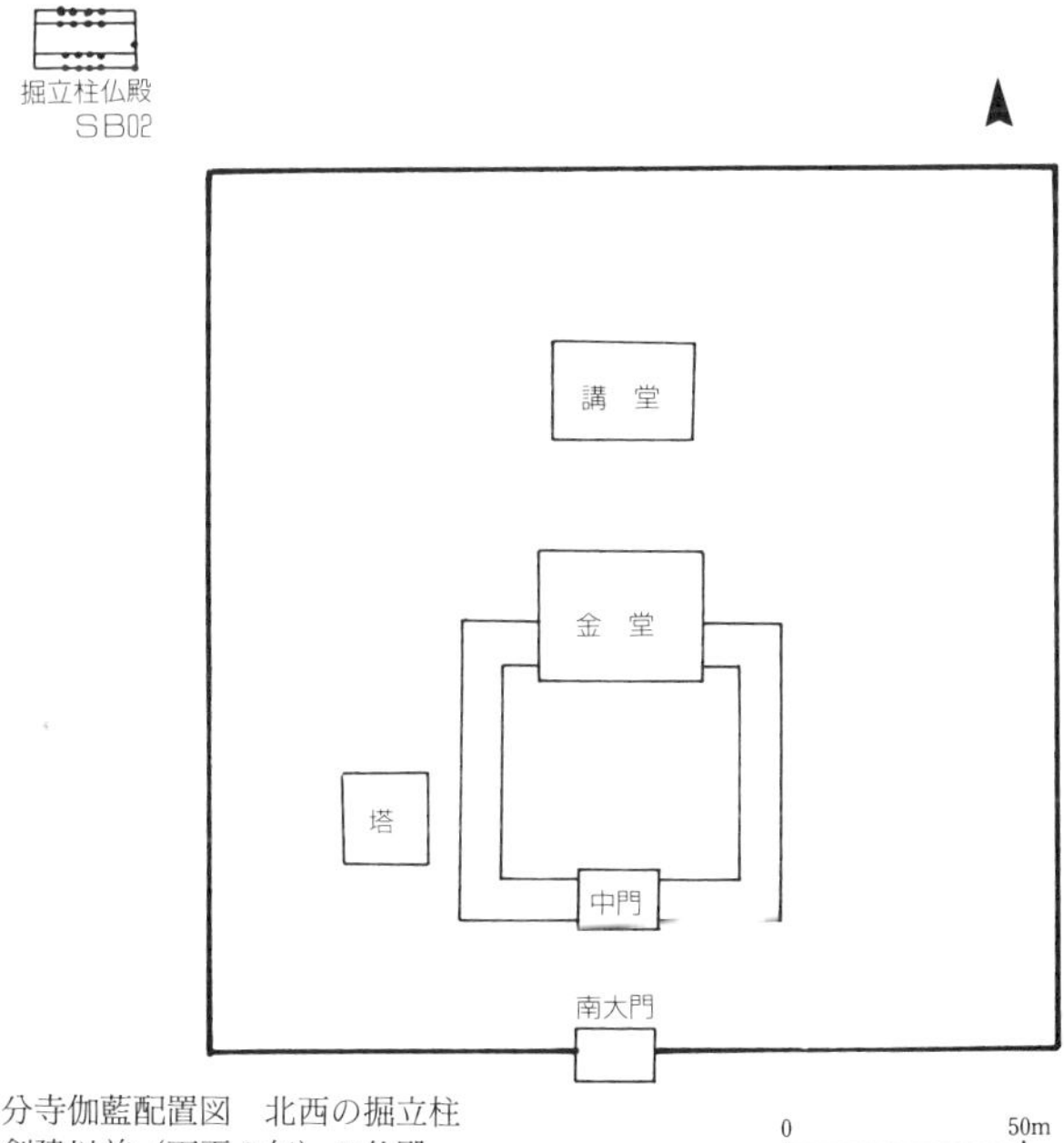

遠江国分寺伽藍配置図　北西の掘立柱
建物が創建以前（天平９年）の仏殿

れた、その像を安置するための仏殿であろうとの考え方が示されている。[25]天平九年三月詔は、一連の国分寺造営工事の一部を示すものとも見られる事柄なのである。遠江では天平九年のこの詔に従って仏像、これは釈迦如来なのであるが、その事業を成し遂げてあったからこそ、天平十三年の国分寺造営詔が出された後に、直ちに金堂の造営工事が行なわれたものと考えられるのである。

国分寺の造営工事は国守の責任で行なわれたのであり、このころの遠江国守を見てみると、百済王孝忠が天平十年と同十三年に赴任しているのである。一連の国分寺造営事業が国守の責任によって進められたとするならば、天平九年の釈迦像造像の事業にも百済王孝忠がかかわったに違いない。さきに述べた掘立柱建物が天平九年詔にもとづいて建立された仏殿であったとしたならば、国分寺造営詔が出された年に再び遠江国守として赴任してきた百済王孝忠が、他国に先駆けていち早く釈迦像を安置するために国分寺の造営にとりかかったと考えることができよう。百済王孝忠が天平十三年の再任後、いつまで遠江に在任したかわからないが、天平十六年二月に安曇江の行幸に際して百済王全福や百済王慈敬らと共に百済楽を奏しているので、そのころには都に戻ったことが知られる。このような状況からすれば、遠江国分寺の造営工事がある程度の段階まで、かなり順調に進んでいたのであろう。このように、瓦の年代を瓦そのものからではなく、寺の造営工事の中で考えることもできるのである。[26]

上淀廃寺（鳥取県西伯郡淀江町福岡）所用の軒丸瓦の文様構成も特徴的である。文字にすれば単弁十二弁蓮華文軒丸瓦と表現することになり、他と変わった文様の表現とはならないが、蓮弁の中央に一本の凸線が置かれ、小さな子葉がその中央にある。いわば串団子状なのである。蓮子は中心に一個、その周囲に六個がめぐるごく普通のものであるが、珠文は弁区の外側に置かれた一条の幅広い圏線の上に珠文帯としてめぐらされる。蓮弁と間弁の位置に正しく置かれ、一二個がめぐる。一般の軒丸瓦であれば、珠文は弁区の外側にめぐらされた二条の圏線の間にめぐらされるのである。上淀廃寺のこの軒丸瓦は外縁がとくに作られず、珠文帯がいわば外縁のように見える。上淀廃寺のこの軒丸瓦によく似た文様をもつ軒丸瓦は、上淀廃寺の営まれた伯耆に数か所、そして岩見、出雲、隠岐などに見られる。そうした中で上淀廃寺所用軒丸瓦がもっとも先行的なものと考えられており、上淀廃寺式と呼ばれることもある。このことは、第II部「古代の瓦」で再び述べることになるが、上淀廃寺から「癸未年」を示すと考えられる文字瓦が出土しており、それが六八三年にあたるところから、上淀廃寺式軒丸瓦の年代の一点が知られるのである。(27)

II　古代の瓦

第一章　瓦の生産

大量生産

わが国で瓦生産が始められたのは、記録の上では崇峻元年（五八八）に百済から瓦工が渡来してからである。『日本書紀』には次のように記されている。

百済国……寺工太良未太・文賈古子、鑪盤博士将徳白味淳、瓦博士麻奈文奴・陽貴文・陵貴文・昔麻帝弥、画工白加を献る

瓦工の名は『元興寺伽藍縁起幷流記資財帳』(1)に記す「鑪盤銘《ろばん》」には「瓦師麻那文奴・陽貴文・布陵貴・昔麻帝弥」とあり、若干の違いはあるが四名ともによく似ているので、百済からこのとき工人たちが寺造営のために派遣されてきたことは史実と考えてよい。そして建立された寺が飛鳥寺であり、わが国で最初に建立された本格的な寺とされる。飛鳥寺建立時の軒丸瓦の瓦当文様は扶余時代の百済瓦当のそれによく似ており、そのことからも百済から技術がもたらされたことは事実と言える。

寺にせよ、宮殿にせよ、屋根に葺き上げられる瓦の量は膨大なものである。平成十年に竣工した平城宮朱雀門では、宮城の正門であり重閣門であるからとくに大量の瓦を必要としたということもあるが、屋根

復元された平城宮朱雀門

を覆った瓦の数は丸瓦《まる》一万一〇〇〇枚、平瓦《ひら》二万五〇〇〇枚、軒丸瓦《のきまる》・軒平瓦《のきひら》各七五〇枚、熨斗瓦《のし》四三〇〇枚、総数四万一八〇〇枚という数量であった。

建物の造営工事が始まり、大方の骨組みが仕上がると屋根の瓦葺きが行なわれる。このことは、昔も今も変わりないことである。屋根さえきちんとしていれば雨が降っても内部の工事が進められる。したがって、短期間に大量の瓦を必要とする。飛鳥寺造営に際しても須恵器作りの工人たちを教育してそれなりに生産体制が整えられている。すでに述べたように、飛鳥寺出土平瓦の凹面に同心円文圧痕をもつものがあり、須恵器の生産に従事していた工人を瓦生産に動員したことを示すものと考えられている。このような形で、どこの地域でも瓦作りの技術が広がっていったものと考えられる。

古代においては、政府による造営工事が頻繁に行なわれているが、その造営機構を具体的にうかがうことができるのは東大寺造営に際しての史料である。わが国で瓦作りが始められて約一世紀を経た頃の史料であり、正倉院文書として伝えられてきたものである。同じ時期の史料に、法華寺阿弥陀浄土院造営にも造東大寺司の機構の中で進められたためか、それに関する史料も正倉院文書として残っているが、東大寺そのものにはとてもその数は及ばない。造東大寺司関係の史料の中に瓦作りに関する史料がいくつかある。そのあたりから瓦生産の一端を概観してみよう。

瓦作りの作業

天平宝字六年（七六二）二月と三月に、造東大寺司がどのような作業を行なっていたかを示す史料がある。

・二月の作業(2)

造瓦所別当弐人 判官正六位上葛井連根道 散位従八位下坂本朝臣上麿

単口漆伯玖拾参人 五十七人将領　二百廿五人瓦工 五百十一人仕」

作物

焼瓦一万五千八百八十枚	功一百五十六人
採瓦焼料薪九百十八荷	功四百五十九人
採火棹枝卅	功五人
修理瓦屋一宇 長卅五丈	功卅三人
開埴穴并堀埴	功十五人
請仕丁等養物参向大津宮	功八人
料理瓦工等食物	功卅人
運瓦寺家	功卅人

・三月の作業[3]

造瓦所別当弐人 判官正六位上葛井連根道 散位従八位下坂本朝臣上麿

単口捌伯拾参人 五十五人将領 二百卅人瓦工 五百廿八人仕丁

作物

作瓦一万一千四百八十五枚	功百卅五人
打埴十三万七千八百斤	功三百五十一人
開埴穴幷堀積埴	功卅五人
修理瓦屋三宇 別長八丈	功卅三人
掃浄瓦屋四宇 一宇長卅五丈 三宇別長八丈	功廿六人
奉請弥勒観世音井像二駆珍努宮	功百廿八人
雑工等廝	功五十人

この二通の史料によって、瓦作りの過程が知られる。

瓦の原料は粘土と水である。そして仕上がった瓦を乾燥させて窯で焼く、という手順である。瓦は焼き上げられてはじめてその機能を発揮することになる。したがって、まず最初の作業が粘土採取であり、史料に見える「埴穴《はにあな》を開き埴を掘る」「埴穴を開き幷埴を掘り積む」作業である。二月には、作業延べ人数七三六人のうち一五人が、三月には七五八人のうち三五人が粘土採取にあたっている。三月分の中で五割近くの作業を占めるのが「埴を打つ」作業である。採取した粘土に水を加えて「こねる」仕事であり、後世「たたら」を作ると呼ぶ作業である。十分に粘土をこねないと良い瓦ができない。こうしてこの月に、瓦の種類はわからないが一万枚以上の瓦を作っている。

粘土採取にあたって、どのあたりで粘土を採取したのか、また各人がどの程度粘土を採取したのか具体的には記録されていない。瓦作りの工房からあまり遠くない所で粘土を掘ったにちがいない。平城京北方の奈良山丘陵地帯は、大阪層群と呼ばれる焼き物に適した粘土の堆積層がある。大きな広がりをもっていることもあって、古い時代から窯業生産が盛んなのである。各人の採取料は『延喜式　木工寮』(4)の記載が参考になる。

埴掘
掘開埴土、一人一日立方五尺

とある。しかし、堅い粘土層の場合には一立方尺減らされている。

埴打ちに関しては、造東大寺司の場合は一人あたり三九二・五斤と計算され、『延喜式』では三〇〇斤となっている。ただし、これは「夫」が打つ量であり、「雇人」すなわち雇工の場合には一〇〇斤を加えることになっている。

実際に作られる瓦の数量は、造東大寺司では一人あたり八五枚と計算できる。『延喜式』では丸瓦・平瓦は九〇枚、軒丸瓦二三枚、軒平瓦二八枚となっているので、造東大寺司の史料に見える、ここで作られる瓦の数は丸瓦・平瓦を示したものであることがわかる。

瓦作りの後は、これを乾燥させて窯で焼く。燃料も厖大な量を必要とする。二月の作業に「瓦焼料の薪九百十八荷を採る」とあるのがそれである。二月の作業量の六割をこえている。いかに燃料を多く必要としたかがわかる。奈良山丘陵のかなりの範囲が現在開発によって大住宅地となっているが、平城京建設直前の景観はおそらく開発前の状況と大きく変わらなかったのではなかろうか。樹木が生い茂り、谷川には澄んだ水が流れていたことであろう。それらの樹木が瓦を焼く燃料として利用された。したがって、瓦生産が進むにしたがって、奈良山丘陵からは次第に緑が失われていったことであろう。平城宮造営時に営まれた瓦窯もおおむね奈良山丘陵に築かれたのだが、大まかにいうと古い順に西から東へ移っている。粘土採取の都合というより、燃料確保のために少しずつ東へ移動しながら窯を築いていったのであろう。

二月の作業の中に「瓦を寺家に運ぶ」人数として三〇人があげられている。どの種類の瓦を何枚運んだのか、人が肩に担いで運んだのか、車に乗せて運んだのかはっきりしないが、人が担いだ史料として次のような平城宮出土木簡がある。(5)

・進上瓦三百七十枚 女瓦百六十枚 鐙瓦七十二枚　宇瓦百卅八枚　功卅七人 十六人各十枚 九人各八枚　廿三人各六枚

・付葺屋石敷　神亀六年四月十日穴太□ 主典下道朝臣向司家

（『平城宮出土木簡』）

木簡には四七人で運んだように記載されているが、実は計算違いがあって、四八人で運んでいる。その人数で平瓦一六〇枚、軒丸瓦七二枚、軒平瓦一三八枚計三七〇枚を運んでいる。一人あたりの運ぶ量は平瓦一〇枚、軒丸瓦八枚、軒平瓦六枚である。造東大寺司史料に記す人数は、平城宮出土木簡記載の人数の約六割四分である。単純計算すれば、二三六枚となる。二月に焼いた瓦の数からすると、これは微々たるものである。一月に生産した残りを運んだものとも考えられる。ちなみにここに見える寺家は、造東大寺司の本部を示している。

『延喜式』にも瓦を運ぶ記事がある。それによると、一人が運ぶ数は平瓦一二枚、軒丸瓦九枚、軒平瓦七枚となっている。木簡に記されている数と比べると、『延喜式』(6)の方が一二枚多くなっている。これは平安時代に入ってしばらく経ったころの瓦が、奈良時代の瓦より若干小形で軽くなったからである。ついでに『延喜式』に記された丸瓦を運ぶ数を示しておくと、一人一六枚である。

瓦作りの作業の中には「瓦屋」の修理も含まれている。ここにいう瓦屋は瓦を作ったり、乾燥させるた

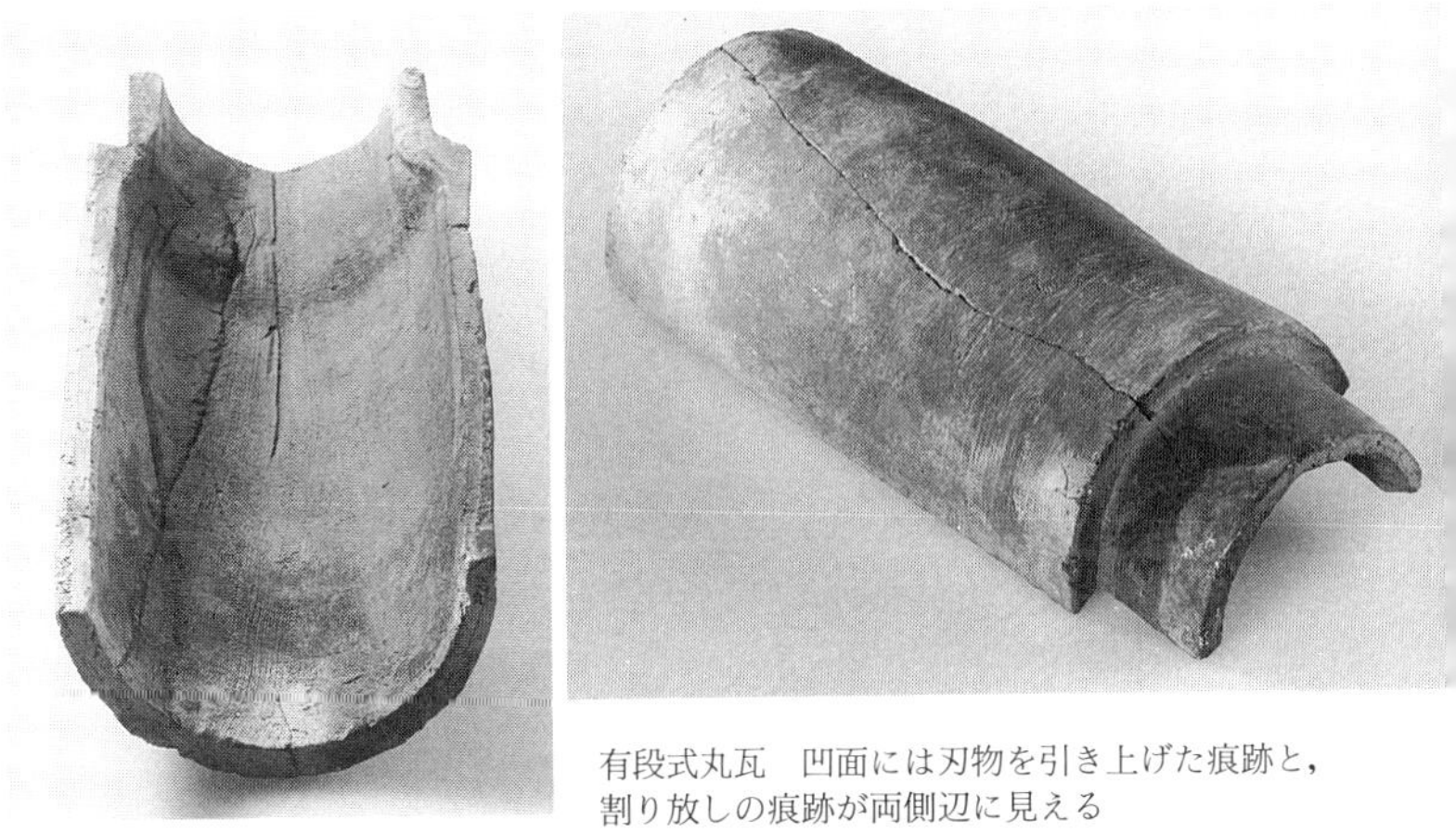

有段式丸瓦　凹面には刃物を引き上げた痕跡と，割り放しの痕跡が両側辺に見える

めの施設であろう。長さ四五丈という長い建物もある。およそ一三五メートルという長さである。この長い建物に関しては次節の「工房」で述べるが、おそらく壁まわりなども簡単な造りだったであろう。したがって、常に修理を加える必要があったのだろう。

瓦窯に関する記録が造東大寺司の史料には見られないが、『延喜式』では一つの瓦窯を築くのに工四名、夫八名が従事するように定められている。ただ、これだけの人数で何日を要するのかわからない。

第I部「瓦の効用と歴史」と若干重複するところもあるが、丸瓦と平瓦の製作技術についてふれておこう。

丸瓦は、粘土離れがよいように、布を巻き付けた円筒形の成形台に粘土板を巻き付けたり、紐状の粘土、すなわち粘土紐を巻き上げて作った円筒を、縦に半截して焼き上げる。このとき刃物は円筒の内側下部から上へ引き上げる場合が多い。この粘土円筒はすでに述べたように、一方から他方へ次第に細く作られた「行基式」、すなわち無段式と、葺き重ね用の玉縁をもつ有段式とがある。したがって、成形台そのものが両者で異なっているのである。この成形台に関しては、中国の文献などを検証して「模骨《もこつ》」と表現することがふさわしいとの見解があり、「模骨巻き作り」とされている。(7) 本書でもこの考え方に従いたい。

模骨は回転台の上に据えられたものと考えられ、無段式丸瓦の模骨は下端から上端へ次第に細く作られた、截頭円錐形に復原することができる。有段式丸瓦の模骨は、玉縁部を同時に作るためにいわばビール瓶の形態をしている。丸瓦の形態からすると、丸瓦本体から玉縁部へはなだらかに変化するものと、強くくびれるものとがあったものと考えられる。全般的な傾向としては、古い時期の丸瓦は玉縁部へのくびれは強く、時代が降るにつれてなだらかになる。飛鳥寺や若草伽藍の事例では、創建期の丸瓦の玉縁は別個に作ったものを取り付けたようであり、その模骨は円柱形であったと考えられている。

模骨を回転させるためには、回転軸を受ける軸穴があったと思われるが、丸瓦からそれを推察することはできない。しかし、作られた粘土円筒を正しく二分割するための目安が付けられていたようであり、撚り紐が取り付けられていた可能性が報告されている。このことがさほど明瞭でないのは分割後に、調整の段階で丸瓦の側面およびその周辺をへら削りして、分割基準の痕跡が消されてしまうからと思われる。もっとも、作られた粘土円筒がすべて分割された後に側面をへら削りされわけではなく、切り離したままのものが時に見られる。そうした痕跡を示すものでは、多くのものが切り離しの際の刃物は内側、すなわち凹面側に見られる。長い柄の先につけた鉤形の刃物を、円筒内に差し込み、分割目安の撚り紐などの痕跡を基準にして一気に引き上げたのであろう。

成形台には布を巻き付けるので、丸瓦凹面に布目圧痕をとどめる。その布目の観察によって丸瓦の分類が行なわれることもある。凸面側は成形時に叩き板によって叩きしめられるが、多くの場合調整の際に削られ、その痕跡が見えにくい。しかし、詳細に観察すると後述する平瓦と同様な格子、斜格子、綾杉、縄目のような文様を認めることができる。そのような圧痕が残るのは、粘土離れがよいように叩き板にそれらの文様が彫り込まれたり、細い縄を巻き付けているからである。古代の丸瓦で最も多く見られる圧痕は、縄叩き目である。縄叩き目の圧痕をもつものは、高井田廃寺創建時の軒丸瓦の丸瓦部にすでに見られる。高井田廃寺の創建時の軒丸瓦は七世紀半ばに比定されるので、遅くともこのころには縄を巻いた叩き板が使われていたことが明らかである。

模骨の多くは一木作りであるが、時には側板の痕跡を残すものもある。一木の芯材に幅二〜三センチの側板を取り付けたのであろうか。また、九州地方に顕著なのであるが、「竹状模骨」と呼ばれるものがある[8]。丸瓦の凹面に棒状の圧痕が連続して見られるものであり、簾を編むように紐で四〜七段連結したものである。その圧痕の状況が細い竹を連ねたように見えるところから、「竹状模骨」と呼ばれる。ただし、節の痕跡は明瞭ではないという。側板の圧痕をもつものも、竹状の圧痕をもつものも、いずれも無段式丸瓦である。

特殊な事例に、模骨を使用せずに作られた丸瓦もある。神ノ前窯跡製品がそれであり、あたかも土器を作るような方法で粘土紐を巻き上げて作っている[9]。

次に平瓦について述べよう。わが国に伝えられた平瓦の製作技法は、いわゆる桶巻作りである。桶型の成形台に粘土板を巻き付けたり、粘土紐を巻き上げて粘土円筒を作り、それをおおむね四分割して乾燥させた後に窯で焼き上げる方法であった。円筒の分割は必ずしも四分割だけではなく、三分割の場合もあったことが知られている。

平瓦桶巻作りに際しては、『天工開物』[10]に示された図や民俗例から、一貫して平瓦四枚分の粘土板を桶型に巻き付けると考えられているが、平瓦二枚分の粘土板を二枚桶型に着装した事例も示されている[11]。わが国七世紀代の平瓦は八世紀代のものに比べると、ひとまわり大きい。したがって、平瓦四枚分の粘土板を桶型に巻き付ける作業は、熟練を要するように考えられる。そのことからすれば、平瓦二枚分の粘土板を桶型に着装したことを示す資料が今後増える可能性が認められよう。

さて、平瓦が桶巻作りによって作られたことを示す痕跡が、瓦にあらわれる場合が往々にして認められる。平瓦側辺に、粘土円筒を分割したままで調整が加えられていないことがある。粘土円筒を分割する手順として、丸瓦と同様に多くの場合、円筒の内側から切断のための刃を入れる。その際に刃は円筒を完全に切断せず、おおむね円筒の厚みの中ほどまで入れて引き上げられている。粘土円筒を乾燥させた後にこれを軽く叩いて分割するため、刃が通っていない面は破面となる。こうした痕跡が認められれば、桶巻作りと考えてよい。側面が調整されていて破面が見られなくても、両側面の延長が、その平瓦で復原される円筒の中心にあたれば、これも桶巻作りの可能性大といえよう。平瓦凹面には往々にして模骨の側板圧痕が認められる。しかし、この圧痕だけでは桶巻作りによったと判断することはできない。むしろ布目圧痕の状況によって判断が可能である。丸瓦製作時と同様、平瓦製作時にも粘土離れがよいように、桶型に布を巻き付ける。平瓦の平面形が基本的には台形であることはさきにふれたが、そうした平瓦を作る桶型は円錐台形である。円錐台形をした桶型の表面に巻き付けられた布の合わせ目は斜交することになる。そのような痕跡を示す平瓦は桶巻作りによったものと判断できる。そうした痕跡を示す平瓦は計算上は四枚に一枚生ずることになる。出土瓦を詳細に観察すると、細片であってもそうした痕跡を残す資料を見いだすことがある。

粘土板巻き付けによる桶巻作りの場合、粘土板の合わせ目が明瞭にあらわれる場合がある。また、その合わせ目で剝がれている資料が出土することもある。そうした痕跡を残していれば、それらも桶巻作りに

『天工開物』に見える瓦作り

沖縄で使われていた平瓦製作用の桶型

回転台に据えられた桶型

桶型の展開

平瓦桶巻作りの実験

①

②

③

④

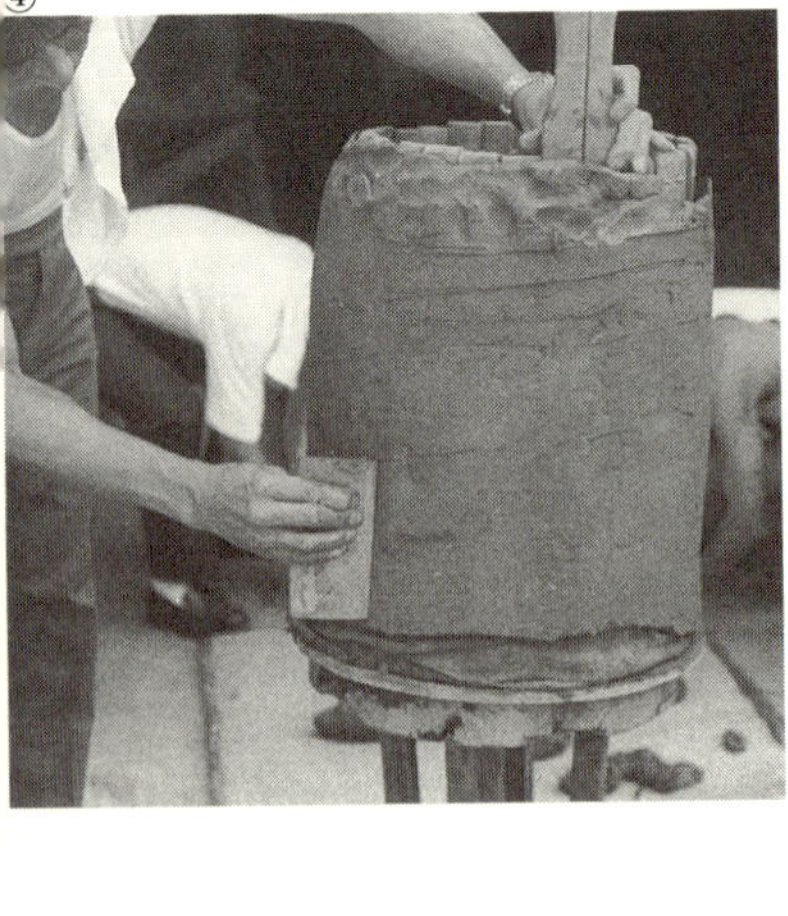

① 桶型を回転台に据える
② 粘土板を桶型に巻きつける
③ 叩き板で叩きしめる
④ 粘土円筒を「へら」で調整する

⑤ 桶型を回転台からはずす
⑥ 円筒を四分割して平瓦の形ができる

⑥ ⑤

「桶巻作り」の平瓦
右：凹面に布の合わせ目と，側辺に分割の痕跡が見える
下：側辺に分割の痕跡が見える

高井田廃寺の丸・平瓦に見られる各種の叩き圧痕

よったと判断できる。さきにふれたように、粘土板巻き付け技法が桶型に粘土板を二枚着装するものであれば、粘土板の合わせ目をとどめるものは計算上平瓦二枚に一枚見られるということになる。粘土紐巻き上げによるものは、粘土の合わせ目が比較的良好に残るので、桶巻作りであることが確認できやすい。以上の諸点が、桶巻作りと判断できる特徴である。平瓦凸面に各種の圧痕が見られることはすでに述べたとおりであるが、それを詳細に検討することによって、工人集団の動向を把握することも可能である。

桶巻き作りによる平瓦の生産は八世紀に入って次第に、いわば蒲鉾形の凸型成形台による一枚作りに変わっていく。おそらく平城遷都という大事業にともなって新たな技術として採用されたものと考えられるが、平城京時代においても一部で桶巻き作りによる平瓦生産が続けられる。この一枚作りの技法は、次第に各地に広まっていき、九世紀には、ほとんどの地域で採用されたようである。平瓦凹面の四隅のいずれかに布端の圧痕を留めているものがあれば、それは一枚作りによった製品と判断できる。また、平瓦凸面を上に向けて置いた場合、平瓦側面が鉛直になる。これも平瓦一枚作りと判断する根拠の一つである。一般に一枚作りで生産された平瓦の彎曲は、桶巻き作りのそれと比べるとゆるやかである。平瓦の中に凸面に布目圧痕をもつものがあることについてはすでにふれたところであり、桶型の内側に粘土板を巻き副わせた痕跡が瓦の凸面に認められている。

軒瓦は、基本的には瓦当《がとう》部と丸瓦、あるいは平瓦を接合したものである。瓦当部は瓦当笵《はん》によって作る。初期の段階の軒丸瓦では、丸瓦部は瓦当裏面の上端に接合され、時代が降るにつれて接合部が下がっていく傾向にある。初期の段階では接合のためにあてる粘土が少なく、瓦当部から丸瓦部が脱落しやすかったために、丸瓦部を下げて、その凸面側と凹面側に接合用の粘土を多くあてる工夫がなされたのである。

丸瓦を瓦当裏面に接合するに際しては、単に丸瓦先端を瓦当裏面にあてて接合用粘土を着けるのではな

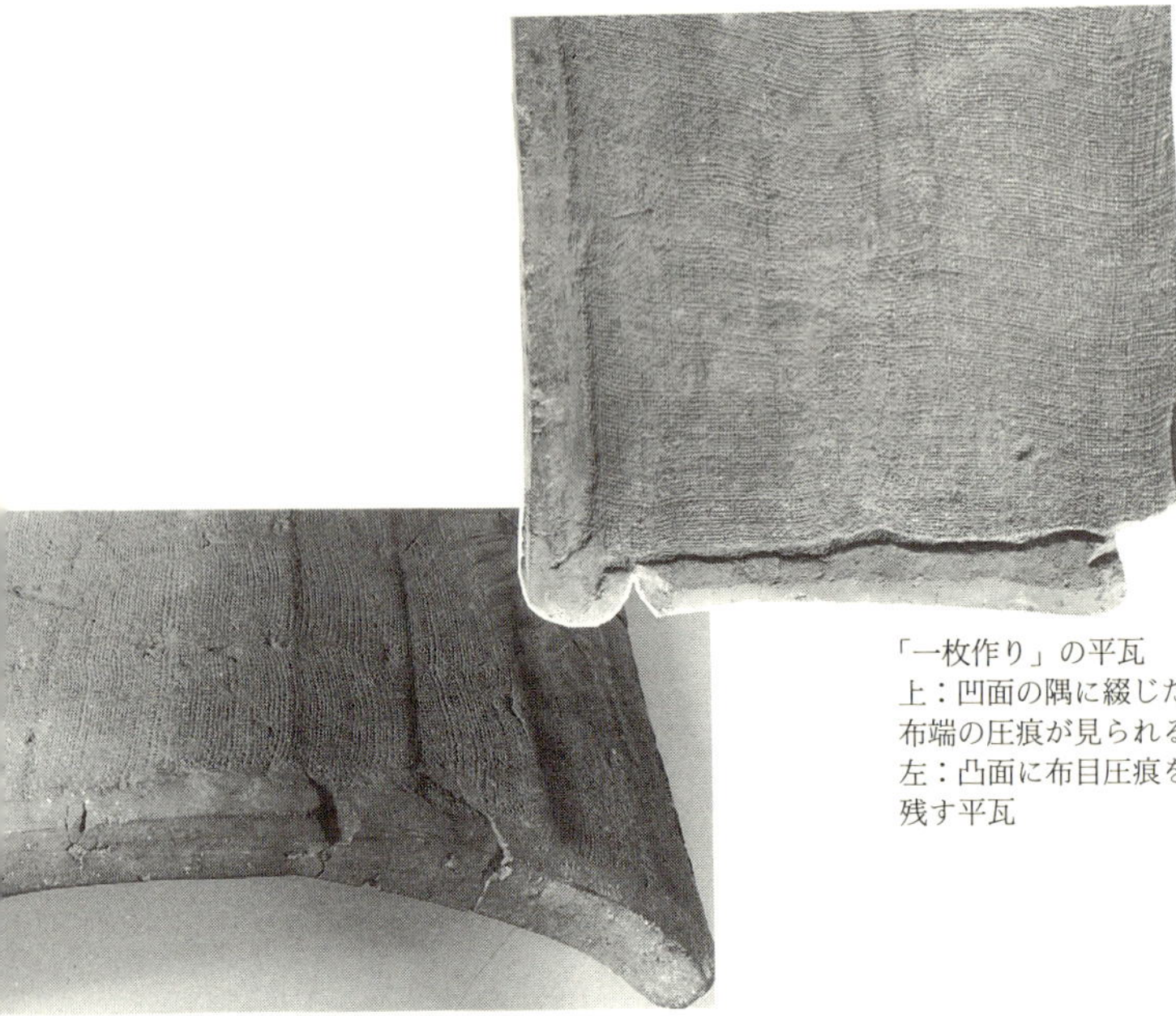

「一枚作り」の平瓦
上：凹面の隅に綴じた布端の圧痕が見られる
左：凸面に布目圧痕を残す平瓦

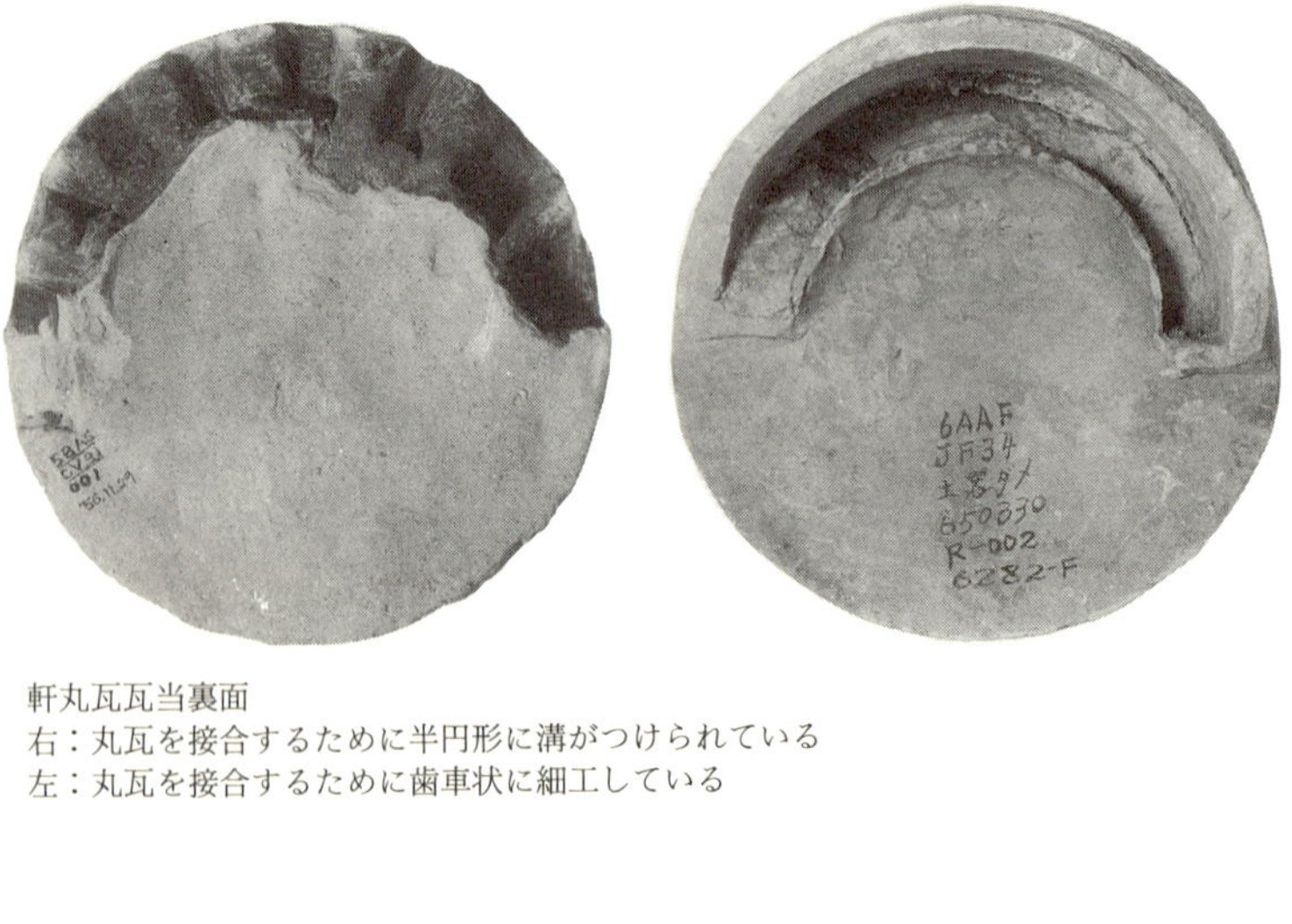

軒丸瓦瓦当裏面
右：丸瓦を接合するために半円形に溝がつけられている
左：丸瓦を接合するために歯車状に細工している

丸瓦凹面　瓦当部に接合しやすいようにキザミを入れている

瓦当と丸瓦の接合　丸瓦部先端にキザミを入れている

瓦当と丸瓦の接合　丸瓦部凸面にキザミを入れている

下総国分寺の軒平瓦　右の断面図によって，瓦当裏面に平瓦を差しこんで接合している状況がわかる．文様面の網目は，同笵品による復元

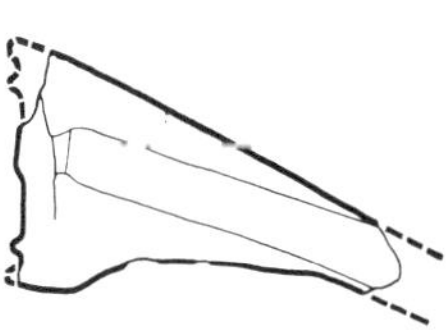

く、瓦当裏面に丸瓦の弧に合わせて溝を穿って丸瓦先端部を差し込んだり、また丸瓦先端を凸面側や凹面側から斜めに削ることによって、先端を若干尖らせて差し込むようなことも行なわれている。さらに、丸瓦先端に近い凹面や凸面に斜格子状にキザミを入れるようなことも行なわれる。特殊な事例では、丸瓦部先端を一部欠き取り、それに合わせて瓦当裏面の溝も一部を残してそれに合致させるというものがある。それがさらに進むと、丸瓦先端部を歯車状に欠き取り、それに応じて瓦当裏面をも歯車状に加工するということが行なわれる。このような事柄を述べることができるのは、そのような状況が瓦にあらわれているからである。ということは、古代の瓦工たちが苦労して接合したにもかかわらず、瓦当部と丸瓦部が離れてしまうものが多かったことを示している。

軒丸瓦の中には「一本造り」と呼ぶ技法で作られたものがある。それは、瓦当部と丸瓦部とを別々に作るのではなく、「共土」で作り上げていくものである。[12] また「いわゆる一本造り」と称しているものもある。[13] 瓦当部と丸瓦部とが「共土」で作られるのではないが、瓦当裏面に丸瓦部として作った円筒を接合し、円筒のうち不要な半分を切り取るというものである。円筒を切り取る際に、瓦当裏面を傷つけたり、削ってしまうことを防ぐために、瓦当裏面から少し離れたところで切り取る。したがって、瓦当裏面に堤状の部分が残る。この堤状の高まりは、「共土」で作られたものにも見られる。この二つの技法で作られた軒丸瓦では、丸瓦部凹面の布目圧痕が途切れることなく瓦当裏面に続いている。堤状の高まり、そして布目圧痕のありかた、この二つがこうした技法で作られたことを示す軒丸瓦の特徴である。このことに注目されはじめたころには、特殊な技法と考えられていたが、そうした資料も次第に増えてきており、各地で見受けられるようになった。

これもきわめて特殊な事例なのであるが、瓦当面に布目圧痕をもつものがある。武蔵国分寺[14]（東京都国分寺市西元町）や佐渡国分寺[15]（新潟県佐渡郡真野町国分寺）のものに顕著なのだが、布目圧痕が明瞭に認められる武蔵国分寺のものはおそらく瓦当笵から瓦当部が抜き難かったために布を置いたものであろう。佐渡国分寺のものもそれと同じものかもしれないが、布を敷いた上で粘土をこね、布目圧痕がついた面をそのまま瓦当笵に押しこむと、その布目圧痕は消えずに残るので、そうしたものの可能性もある。

軒平瓦も瓦当部と平瓦部の二つの部分で形成されているのだが、その製作技法にはわからないところが多い。桶巻作りの段階の軒平瓦では、明らかに桶型成形台で平瓦とともに作り上げた痕跡をもつものもある。重弧文軒平瓦などにそうした痕跡が認められるものがめだつが、檜隈《ひのくま》寺跡（奈良県高市郡明日香村檜隈）出土例のように偏行唐草文でもそうした技法で作られたものがある。その製作法については、現在いろいろ検討が加えられている。また、明らかに瓦当裏面に平瓦部を接合した事例も認められるが、山村廃寺、上野廃寺、下総国分寺（千葉県市川市国分）、同大塚前遺跡（千葉県印西市小倉）などなどから出土した数例しか確認されていない[16]。

瓦作りの工人

実際に瓦工房で働いていた瓦工の状況はなかなかわからない。わが国で初めて瓦作りが行なわれた際に百済から渡来した四名の瓦工たちが、彼らだけで瓦作りをしたわけではない。彼らは瓦作りのすべての工程に習熟しており、それぞれの過程に従事するための新たな工人たちを育成した。初期の段階はこのような形だった。

奈良時代については正倉院文書に若干瓦工に関する記事が見えるものの、全国で千か寺はあったと思われる古代寺院の造営に際して瓦作りに励んでいた人たちが、ただ一人で瓦を作っていたのか、あるいは数人のグループで構成されていたのか、ということもよくわからない。そのために、どうしても史料に記されている内容を手がかりにせざるをえないのである。造東大寺司に何人の瓦工が所属していたのかはっきりしないが、少なくとも名前の明らかな瓦工は、一〇名いる。造東大寺司本所の史料に八名[17]、造東大寺司に所属する一つの組織であった、法華寺阿弥陀浄土院造営のための作金堂所[18]や石山寺造営のための造石山院所[19]で各一名の名前が確認できる。造東大寺司造瓦所の文書の一つに「恵美園の瓦工云々」の記事があり、他所での瓦作りに派遣されることもあった。おそらく彼らには常々出張作業もあったのだろう。

また天平十七年（七四五）の造宮省移に「作瓦仕丁[20]」と見えたり、同年の民部省解に「西山瓦守仕丁」「瓦屋守一人[21]」と見えたりする。造宮省に造瓦機構があったことは当然であろうが、他の官司にも何がしかの組織が存在したのかもしれない。

さきにあげた二通の史料（一三五―一三六ページ）からは、造東大寺司造瓦所に従事する者たちに将領、瓦工、仕丁がいたことがわかる。合計人数が二月では七九三人、三月では八一三人であるが、合計作業量ではそれぞれの月の瓦工分と仕丁分の合計が一致する。したがって、将領は作業そのものにはかかわっていないことがわかる。将領の延べ人数が二月では五七人、三月では五五人であり、計算上では二名分となる。将領が作業功数に含まれていないのは、事務官僚であり、賃金が別個に計算されるからであろう。「所」によって将領の人数が異なり、この年の二月の木工所では延べ二二七人となっている。八名ほどの将領が勤務していたことになる。

瓦工と記された工人には、勤務形態によって長上工、番上工、司工、雇工などがある。長上工は画師など特定の技術をもって官営工房に常勤する工人であり、番上工などを指揮する技術官人である。しかし造営事業が拡大した奈良時代には、造営に直接かかわる分野でも長上工が配属された。支払われる賃金にはおのずから差があった。また、作業内容による賃金の差もあり、天平宝字三年（七五九）を中心とした「造法華寺金堂所」関係文書を見ると、「生瓦作工」は一〇文、「瓦焼工」は一二文から一五文まで四段階、施釉の垂木《たるき》先《さき》瓦と思われる「飛炎木後料玉瓦作工」は一〇文、「瓦葺工」は一〇文と一一文の二段階、瓦窯を構築する「瓦竈作工」は一四文を支給された。同じ作業内容で賃金に差が見られるのは、技術の習熟度によるのであろうか。あるいは「瓦葺工」の場合、屋根の端や隅などのむつかしい所を葺く時には一文高いというような、また窯の火入れの時期、徹夜作業の時などで賃金の額が違っていたものとも思われる。

作業内容の中に、二月には「瓦工等の食物を料理する」として三〇人、三月には「雑工等の廝《し》」として五〇人の仕丁があげられている。文字どおり造瓦所で働く工人たちのために食事の世話をしているのである。このような仕事は仕丁の役割である。また、さきにあげた平城宮出土木簡の他の資料(22)には

表・□進上女瓦三□……□（仕カ）丁　五人

裏・神亀五年十月……□（付カ）秦小酒得麻呂

とあり、瓦の運搬に仕丁が使われていたことが知られる。ついでに付け加えておくと、

表・□瓦　枚□車一□

裏・　　　　□

と記されたものもあり、人が肩に担ぐだけでなく、車で運んだこともあったことも知られる。法華寺阿弥陀浄土院に関する史料(23)にも、瓦を車で運んだ次のような天平宝字年間の記録が見える。

…

四百五十文借堤瓦九百枚運車九両賃

四百五十文同瓦依員返送車九両賃

…

このころ、作金堂所では工事が急ピッチで進められており、瓦生産が追いつかなかったのか、本所である造東大寺司造瓦所から堤瓦、すなわち熨斗《のし》瓦を九〇〇〇枚借りたのである。その瓦を運搬するのに車を使ったのであり、瓦の返済にあたっても車を使ったことがわかる。ここで興味あることには、「車九両」分と記されていることである。車一両に熨斗瓦一〇〇〇枚を載せたわけである。熨斗瓦は平瓦を縦に半截した大きさである。『延喜式』では車一台に平瓦を一二〇〇枚積む規定となっている。[24] 法華寺阿弥陀浄土院の熨斗瓦を換算すると半分以下にしかならない。奈良時代の荷車はよほど小型だったのだろうか。それともいくつかのタイプがあったのだろうか。いずれにせよ荷車で運ぶことが能率的なのにもかかわらず人の肩に頼ることの多かったのは、荷車はそれほど多くなかったことを示しているのかもしれない。

仕丁は労役を提供する一種の税として徴発されてきた者たちであり、全国の各郷、五〇戸に一人ずつ割り当てられた。そしてその者の食事の世話をするという形でさらに一人廝《し》の仕丁として割り当てられた。都合二人である。そうした彼らは都へ上るといろいろな役所へ振り分けられ、雑用に従事した。造東大寺司でもかなりの数の仕丁が働いていた。

工房

瓦作りはどのような所で行なわれたのであろうか。そのことがわかる史料は少ない。さきにあげた造東大寺司の二通の史料で、二月に「修理する瓦屋一宇長さ四十五丈」、三月に「修理する瓦屋三宇それぞれ長さ八丈」とあるのは生瓦を作ったり乾燥させたりする工房と考えられる。長さだけが記されているが、一般にこのように桁行の長い古代の建物は梁間四間で二面庇つきの建物なので、上人ケ平《しょうにんがひら》遺跡（京都府相楽郡木津町大字市坂）で検出された掘立柱建物と同じような建物が造東大寺司造瓦所の施設としてあったものと考えられよう。(25)

作業場

粘土をこね、生瓦《なまがわら》を作り、それを乾燥させる作業は一貫作業となる。したがって、造営事業の規模によっては、かなり広い場所が必要となる。そうした作業場は瓦窯近くに設けられるのであろうが、遺跡からそれが確認されることはあまり多いとはいえない。

隼上《はやあが》り瓦窯跡（京都府宇治市菟道）では、瓦窯の南に平坦地を設けて七棟の掘立柱建物と池状の施設がある。(26)建物は工人たちの住居と作業場で、池状の施設には谷から水を引くようになっており、工房に関する施設と考えられている。隼上り瓦窯の製品は豊浦寺創建時の瓦として供給されているので、この工房遺構は今のところ最古のものとなる。

梶原瓦窯跡（大阪府高槻市梶原）は、七世紀半ばから約百年操業が続けられたもので、登《のぼ》り窯と平《ひら》窯の両者が築かれている。そして瓦窯の南に掘立柱建物があり、簡単な構造から工房と考えられている。(27)

榿木原《はんのきはら》瓦窯跡（滋賀県大津市南滋賀町）では瓦窯に近接して南に竪穴住居が、北に掘立柱建物があり、これを工人の住居と作業場とに想定できるとされている。(28)掘立柱建物には板で囲んだと推定される、瓦の原料となる粘土を溜める施設が伴っている。掘立柱建物の中に桁行八間あるいは九間という長大な建物がある。作られた生瓦を立て並べ、乾燥させるための施設と考えられている。

上人ケ平遺跡の例はその典型的なものである。出土瓦から、平城宮造営時のもの、それも天平末年から天平勝宝年間にかけてのものであることが明らかにされている。すなわち造宮省に所属する工房だったのである。四棟の建物はいずれも桁行九間、梁間四間で南北二面庇つきの建物であり、整然と並んでいた。そしてこれらの建物ははじめに二棟が建てられ、次いで一棟ずつ南側に増築されて四棟になったと報告されている。いずれも軒を接するほどに近接して建てられているが、これは台地を造成して工房を建てるために限られた広さしかとれなかったためであろう。これらの建物には棟通りで柱穴が見つけられている。しかし、すべての梁間筋にあるのではなく、建物によってまちまちである。一つおきであったり、東半分だけであったりといった具合である。一見すると床張りのための床束の柱穴とも見られるのであるが、棟を支えるための柱穴の可能性が強いという。なにかしら掘立小屋のような感じがしないでもない。

『天工開物』に描かれた瓦作りの場では、作った瓦を天日に干しているように見受けられるが(29)、天日で直接乾燥させたらひび割れするだろう。また雨の多いわが国では、上人ケ平遺跡や榿木原瓦窯跡で見つけられたような建物の中で生瓦を乾燥させたのであろう。上人ケ平遺跡では、四棟の大形建物の東側に井戸を伴ったいくつかの小規模な掘立柱建物がある。井戸を伴っているということから、瓦工たちの食事を作る厨房的な性格をもっていたのではないかと考えられている。さきの史料の「料理瓦工等食物」「雑工等廝《し》」が理解できよう。西側にある三棟の建物は、生活の臭いがほとんどないということから倉庫と考えられている。このように、瓦工房は単に瓦窯だけでなく、瓦生産のための多くの機能をあわせて構成されていた。

奈良山丘陵の東端近くに築かれた音如ケ《おんじょうが》谷《だに》瓦窯跡でも小規模な掘立柱建物が見つけられている(30)。これも瓦を作る作業場や、資材などを収納しておく倉庫と考えられている。ここの製品は法華寺阿弥陀浄土院に供給されたとも考えられているので、かなりの量の瓦が生産されたはずである。作った生瓦をどこで乾

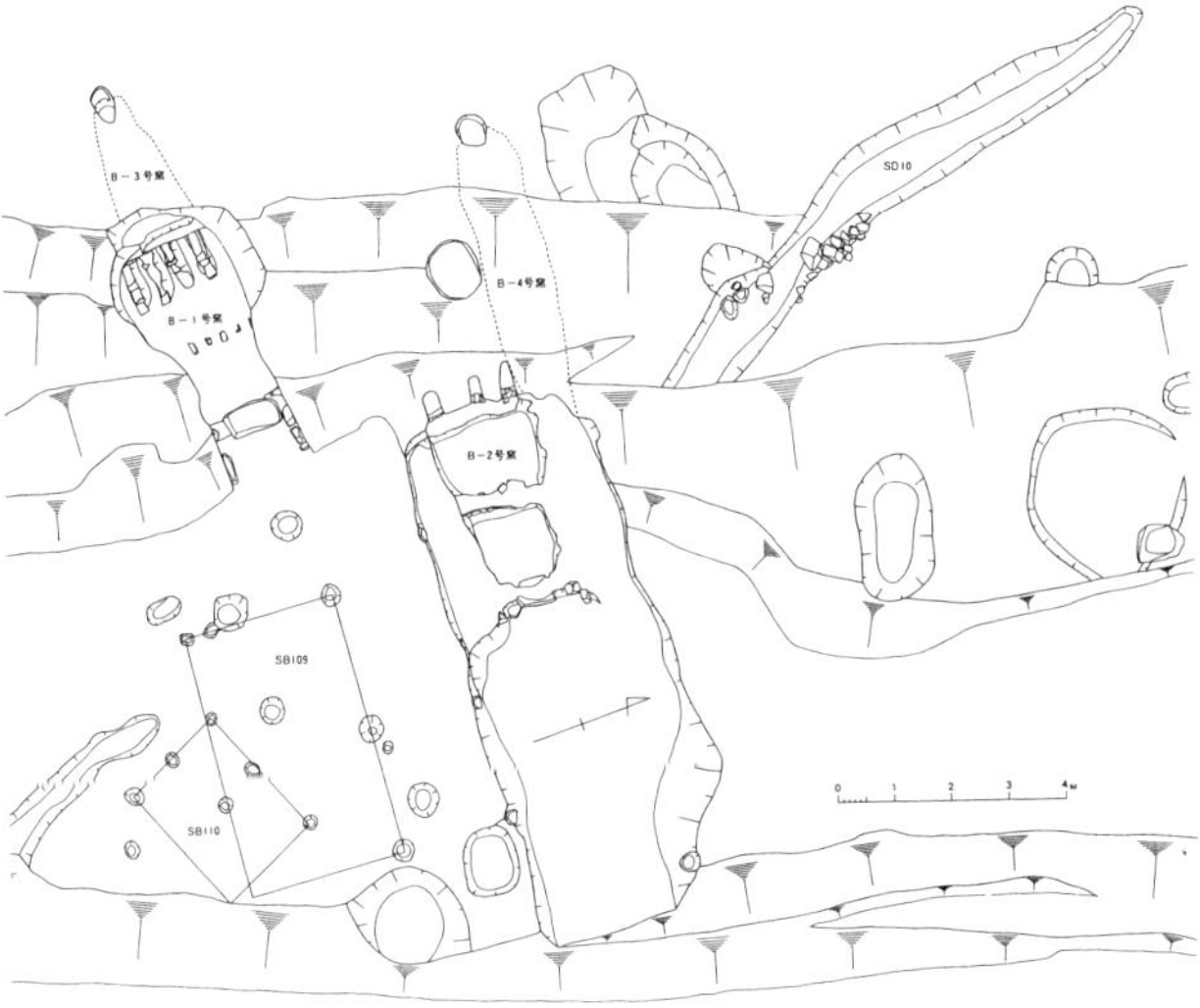

瓦窯と工房　檀木原瓦窯跡の一部

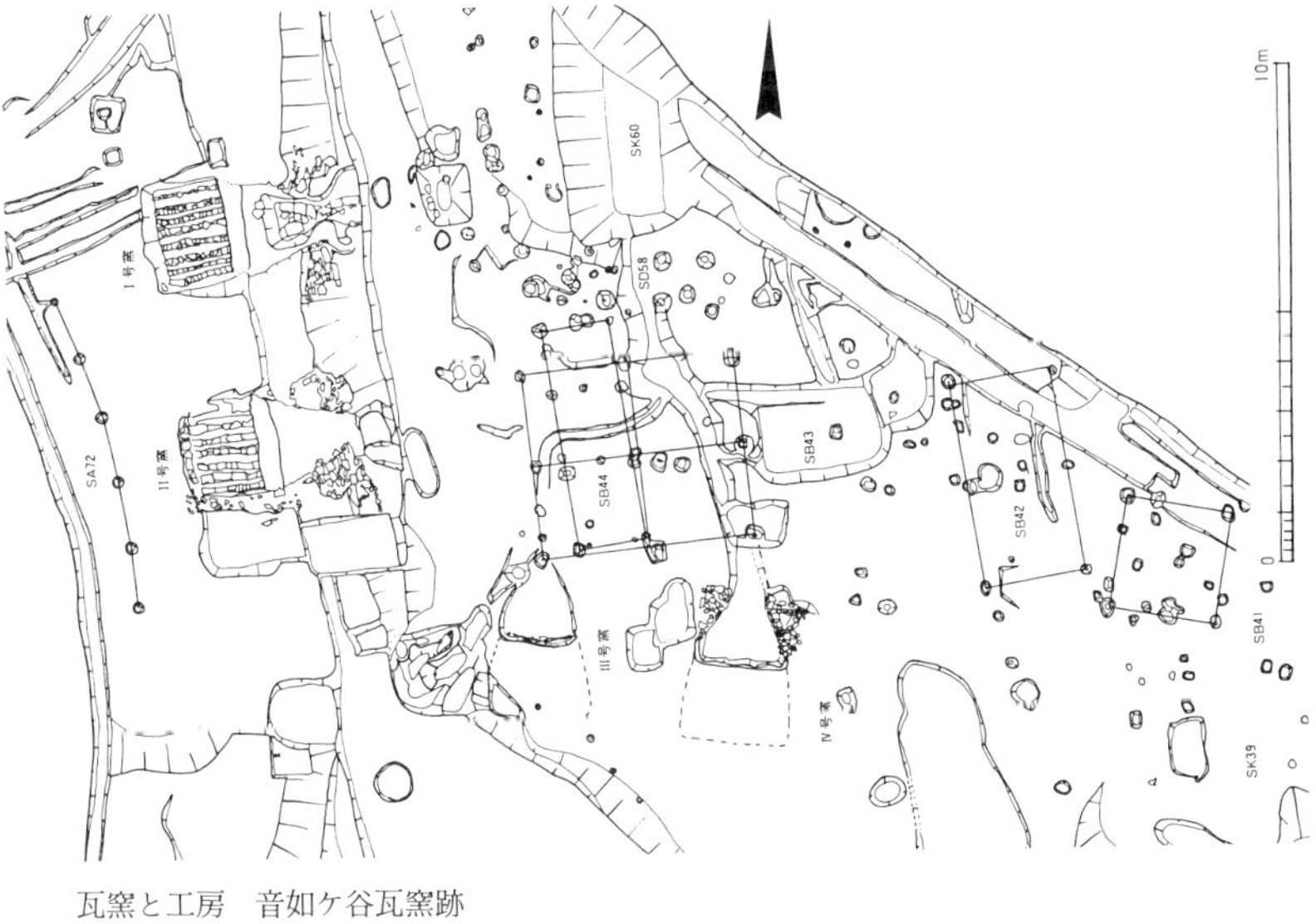

瓦窯と工房　音如ケ谷瓦窯跡

燥させたのであろうか。さほど遠くにあったわけではなかろうが、発掘調査では確認されていない。

難波宮に瓦を供給した七尾瓦窯跡（大阪府吹田市岸部北）では、急遽瓦生産の計画が立てられたためか登り窯と平窯が混在し、同時操業されていたものと見られているのであるが、その窯跡群の前面を幅三〜四メートル、深さ一メートルの溝で区画している。そしてこれは瓦工房を区画していたものと考えられている。[31] 川原井瓦窯跡（三重県鈴鹿市加佐登町字川原井）では三棟の竪穴住居が伴い、それが工房と考えられている。[32] 武蔵国分寺造営時の瓦窯の一つである谷津池窯跡でも竪穴住居が伴っているが、長辺約六メートル、短辺約二・六メートルという長方形であり、しかも内部には平瓦を立てた状況がうかがわれるので、これも工房と考えられている。新久瓦窯跡（埼玉県入間市新久）でも小規模な竪穴が伴っているが、この竪穴には竃が設けられているので[33]、作業場としての機能だけをそなえていたわけではなさそうである。

平安京へ瓦を供給するために築かれた瓦窯も数多く確認されているが、瓦作りが行なわれた工房の遺構が吉志部《きしべ》瓦窯跡[34]（大阪府吹田市岸部北）や上ノ庄田《かみのしょうだ》瓦窯跡[35]（京都市北区西賀茂上庄田町）で見つけられている。吉志部瓦窯跡では作業用の掘立柱建物と回転台の軸棒を据えたと見られる遺構が検出されている。回転台の遺構は一五基分が確認されている。上ノ庄田瓦窯跡では、瓦窯群の後方（西側）に掘られたコ字形の溝を隔てて工房が設けられていた。その溝は、工房側からの雨水などの侵入を防ぐためのものと考えられている。掘立柱建物は二棟あるが、いずれも小規模なものであり作業場や資材置き場程度のものである。この遺跡でも注目すべき遺構として回転台の軸棒を据えたと見られる穴が三か所で見つけられている。三つの穴は二等辺三角形状に配置されており、その底辺側に掘立柱塀がある。この塀は、たとえば日除けのためのものではなかろうかと考えられている。両遺跡で発見された回転台を据えたと見られる穴が、丸瓦にせよ平瓦にせよ、瓦製作台を据えるためのものとすれば、製作台の形態をどのように復原するかという、新たな問題提起がなされることになった。いずれにせよ、ここで瓦工たちが瓦生産に励んでいた様子がうかがえる。

工房には、造営対象によって規模の大小があったと思われるが、大きな規模の工房では工人たちをいくつかの組に分けていた可能性がある。それは本薬師寺から出土している文字瓦からの推察なのである。すなわち「左」「右」の印を押捺した瓦が出土しているのである。[36] 本薬師寺、天武朝に発願された薬師寺造営工事は、造薬師寺司が設けられてその工事が進められたのであるが、その際に司全体を左右二つの機構に分けたのかどうか、そのあたりのことは定かでない。しかし、少なくとも瓦作りの分野は、工房を左工房と右工房とに分けられたことが明らかである。

瓦には直接関係ないが、関連するものをあげておこう。左右二つの工房で作業が進められたものに、木造百万塔作製時のものをあげることができる。百万塔は天平宝字八年に勃発した恵美押勝の乱、すなわち藤原仲麻呂の乱が鎮圧された後、称徳天皇の鎮護国家の発願によって造られた高さ約二一センチほどの木造の塔である。文字どおり百万基造られ、大安寺をはじめとする十大寺に配られた。現在は法隆寺にしか残っていないが、基台の裏面に墨書されたものが多くあり、それらの中に「左」または「右」の墨書をもつものがある。それらは左右の工房の別を示すものと考えられている。[37] 百万塔造作時には、「造塔司」のような機構が設置されたと考えられるのであり、そこが左右に分けられたとすれば、造薬師寺司についてもその文字瓦から司そのもの、あるいは工房が左右に分けられていた可能性を考えねばならない。ということになると、造営官司すべてがそうであったことになるが、それを示すような資料はまだ見いだされていない。唐代には将作監という名称の造営関係の役所が唐令に規定されており、それが左校署と右校署に分かれている。わが国の律令制度の基本が唐のそれに倣ったものであることからすれば、このことには十分注意しなければならない。ただし、唐では将作監に属する甄官署で瓦作りが行なわれたようであり、「掌甎瓦之事」(38)とある。

瓦窯

古代の瓦窯は大きく「登り窯」と「平窯」に分かれ、燃料を焚く燃焼室、形作った生瓦《なまがわら》を並べ置く焼成室、排煙のための煙道とで構成される(39)。登り窯は丘陵の斜面を利用して隧道を穿って築くトンネル式の窯であり、焼成室に数段から二十数段の階段を設ける。この場合、燃焼室と焼成室との間に段差(階)をもつものと、もたないものとがある。瓦が出土する登り窯で、焼成室に階段を設けていないものもある。それはもともと須恵器を焼くために築かれた窯であり、それを瓦生産に利用したものである。この形態の窯にも、燃焼室と焼成室との間に階をもつものともたないものとがある。

登り窯を築く場合、丘陵斜面に狭長な溝を穿って窯体を築く場合もあり、これにも階段を設けるものと設けないものとがある。このような窯は、側壁から上の部分、天井部をスサ入りの粘土で築く。

登り窯がすべてこれらに含みこまれるわけではなく、細部を観察すれば地域によっていろいろな変化が認められる。たとえば、焼成部を長く造った狭長なものから、長軸が短く変化したり、燃焼室と焼成室との間に階をもたず、焼成室に段をもたないスロープ状の形態でありながら、焼成室に数条の溝を窯の長軸にそって穿ち、加熱の効果を高めるような工夫が加えられたものがある。この溝は後に述べる分煙牀(床)に似る。

登り窯という用語に対しては、適切でないとの考え方がある。本来、登り窯というのは「長方形の数室を連続し、傾斜面に築造し、後室は前室よりも高く、末ほど次第に登っていくもの」であり、瓦や須恵器を焼いた窯には当てはまらないとの考え方による。そのため登り窯に対しては「窖窯《あな》」の語を使用することがある。「有段窖窯」「無段窖窯」がここでいう「登り窯」に相当する。

平窯は山腹を穿って築いたものもあるが、おおむね平坦な土地に穴を穿って築く窯をいう。登り窯と同様、基本的には燃焼室、焼成室、煙道をそなえている。平窯は大きく二種に分けることができる。瓦を焼くための部分、すなわち焼成室の底面が平坦なままの窯と、火熱の循環を効果的にするために分煙牀を設けた窯である。分煙牀を平面的に見ると、空気の通りをよくするための「ロストル」に似ているところから、分煙牀を設けた平窯を「ロストル式平窯」と称する場合もある。これらの平窯も、窯体のほとんどを穴を掘って地下に設ける場合と、一部を地上に築く場合、たとえば燃焼室の部分を地下に、焼成室を地上に築く場合もある。また、平安時代には、平地上に築き上げた平窯も出現する。平窯においても、焼成室の底面が平坦なものから分煙牀をもつものへの変化は、直ちにそうした形になるのではなく、燃焼室と焼成室の間に分煙柱を設けるものが現われる。

瓦窯の構造に関してはおおむね以上のようである。実際に瓦を焼く、すなわち瓦生産にあたっては、その瓦を使用する作業場に近い所に窯を設けるのが理想である。いくつか例をあげれば法輪寺に瓦を供給した三井瓦窯は寺の近くの丘陵に築かれた[40]。平隆寺（奈良県生駒郡三郷町勢野）に瓦を供給した今池瓦窯（奈良県生駒郡三郷町勢野）もその寺の近くに築かれている[41]。もっとも、今池瓦窯の製品は、中宮寺にも供給されている。後に述べるように、上宮王家と平群氏との関係を考えねばならない事柄なのであるが、それでも中宮寺跡までの距離は直線で五キロメートル程度である。海会寺の場合は寺域内、それも講堂建設の予定地に築かれている[42]。八世紀の事例についてはさきに若干ふれたが、『東大寺山堺四至図』に示された「瓦屋」がある。これはどうも本来興福寺瓦窯だったようであるが、後に東大寺に瓦を供給したようでもある。しかし、興福寺にせよ、東大寺にせよ、近接地に築かれた好例である。

このような事例もあるのだが、その逆に次にあげるような遠隔地に築かれた例も少なからずある。前節でふれた豊浦寺に瓦を供給した隼上《はやあが》り瓦窯、この窯は寺から約四〇キロメートル離れているのである。木津川（泉川）などの河川を使ったにせよ、ずいぶん多くの労力を要したことであろう。末ノ奥瓦窯（岡山県都窪郡山手村宿末ノ奥）の製品は四天王寺に送られたと考えられている。藤原宮造営時には讃岐の宗吉瓦窯（香川県三豊郡三野町吉津宗吉）からも供給されたことが明らかになっている。(43) 八世紀、国分寺造営に際して、武蔵国分寺には約六〇キロメートル離れた大丸瓦窯から塼《せん》が運ばれている。(44) それぞれにそれなりの理由があったのであろうが、造営地の近くに窯を築く適地がなかったわけではなかろう。おそらく造営機構のなんらかの事情によって、そのようなことになったのであろう。

窯で瓦を焼くに際し、窯詰めはどのようであったのだろうか。発掘調査によって、窯詰めされたままの状況で発見された例からおおよそのことを知ることができる。

栗栖野第六号窯（京都市左京区岩倉幡枝町）の事例では、遺構の状況がかなり良好であり、焼成室に窯詰めされたままの瓦が数多く残っていた。(45) 窯は無階無段窖窯であるが、平瓦片を横に並べて階段状にしてあった。瓦片を並べて階段状にする窯はよく見られるもので、もともと須恵器焼成のために築かれた窯を瓦生産に転用したものである。この栗栖野瓦窯では、平瓦片による階段は一六段であり、天井の高い下半部には平瓦を二段に立て並べ、天井の低くなる上半部では平瓦を一段立て並べた上に丸瓦を横にして並べた状況であったことが明らかにされた。最下段から四段目までは下段の瓦しか残っていなかったので、窯全体での瓦の数は正確に把握できないが、残されていた瓦は平瓦四六〇枚、丸瓦八一枚と報告されている。おそらく、七〇〇枚をこえる数の丸瓦・平瓦が焼成されていたのではなかろうか。この窯は、天井部崩落

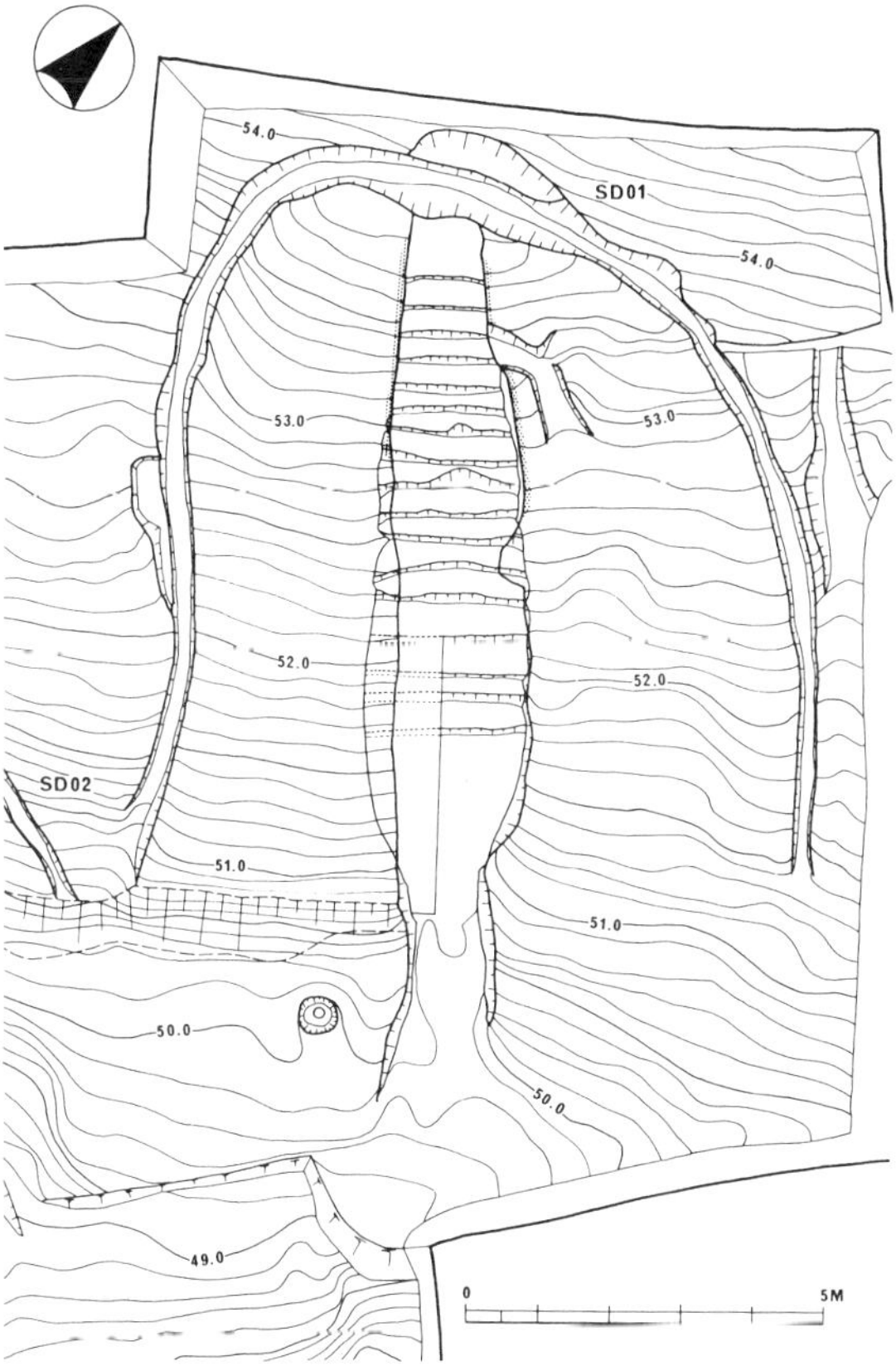

隼上り１号瓦窯跡実測図　丘陵に築かれ，窯の三方に溝をめぐらし，湿気を断っている

讃岐宗吉瓦窯の軒丸瓦（左）と同笵の藤原宮の軒丸瓦

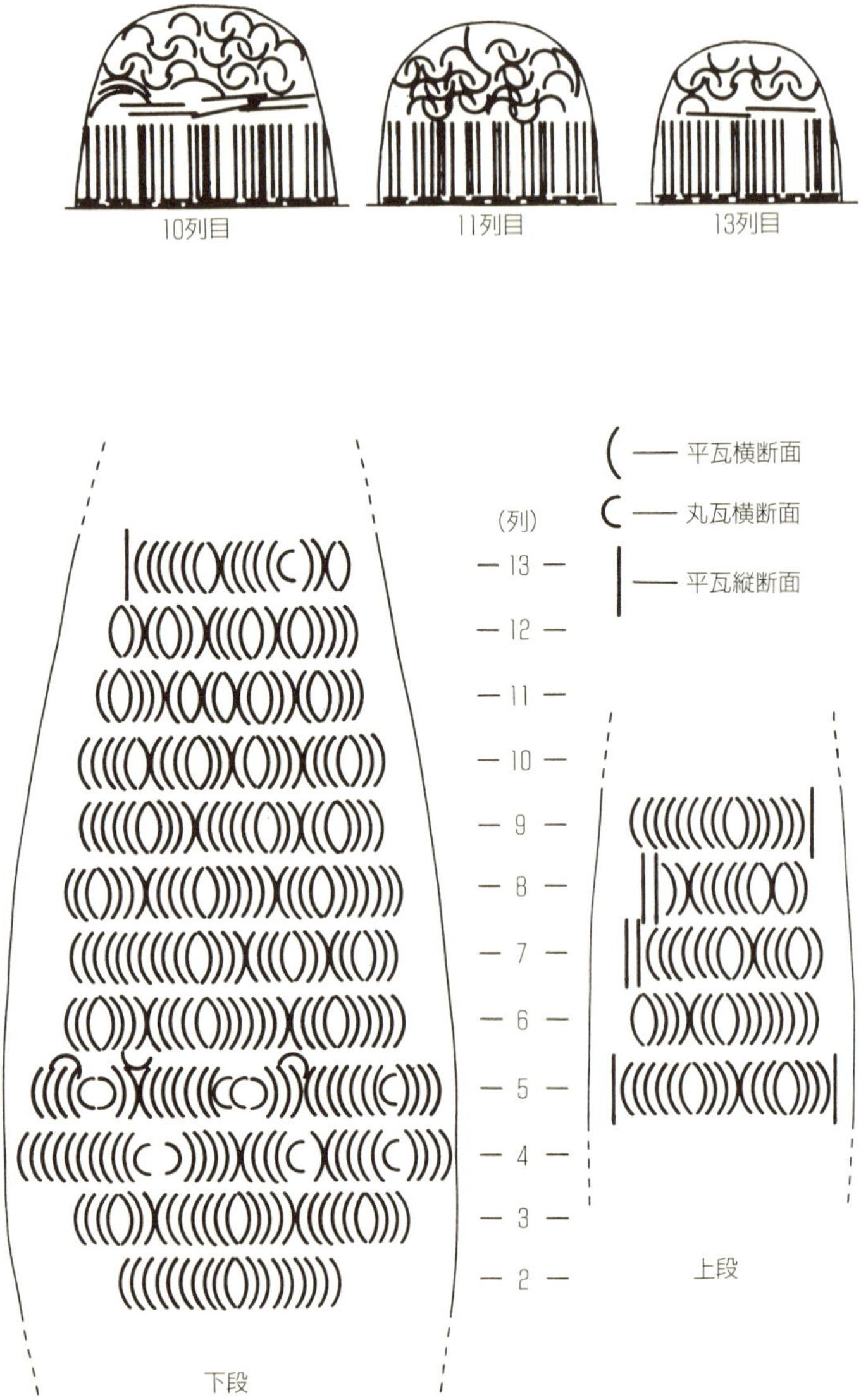

栗栖野 6 号瓦窯窯詰め状態模式図（上：断面，下：平面）

のために廃棄されたものである。平瓦の状況から七世紀後半の瓦窯と推定されている。

ケシ山二号窯（京都市北区上賀茂ケシ山町）の事例では、かなりの部分で後世の削平を受けていたが、焼成室の最下段に平瓦が窯詰め状態のままで残っていた。[46] この窯は有階有段窖窯で、窯の操業中に天井が崩落したことによって生産が中止されたものと考えられている。平瓦は一段におよそ三〇枚置かれていたことがわかり、段が一五段と復原されるので各段に三〇枚置いたとすれば、四五〇枚の平瓦を焼いたことになる。また、各段に平瓦を二段積みしたならば、その倍の九〇〇枚を焼いた計算になるという。出土瓦の状況から、七世紀後半建立の北白川廃寺に供給すべく操業されていた窯の可能性が考えられている。さきの栗栖野瓦窯にせよ、このケシ山瓦窯にせよ、天井部の崩落によって廃棄された状況は、当時の瓦工たちからすればまさに歯ぎしりするほど悔しいことであったろう。

平窯の事例としては寺谷《てらだに》瓦窯（静岡県磐田市寺谷）がある。[47] 最大幅約二・五メートル、長さ約一・七メートルの規模で、分煙牀五列を設けたものである。出土瓦から平安時代前期から中期にかけての窯と考えられている。窯詰めされた瓦のほとんどが平瓦であり、三段に立て並べられていた。破砕したものもあるので正確な数はわからないが、上段約九〇枚、中段約二八〇枚、下段約二九〇枚が数えられた。上段の西半分と中段の一部の瓦が焼成直後に抜き取られたと考えられている。天井崩落の痕跡は見られなかったとのことであり、なんらかの事故のために途中で生産が停止されたのであろうが、火回りのよかった製品だけが使用されたのであろう。下段と同じ数だけ上中下三段に積んで焼成したものであれば、約九〇〇枚の平瓦を焼いたことになる。

第二章　瓦当文様の創作

文様の変化

建物を雨から護る役割を果たす瓦ではあるが、多くの場合軒先には文様を施した軒丸瓦《のきまるがわら》や軒平瓦《のきひらがわら》を用いる。建物を飾るのが主な目的である。古代においては、軒丸瓦の文様は蓮華文が主流を占める。わが国では瓦葺き建物が寺院建築から始まったからであり、いわばこの世に蓮華蔵世界を現わそうとしたからである。山田寺や山王廃寺の柱の根本を蓮弁で飾ったもののあることは、そのことをよく示している。

一方、軒平瓦では唐草文が主流であるが、もともとこれはパルメット(1)から変化したものであり、パルメットもまた仏教装飾で多用されるものであった。これらの文様は、わが国で初めて用いられて以来、少しずつ変化していくことになる。その変化していく文様の、その時その時の特徴は、その文様が採用された年代の特徴を示している場合も多かった。したがって、瓦の年代観は瓦当《がとう》文様の変化に負うところが多く、瓦の研究上、瓦当文様の観察は欠くことのできない重要なことがらである。六世紀末に瓦作りが始められてから平安時代末、十二世紀末までの瓦当文様のおおまかな流れを追ってみる。

軒丸瓦

百済から瓦工が渡来し、瓦作りの技術が伝えられた際には、瓦当は丸瓦にだけ伴うものであった。したがって、飛鳥寺創建時の軒先には軒丸瓦のみ使われ、文様をもつ平瓦は使われなかった。要するに、瓦作りを伝えてくれた百済には軒平瓦がなかったのである。

初めて作られた軒丸瓦の文様は、扶余時代の百済瓦当の文様に酷似している。蓮弁の中にはなんら装飾をもたない文様であり、無子葉単弁蓮華文と表現することがある。文様部の中央には六個の蓮子がおかれる。この文様は蓮華をあらわしたもので、蓮華文と呼んでいる。わが国で最初に作られた軒丸瓦の瓦当文様がこうしたものであったことから、そして瓦が主として寺院建築に使われたことから、軒丸瓦の文様の基本は蓮華文で構成されることになった。飛鳥寺で使われた最初の瓦当文様は、先端に切り込みをもつ桜花状の蓮弁をもつ蓮華文であり、百済瓦当の文様に酷似したものとなっている。しかし蓮弁の数が十弁に作られる。百済瓦当ではおおむね八弁に作られるのであるが、少し異なったものとなっている。したがって、飛鳥寺の瓦当文様からは繊細な感じを受ける。この文様が、というよりその技術が他に伝えられたのであろう。坂田寺、豊田廃寺（奈良県天理市豊田町）、姫寺跡（奈良市東九条町姫寺）、山背北野廃寺といった寺々にも同じような文様を見ることができる。

桜花状に作られた蓮弁のその先端は蓮弁の反転、照《て》り起《むく》りをあらわすのであるが、その表現を蓮弁の先端に珠点を置くことであらわすものが作られるようになる。蓮弁そのものが角張って作られるので、さきのものを弁端切り込みと表現するのに対して、これを角端点珠と呼んでいる。飛鳥寺中心伽藍の発掘調査では、この両者が相当の比率をもって出土しているので、飛鳥寺造営工事の中では、かなり早い段階で角端点珠の瓦当文様が考案されたものと考えられる。飛鳥寺では、蓮弁の数が十一弁という半端な数をもつ

7世紀前半の軒丸瓦
① 定林寺跡，② 飛鳥寺，③ 船橋廃寺，④ 奥山廃寺，⑤ 新堂廃寺，⑥ 普賢寺跡

ものが作られたが、よく似た瓦当文様をもつ軒丸瓦が若草伽藍、定林寺、新堂廃寺などの初期寺院に見られる。また、蓮弁が若干幅広く作られたものが奥山久米寺（奥山廃寺）、中宮寺、平隆寺、久世廃寺などに見られる。それらは八弁であるために、蓮弁が幅広く見えるのであり、きわめて斉一な文様、幾何学的な文様のように見える。初期の段階、すなわち七世紀第I四半期から第II四半期にかけての頃までは、おおむねこのような、蓮弁の中に何も装飾をもたない文様構成の蓮華文が主流である。瓦当面が平板なものが多いのであるが、普賢寺跡のように蓮弁が盛り上がりを見せるものもある。

以上の文様を百済式とか百済系と呼ぶのに対し、一般に高句麗式、高句麗系と呼ぶものが一方に見られる。それは細長い蓮弁の中央に鎬《しのぎ》をもち、弁間に珠文や楔状の間弁がおかれる文様であり、豊浦寺例が常にその代表例としてあげられる。同様の文様をもつものは奥山久米寺、中宮寺、平隆寺、北野廃寺（山背）などの寺々に見ることができる。この系統の軒丸瓦については、第I部第一章の「日本の瓦」で述べたように、古新羅の要素をもったものと考えている。

七世紀第II四半期の軒丸瓦の中には、パルメットを瓦当面に飾ったものも見られる。法隆寺や西安寺跡の例に代表されるものであり、法隆寺では創建伽藍である若草伽藍跡から出土する。それは蓮弁内に五葉のパルメットをおくものであり、同笵品が斑鳩宮跡や中宮寺跡からも出土している。西安寺跡から出土するものは、蓮弁と五葉のパルメット文を交互に四個ずつ配置するものである。この他にも若干時期が降るが、野中寺や横見廃寺（広島県豊田郡本郷町下北方）などにもパルメットを蓮弁内に飾るものが見られる。パルメットを瓦当文とするものは古く高句麗の瓦当文に見られるところであるが、それが古新羅に受け入れられて、わが国に及ぼされたものと考えられる。

七世紀半ば近くに、蓮弁内に子葉をもつ瓦当文様が生み出される。先のものに対して、有子葉単弁蓮華文と表現することがある。この文様構成をもつ資料としては、山田寺創建時のものがよく知られており、この寺の創建年代も『上宮聖徳法王帝説』の「裏書」の記載によって舒明十三年（六四一）であることが明らかになっていることから、軒丸瓦編年のひとつの基準となっている。そのため、こうした文様構成をもつ軒丸瓦を山田寺式と呼んでいる。近年における木之本廃寺や吉備池廃寺の発掘調査によって、同じ文様構成の軒丸瓦が出土している。木之本廃寺か吉備池廃寺のいずれかが百済大寺の可能性があると考えられ、百済大寺創建の年が舒明十一年であることから、山田寺式軒丸瓦の出現はさらに数年さかのぼることとなった。この文様の特徴は、蓮弁内に子葉をもつこと以外に、外縁に重圏を伴うことである。この段階で軒丸瓦の文様構成が大きく変化することとなった。このような文様は、朝鮮半島や中国にも見られず、「瓦当文様の和様化」とでもいうべき画期と考えられる。それは寺院造営事業が盛んになったあらわれでもある。外縁に重圏を伴う軒丸瓦は、無子葉単弁蓮華文を飾るものにも見られるのであるが、そうした装飾が加えられるのは、山田寺式軒丸瓦の出現が契機なのであろう。

七世紀第Ⅲ四半期の半ば頃、複弁蓮華文が瓦当面に飾られるようになる。川原寺、小山廃寺、再建法隆寺三か寺の創建時の瓦当文様が代表例であるが、川原寺創建時のものが先行し、次に小山廃寺、そして法隆寺の順序であろう。法隆寺の例は七世紀第Ⅳ四半期に入る可能性もある。いずれの文様構成も各地に見られ、それぞれ川原寺式、小山廃寺式（紀寺式）、法隆寺式の名で呼ばれている。

川原寺軒丸瓦の文様は、各蓮弁の弁間の界線が中房にまで達しており、外縁に面違い鋸歯文をめぐらせている。中房の蓮子は中央の一個を中心に二重にめぐらされる。したがって、中房は従来のものより大きく作られる。また瓦当直径も大きくなる。小山廃寺軒丸瓦の文様は、蓮弁の状況は川原寺の例とよく似ているが、外縁に雷文がめぐらされる。こうした文様構成は特異なものであり、小山廃寺で採用されたものが最古と考えられるのだが、大和では他に川原寺の発掘調査で二点出土しているのみである。したがって、この系統の瓦当文様が大和以外に広がりを見せていることには十分注目する必要があろう。法隆寺軒丸瓦の文様は、蓮弁の界線が弁端部にとどまることが特徴である。一見すると、単弁内に子葉が二個おかれたようにもうかがえる。外縁には線鋸歯文がめぐらされる。子葉の頂部は凹んでおり、あたかも凹弁風に作られる。

七世紀第IV四半期になると、外区が内縁と外縁とに分けられ、内縁に珠文を、外縁に鋸歯文をめぐらすものがあらわれる。この文様は、天武天皇発願による薬師寺（本薬師寺）造営を契機としてあらわれた。同様の文様は藤原宮造営時にも用いられ、宮殿建築に初めて葺きあげられた瓦の軒先には、この系統の文様をもつ軒丸瓦が使われた。この文様の出現によって次の時代、奈良時代の軒丸瓦の多くは外区が内外縁に分けられることになる。瓦当の直径は再び小形化し、一六センチ内外となる。

八世紀の瓦当文様は、基本的には内区に複弁蓮華文をおき、外区内縁に珠文を、外縁に鋸歯文をめぐらせる。そして中房には中央においた一個の蓮子を中心にいくつかの蓮子をひとめぐりさせるものである。しかし、文字での表現では同じであっても蓮弁や間弁の形、蓮子や珠文、そして鋸歯文の数などが多様である。平城宮を例にとれば、七九種の複弁蓮華文を飾る軒丸瓦があり、それだけ多くの瓦当笵(2)が製作されたこと、すなわち造営工事が盛んに行なわれていたことを示す。それらの中には、中房に一個だけ蓮子をおくもの、外区に珠文だけをめぐらせるもの、鋸歯文が凸鋸歯文であるもの、唐草文をめぐらせるもの、珠文をめぐらさず圏線で区画するもの、また蓮華文ではなく重圏文のみというものもある。各地で進められた国分寺の瓦当文様を加えれば、八世紀の瓦当文様の種類はおびただしいものとなる。まさに文様構成は多彩になる。

藤原宮で使われた主要な軒瓦の文様

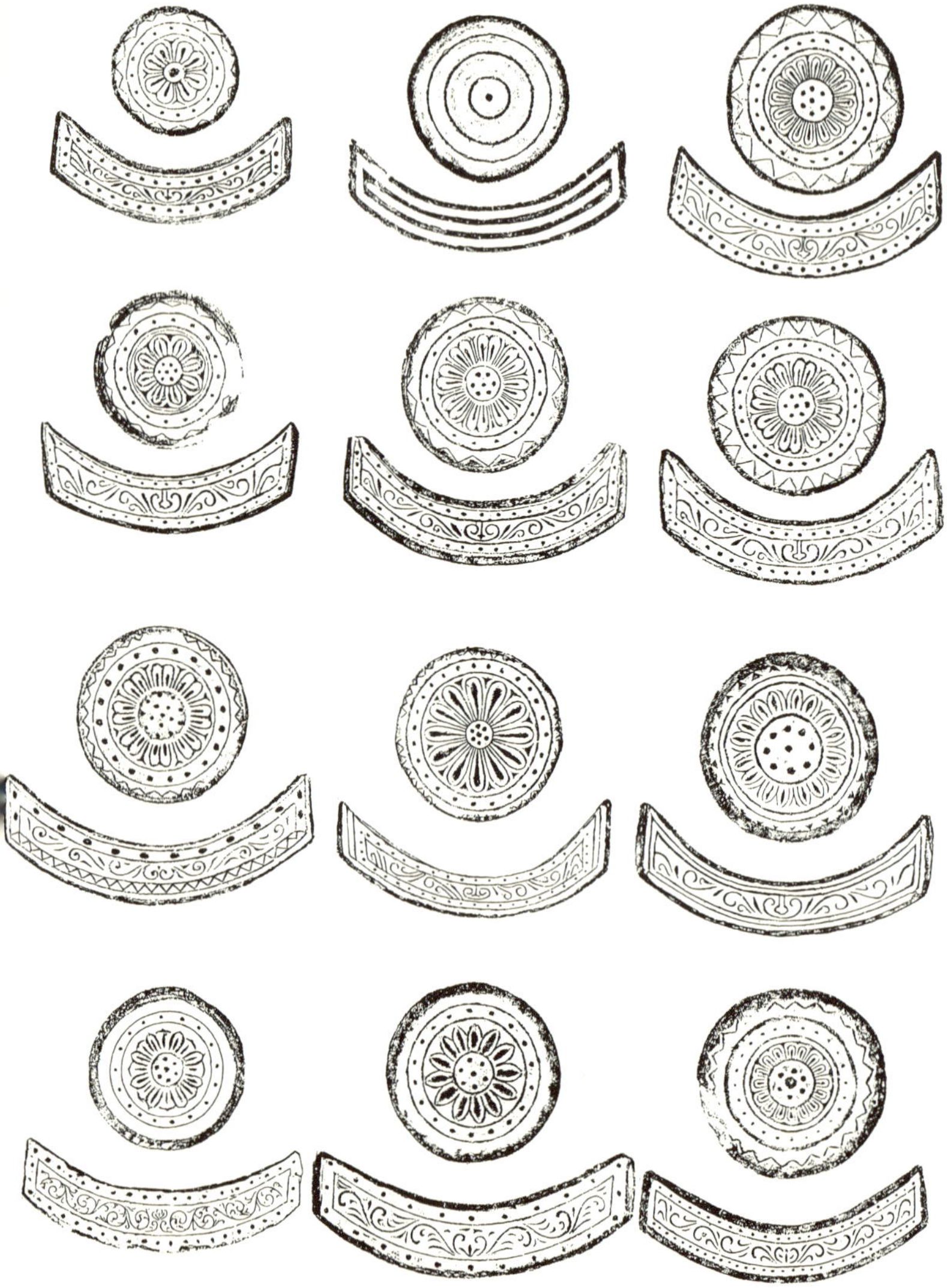

平城宮で使われた主要な軒瓦の文様

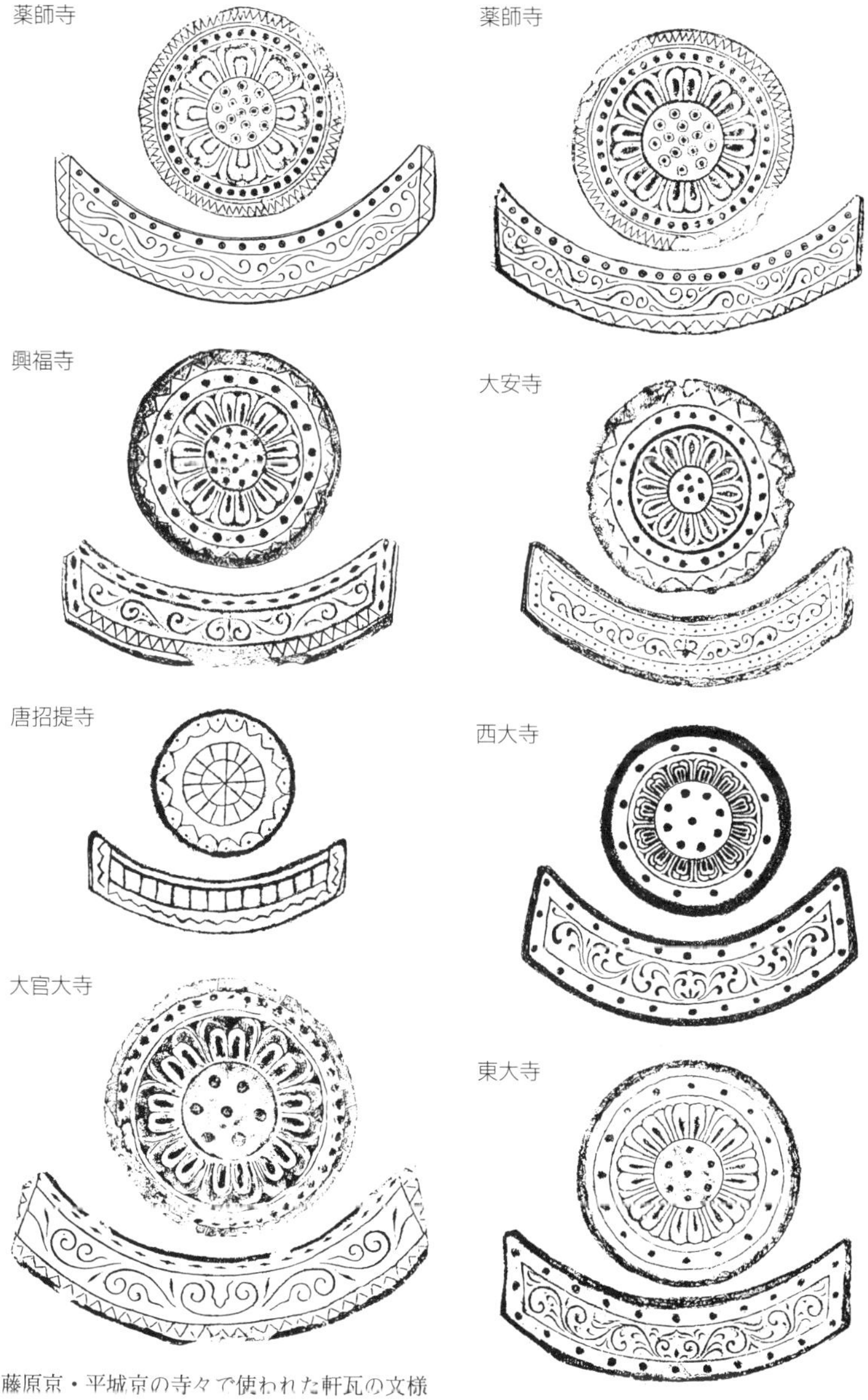

藤原京・平城京の寺々で使われた軒瓦の文様

長岡宮の軒丸瓦は、単弁蓮華文で外区には珠文帯だけが設けられる。中房の蓮子の中には、きちんと形作られず十字形につながってしまったものさえ見られる。

平安京内の軒丸瓦は、平安宮独自のものと西寺に見る東大寺系のものに分かれるようである。平安宮所用軒丸瓦の文様は全体的に平板な感じをいだかせ、単弁蓮華文と複弁蓮華文の両者がある。外区は基本的には珠文帯だけである。

平安時代中期になると文様構成は単調で、蓮華文は単弁が主流となり、瓦当の直径も小ぶりとなる。こうした傾向は平安時代後期にも及び、一部の例外はあるものの、小ぶりの軒丸瓦で占められるようになる。平安時代後期の文様構成は、蓮華文を基調とするものではあるが、平安京内で見られる瓦当文様の種類は数百種に及ぶ。それらの瓦は、承保二年（一〇七五）に起工された法勝寺をはじめとする六勝寺や、応徳三年（一〇八六）に造営工事が始められた鳥羽離宮で用いられたのであるが、このころすでに政府みずからが御願寺や離宮の造営を行なう力がなく、各国にその経費を負担させ、資材そのものを各国から運ぶということも行なわれた。そのために、平安後期の瓦当文様の種類が多いのである。

また、平安後期にはまったく新たな文様として巴《ともえ》文が生み出された。そして宝塔、仏像、梵字を瓦当面に飾るものもあらわれた。巴文はこの後、永く瓦当文様の主流となる。

軒平瓦

すでに何度もふれているように、わが国へ瓦作りの技術が伝えられた頃、中国大陸や朝鮮半島では瓦当部に明瞭な文様を飾った軒平瓦はまだ作られてはいなかった。飛鳥寺創建時に軒平瓦が見られないのは、そのためである。初めて軒平瓦が作られたのは、創建法隆寺、すなわち若草伽藍造営に際してである。文様は五葉や七葉のパルメットを反転させたものである。おそらくこれと同じ時期と考えられるのだが、坂田寺では三葉のパルメットが反転していく文様をもつ軒平瓦が作られている。

文様の施しかたについては、若草伽藍出土品に瓦当面に文様を描いた痕跡を示す資料があること、また七葉のパルメットの頂部に小さな孔が認められることから明らかにされている。すなわち、文様を切り抜いた板状の型を瓦当面に留めて文様を描いたと考えられた。いわば型紙を瓦当面に留めて切り抜かれた文様に沿って線を描き、適当に乾燥した頃を見はからって文様を彫刻したのである。ずいぶん面倒な作業をしたものである。やはり大量生産のためか、文様を描きながら彫り残されたもの、その逆に残すべき所を彫ってしまったものなどが見られる。一方で軒丸瓦の文様部を瓦当笵で作っていながら、軒平瓦の創作時にはそれが行なわれなかったのは不思議なことである。はじめて「モノ」が生み出されるという時にはこのような形をとるものなのであろう。

若草伽藍では発掘調査によって、この軒平瓦が創建当初から金堂に使われたことが確認されている。塔の造営時には、パルメット一単位のスタンプを作り、それを天地を交互に逆向きにしながら、文様面の一方の端から他方の端へ押捺していく。こうすると、実際には反転していないのであるが、あたかもパルメット文が反転していくように見えるのである。その次の段階でようやく軒丸瓦と同じように瓦当笵を作ることに気がつき、そこに粘土を押し込むことによって軒平瓦の瓦当部を作るようになった。その文様は均整忍冬唐草文である。この軒平瓦は若草伽藍だけでなく、斑鳩宮と中宮寺からも出土する。斑鳩宮は皇極二年（六四三）に蘇我氏が差し向けた軍勢によって焼亡している。したがって、この軒平瓦製作年代の一点がここにある。

斑鳩ではこのように、軒平瓦の製作が試行錯誤を繰り返しながら続けられたのだが、飛鳥の地では坂田寺で軒平瓦の製作が行なわれたきり、その後は行なわれなかった。斑鳩・飛鳥ともにパルメット使用ということからすれば、その発想者は同一技術者であったろう。斑鳩でその後も軒平瓦の製作が続けられたことからすれば、その技術者は斑鳩寺造営工房に属していたのかもしれない。

わが国で本格的に軒平瓦が作られるようになるのは、重弧文軒平瓦が出現してからである。多くの場合、櫛歯状の器具を用いて文様面に二重、三重、あるいは四重の弧を作り出すのであるが、単に一本だけ文様面に沈線を引いて二重弧文を作りだしたものもある。そのために、重弧文の起こりは軒先に使う平瓦を二枚重ねて葺いたからとの考え方もある。軒平瓦を使わなかった初期の段階には、そうした葺き方もあったことだろう。元興寺文化財収蔵庫の軒先は、復原された飛鳥寺創建当初の十弁の軒丸瓦とともに、平瓦を二枚重ねにして葺かれている。

重弧文軒平瓦の初源がいつであるのかは定かでない。重弧文軒平瓦で著名な寺は山田寺である。ここでの軒丸瓦は有子葉単弁蓮華文を飾ったものであり、こうした文様構成のものとしては初期の段階のものである。そして山田寺にわずかに二年先行して造営された百済大寺の可能性の高い、吉備池廃寺や木之本廃寺においても山田寺の軒丸瓦とよく似た文様の軒丸瓦が使われている。こちらの軒平瓦は若草伽藍で用いられたスタンプ文を飾ったものであるが、文様面に数条の弧線を施したものも見られる。このような状況からすれば、重弧文の出現は七世紀第II四半期の半ば頃ということになろう。

重弧文という文様は単調な文様ではあるが、施文が簡単なためか東北地方から九州地方まで広い範囲に見られる。ただし、時間的な広がりも大きく八世紀代の軒平瓦にもそれが見られる。施文法には二通りの方法がある。一つは瓦当笵による施文法であり、他の一つは櫛歯状の器具で平瓦の広端側に厚く作った瓦当部の文様面に「押し曳き」をするものである。その時に使われた材質については明らかになっていない。

若草伽藍の軒平瓦　それぞれのパルメットの頭に「型」を留めたピンの孔と，右端に彫り残してしまった三角状の文様が見える

元興寺文化財収蔵庫の軒先　軒先には平瓦が 2 枚重ねて葺かれている

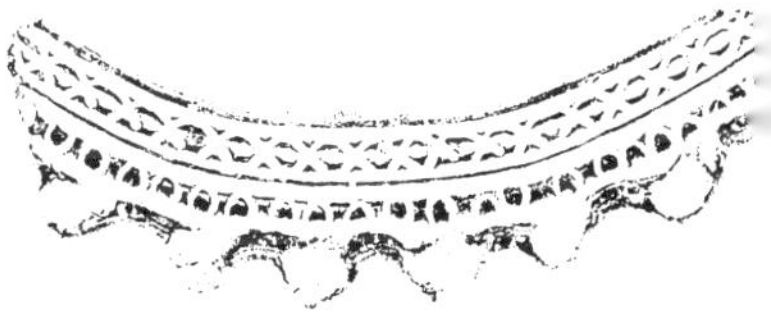

○×文を施した重弧文軒平瓦

「瓦窯」の名を記した瓦
上：栗栖野瓦窯，下：小乃瓦屋

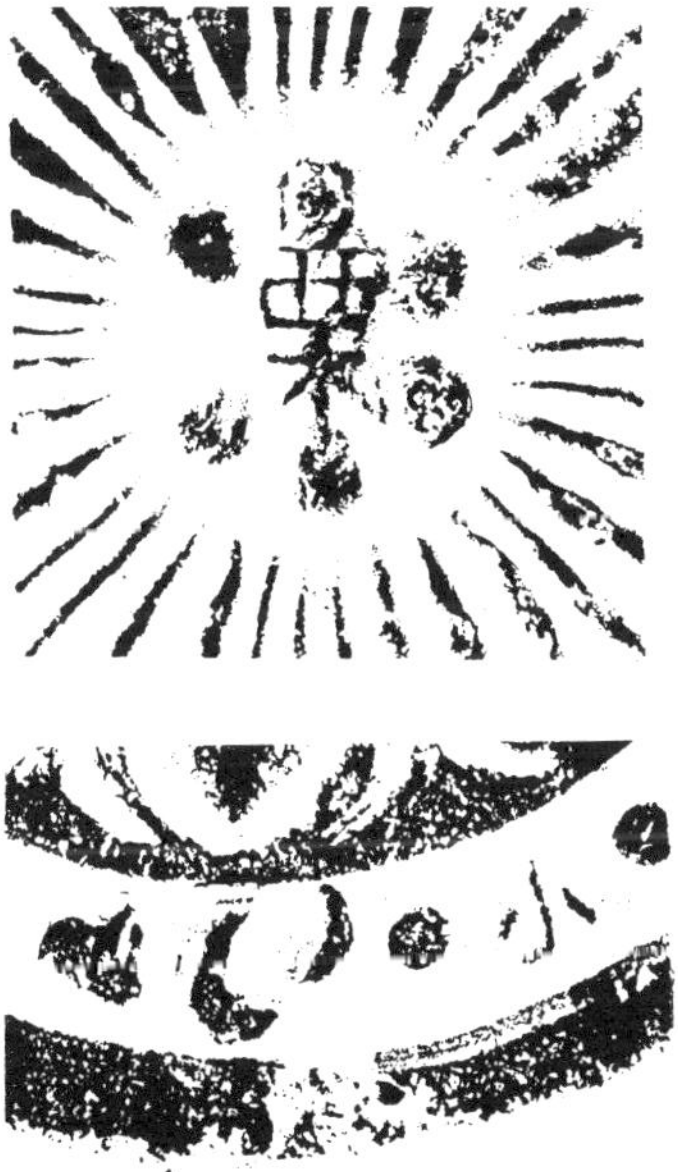

難波宮の軒瓦

少なくとも数百個の重弧文軒平瓦を作るのであるから、堅い材質であったことは確かである。

「押し曳き」重弧文の中で、曳く工程の途中で何度か手を止めて曳かれたものがあり、いかにも簾《すだれ》状に見える。法輪寺、長福寺廃寺、上植木廃寺（群馬県伊勢崎市上植木本町）などに見られるが、そうした文様を瓦当笵であらわした小山《おやま》廃寺（三重県桑名郡多度町小山）出土資料のようなものもある。

重弧文の中で特殊な事例は、久米寺や河内寺に代表される、弧の上から○と×を施したものである。○印は竹管状の器具で押捺しており、×印はへら状の器具で施している。そして瓦当面の下部先端を指頭で押捺したかのように波形に作っている。なぜこのような手のこんだことをしたのであろうか。河内寺では顎部にも瓦当面と同じような○と×が何条かの凸線に施されている。顎面に文様を施す事例はしばしば見られ、古い時期のものとしては、若草伽藍や中宮寺の均整忍冬唐草文軒平瓦の顎部に忍冬唐草文が「へら描き」されたものがある。かなり手慣れた筆致である。上植木廃寺の重弧文軒平瓦には蓮華を正面から見たような絵が「へら描き」されている。多くのものは数条の直線や波線があらわされる程度であるが、樫原廃寺（京都市西京区樫原内垣外町）では、顎に軒丸瓦の瓦当笵を押捺して蓮華文を飾っている。樫原廃寺のこの軒平瓦は、瓦当面には何も文様を飾っていない。明らかに平瓦の広端部に顎を張り付けているのだが、瓦当面には文様を施していない。素文なのである。それにもかかわらず、顎面に文様を施したその意味はどこにあるのだろう。樫原廃寺出土軒平瓦の他の事例には顎面に二条の沈線を曳いたものがあるが、これもまた瓦当面は素文である。軒平瓦で瓦当面が素文に作られたものは、法輪寺や四天王寺などにもいくつか見られる。軒平瓦の顎面に型押しで文様が施される例も腰浜廃寺（福島市腰浜町・浜田町）にある。

重弧文軒平瓦は、地域によっては八世紀に入っても作られるが、その間にパルメットを一方から他方に反転させていく、いわば偏行忍冬唐草文様が生み出される。大和では巨勢寺（奈良県御所市古瀬）にあり、上外区に珠文を、下外区に凸鋸歯文を連ねている。こうした文様は若干形を変えているが、吉備地方や四国地方にも見ることができる。

パルメット文がさらに変形したものが七世紀第Ⅳ四半期にあらわれる。それは法隆寺橘夫人念持仏厨子の框《かまち》や、当麻寺（奈良県北葛城郡當麻町當麻）梵鐘にあらわれている変形忍冬唐草文である。パルメットからの変化とはとらえにくいような文様であるが、薬師寺（本薬師寺）や藤原宮で使われているので、この瓦当文様の成立が七世紀第Ⅳ四半期前半代と考えられるのである。ほぼ同じ時期に偏行唐草文が軒平瓦に採用される。これはさきの偏行忍冬唐草文からの変化と考えられている。尼寺廃寺出土と伝えられる軒平瓦の文様には、両者の特長が見られる。しかし、本薬師寺でも藤原宮でも変形忍冬唐草文と偏行唐草文の両者が見られるので、これらの文様はほぼ同時に生み出された可能性がある。変形忍冬唐草文軒平瓦も、偏行唐草文軒平瓦もよく似た文様をもつものがいくつもあるので、造薬師寺司、造宮職ともに大量生産の必要にせまられて、複数の瓦当笵を作ったのであろう。偏行唐草文では上外区に珠文をおき、下外区と脇区に鋸歯文をおくものと、外区と脇区すべてに珠文をめぐらすものがあるが、後者の方が若干遅れて作られた。

七世紀第Ⅳ四半期の軒平瓦の瓦当文様で特異なものとして、葡萄《ぶどう》唐草文が見られる。葡萄唐草文は海獣葡萄鏡などで親しまれているが、瓦当文様としてはさほど多くはない。日吉廃寺（静岡県沼津市大岡長者町）や下野薬師寺（栃木県河内郡南河内町薬師寺）にも見ることができるものの、大和の特定地域に限られるようである。文様構成のあり方から、岡寺の葡萄唐草文がわが国でのこうした文様の初源と考えられている。岡寺創立の縁起には理解しがたいところが見られるが、草壁皇子の菩提を弔うために持統天皇の発願によって建立されたことは明らかである。持統天皇の草壁皇子に対する哀惜の念からすれば、皇子が薨じた持統三年（六八九）からさほど年を経ぬ頃の建立と考えることができよう。このことから、葡萄唐草文は六九〇年代に採用された文様とすることができる。そしてこの文様は、朝鮮半島統一後の新羅に多く見ることができ、さらに岡寺からは天人や鳳凰を飾った塼《せん》が出土しており、これらとよく似た文様をもつ資料が統一新羅にあることから、葡萄唐草文は新羅の影響を受けた文様ということができる。ただし、唐草文は新羅では瓦当面の両脇から中心に向かって反転していくものが多いのに対し、わが国では瓦当面の中心から両脇に向かって反転していくという違いがある。

本薬師寺や藤原宮の造営工事がまだ続けられている頃、文武朝大官大寺でまったく新たな瓦当文様が採用される。花頭形中心飾りを中心葉で支え、その左右に唐草文が反転していく文様を内区においたものである。上外区には菱形の珠文をおき、下外区と脇区には線鋸歯文をおいている。これ以後、軒平瓦では均整唐草文が瓦当文様の主流となる。したがって均整唐草文の採用は文武朝大官大寺の造営が契機となったわけである。『大安寺伽藍縁起幷流記資財帳』には、文武天皇が九重塔と金堂を建て、丈六像を造ったと記すだけで具体的な年は明らかでないが、『続日本紀』大宝元年（七〇一）七月に造大安寺司を寮に准ずるという記事が見える。この記事は大宝令の制定、施行による機構の整備と思われるが、翌年八月には高橋朝臣笠間が造大安寺司に任命されているので、この時に造営工事が始められたと考えることもできよう。すると、均整唐草文という瓦当文様は八世紀初頭に成立した文様ということができる。

八世紀の軒平瓦の瓦当文様は、均整唐草文が主流を占めることになる。八世紀第I四半期には、基本的な文様構成は中央に中心葉に支えられた花頭形中心飾りをおき、唐草文が両脇に向かって反転し、上下外区と脇区に珠文がめぐるものである。しかし、七世紀後半から各地で寺院造営工事が活発に行なわれるようになったこと、寺院以外でも宮殿や各地の国庁跡や郡衙跡など地方官衙でも瓦葺き建物が増えていくことなどから、文様の種類は多様化していく。

八世紀第II四半期から第III四半期にかかる頃、軒丸瓦以上に軒平瓦の瓦当文様は多様化する。さきに軒丸瓦で述べた重圏文軒丸瓦と組み合うものとして、重郭文軒平瓦が生み出される。重圏文軒丸瓦もそうであるが、このような文様の意味するところはつかみがたい。大和では、東大寺の造営を契機として新たな文様が生み出される。それは対葉花文を中心飾りにおく文様である。対葉花文を伴った唐草文様はすでに文武朝大官大寺出土の隅木飾金具に見られるが、東大寺の仏教資料、仏像の光背や宝冠などに多く見られるものである。そのため、東大寺式軒平瓦と呼ばれることがある。唐草文様には支葉が多く伴い、華やかな文様となっている。

長岡宮軒平瓦の文様構成は、唐草文が平城宮末期のものそのものの感があるが、中心飾りには中心葉を伴うものの、花頭形の垂飾りはなく、中心葉の中に井字形を置いている。その意味するところは判断しかねる。

平安時代前期に生産された軒平瓦は、東大寺や唐招提寺で見られた中心飾りをもつものと、対向したC字形中心飾りをもつものとがある。後者は平安宮独自の文様といえよう。中心葉をともない、これが近接しているため、C字形が輪郭をもつようにも見えるものもある。唐草文にも同様の状況を示すものがある。平安時代前期の軒平瓦全体を見わたすと、対向したC字形中心飾りをもつものが多いように見受けられる。そしてその中に『延喜式 木工寮』(3)に記されている栗栖野瓦窯を示す「栗」、小乃瓦屋(京都市左京区上高野小野町御瓦屋の森)を示す「小」を入れたものも見られる。

唐草文は、九世紀末葉以降になるとすでに形式化したものとなり、十一世紀を過ぎると軒丸瓦と同様、山城産のものは少なくなり、播磨をはじめとするいくつかの国々からの搬入品が大勢を占めることになる。

これが六勝寺や鳥羽離宮造営によるものであることは、軒丸瓦の項で述べたとおりである。文様構成は、一見複雑に見える唐草文が主体であるが、新たな文様として剣頭文、巴文がある。剣頭文は、蓮弁を並列したものからの変化とも考えられる。なお、梵字や年紀などの文字を飾るようになるのも平安時代後期以降のことであり、特殊なものとして、密教法具を文様として飾ったものもある。

瓦当笵

軒瓦の製作過程の中で、瓦当笵《がとうはん》は重要な役割を果たしているのだが、古代の瓦当笵が発見されることはごく稀である。後述するように、今までに出土しているわが国古代の瓦当笵は陶製である。中国大陸や朝鮮半島で発見されているものも陶製がほとんどであり、戦国時代から明代までの各時代にわたっている。朝鮮半島では、百済と統一新羅の瓦当笵が発見されている。中国の瓦当笵は三〇個近く、その発見が報告されているという。一点だけ石製で残りはすべて陶製と報告されている[4]。中国発見の瓦当笵はそれによって瓦当部を直接作る「子笵」と「子笵」を作る「母笵」とに分けられている。「母笵」の事例は少ないが、秦代のものに壺型母笵と呼ばれる物がある。それは壺の底部に瓦当文様があるもので、これを粘土板の上に乗せて壺に水を満たせば、その圧力で陰刻の瓦当笵ができるのだという。確かに注目すべき事例である。朝鮮半島の瓦当笵は、亭岩里瓦窯跡や金丈里瓦窯跡出土のものが報告されている。わが国古代においては瓦当笵がほとんど木製であったことから、残りにくかったのであろう。陶製のものが三点ほど発見されているだけである。すなわち、造瓦工房は瓦窯の近くに設けられ、それはおおむね丘陵地域に置かれる。したがって、そこは木質遺物が残りにくい状況である。実際に残っていない古代の木製瓦当笵に関しては、軒瓦の瓦当部に見られるわずかな痕跡から検討を加えていくということになる。

木製当笵はその材質によって、瓦当面に笵の状況がよくあらわれるものがある。たとえば、瓦当笵が次第に傷んでいく状況、あるいはそれを補修しながら使い続けられている状況などがよくわかるのである。

また、軒瓦の瓦当文様にはよく似たものが見られることがある。しかも遠く離れた遺跡から出土したものの中にそうしたものが見られることがある。それはけっして偶然の結果ではないのである。そうしたものの中には、同じ瓦当笵から作られたものもあるし、よく似た瓦当笵が複数作られたことによってそうした状況が生まれたということもある。瓦当文様を通しても、瓦当笵に関する多くの事柄をうかがうことができる。

瓦当笵の製作

わが国で古代に製作された軒丸瓦の瓦当笵は、いくつかの事例を除いては木製だった。木製以外のものとしては陶製の瓦当笵が三例ある。一つは千葉県（下総）コジヤ遺跡（千葉県香取郡栗源町岩部）出土例⑤、二つ目は信濃東山遺跡（長野県筑摩郡豊科町東山）出土例⑥、そして三つ目は新堂廃寺から出土したものである⑦。概要を記しておこう。コジヤ遺跡例は、低い円筒形の上面に文様部をもつものである。外区の珠文帯まで作られているが、外縁部は作られていない。内区の文様は単弁蓮華文であり、蓮弁の中央に一条の縦線がおかれる。東山の例は円板状の瓦当笵である。内区の文様はパルメットを意識したものと思われるが、かなり退化している。外区は二段に作られており、この瓦当笵から作られた軒丸瓦は外区がずいぶん高くなる。これらの瓦当笵から作られた製品はまだ発見されていない。新堂廃寺のものは面違い鋸歯文複弁蓮華文軒丸瓦の文様部を転写して焼かれたものであり、断片であるが、瓦当笵と考えられている。

焼物の瓦当笵　千葉コジャ遺跡

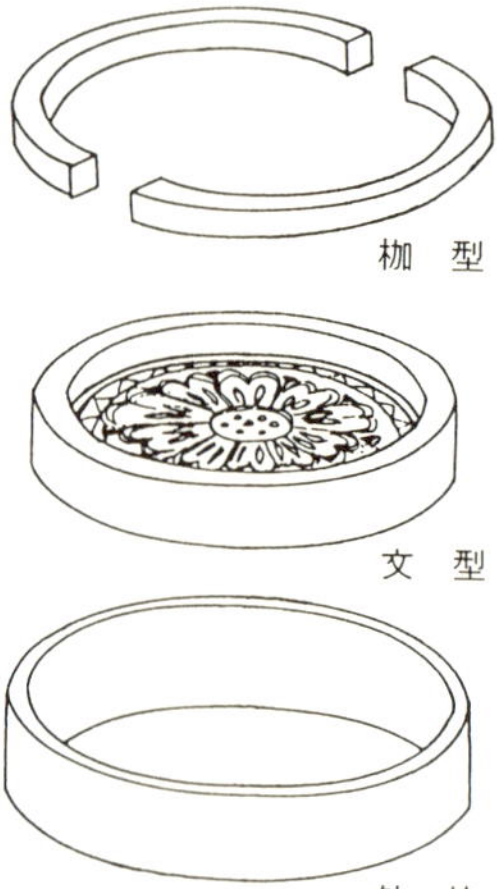

焼物の瓦当笵　長野東山遺跡

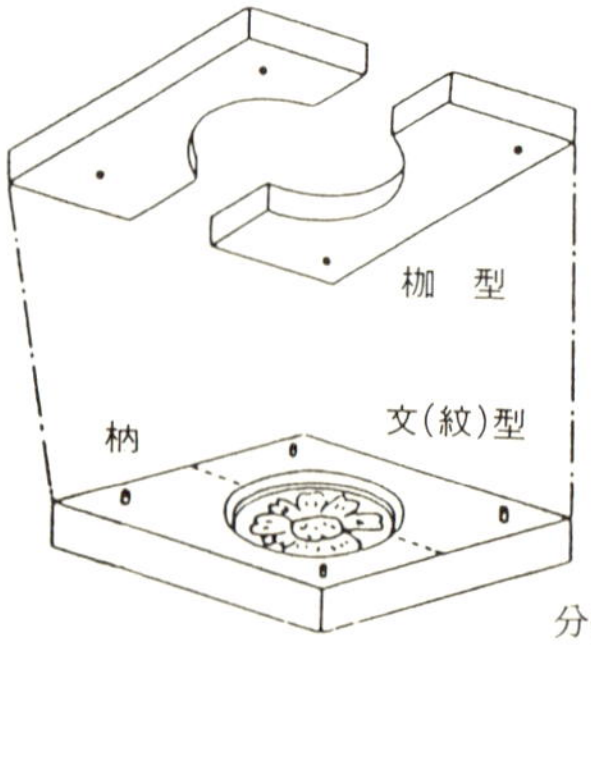

分割型構成想定図

巨勢寺の軒丸瓦
文様面に年輪の痕跡が見える

巨勢寺の軒丸瓦
文様面に年輪の痕跡が見える

こうしたもの以外は木製と考えられるのだが、それは軒瓦の瓦当面に木目の痕跡をとどめるものが見られるからである。近年の瓦生産者は石膏で瓦当笵を作っているが、少し前までは木製であった。材質はおおむね桜材であったという。桜材の木型は丈夫だという。古代においても堅い材が使われたと考えられるのだが、ごく普通の材、檜などの柾目板を瓦当笵の材として使用したのではないかと思われるようなものもある。四天王寺・薬師寺・平城宮などに見られるものは典型的な事例といえよう。各地の軒瓦を詳細に観察すると、多かれ少なかれ、瓦当笵のキズが瓦当面にあらわれているものが目につく。このようなことから、わが国の古代の瓦当笵のほとんどが木製だったと考えるのである。

軒丸瓦を観察すると、外縁の外側で、外縁から一センチ内外の位置に段差をとどめるものがある。これは瓦当笵に彫り込まれた外縁の深さを示すものである。その痕跡から考えられることは、正方形なり長方形の板材に瓦当文様を彫り込んだであろうということである。このことは、瓦当裏面にとりつける丸瓦の位置によってさらにその可能性を高めることができる。これは平城宮出土の藤原宮式軒丸瓦での観察なのであるが、藤原宮式軒丸瓦はいくつもの種類があり、その中の特定の軒丸瓦では丸瓦のとりつけ位置が、ある個体を正位置においた場合、その資料とまったく同じ位置にくるものと、天地まったく異なるものとが存在するのである。要するに、丸瓦のとりつけ位置に〇度と一八〇度の両者が存在するのである。(8) このことは、長方形の板材に瓦当文様が彫り込まれており、瓦当笵に粘土を押し込み、次いで丸瓦をとりつける際に、瓦当笵のどちら側、すなわち長辺のどちら側にとりつけるかを定めておかなかったために生じた結果と考えられるのである。他の軒丸瓦においては丸瓦のとりつけ位置が、ある資料を正位置に置いた場合、九〇度・一八〇度・二七〇度の三つの異なった事例が加えられるのである。長方形の場合であると、常識的には瓦当笵の長辺を手前に置く。短辺を手前に置くことはしないであろう。ところが、〇度から二七〇度まで四つの異なった丸瓦とりつけ位置が生ずるのは、瓦当文様を彫り込んだ板材が正方形であった結果と考えられるのである。このような、長方形や正方形の板材に彫り込まれていたからこそ、軒丸瓦外縁外側に段差をとどめるものが見られるのであろう。

このような瓦当笵が存在したことは確かなことであるが、丸瓦のとりつけ位置を検討してみると、九〇度ごとのその位置が異なるもの以外に三六〇度、決まった位置にないものも見られる。そうしたものは、円形の材に瓦当文様を彫り込み、かつ、丸瓦のとりつけ位置を明示しておかなかったものと考えられるのである。円形の瓦当笵ということになると、巨勢寺の資料が注目される。瓦当面に年輪があらわれているのである。木材を輪切りにして、そこに文様を彫り込んでいるのであり、巨勢寺以外には類例を知らないのであるが、巨勢寺ではそうした瓦当笵が少なくとも二種作られている。しかし、二種の瓦当笵ともに年輪の中心を瓦当文様の中心、すなわち中房に合わせていない。感覚的には年輪の中心に合わせそうなものだが、どうもそのあたりのことはよくわからない。

瓦当笵が円形に作られたものに関しては、枷型《かせ》の有無が注目される。円形の瓦当笵の場合、それは外区外縁の文様部までを瓦当笵として作製されたものであった。現在瓦生産業界で作られている石膏の瓦当笵はおおむねそのような作りとなっている。その瓦当笵に粘土を押し込む際に、外区の外に粘土がはみ出さないように、瓦当笵の周囲に枠をはめる。古代にもそうした製法が行なわれていた。それを枷型作りと呼んでいる(9)。枷すなわち枠は、粘土が外にはみ出さないように、そして瓦当の厚さに応じて作られ、半円形のものを二枚合わせて円形になるように作られている。したがって、二枚の枷型が合わせられたところには、わずかながら隙間があくために、そこに粘土が入り込む。そうした痕跡をとどめる軒丸瓦が各地で見られるのである。

瓦当笵の材料として、特殊な木取りをしたことを示す軒丸瓦がある。それはさきにふれた巨勢寺の軒丸瓦であり、瓦当面に年輪が圧痕として印されている。明らかに用材を輪切りにして瓦当笵を作製しているのである。他に例のないものであり、巨勢寺造営工房ではこうした瓦当笵が少なくとも二種類作られたのである。こうした、他に見られないような瓦当笵がつくられたということは、巨勢寺の造営工房では他と異なる工人集団をかかえていたのであろうか。巨勢寺にはこの軒丸瓦よりも古い時期のものも、また新しい時期のものも見られるので、ある時期に特殊な技術をもった工人が加わったのであろう。

瓦当笵の改作

軒瓦の中には、明らかに同笵品であるにもかかわらず、文様の一部が異なっているというものがある。そうしたことは、すでに瓦作りの初期の段階に行なわれている。若草伽藍（斑鳩寺）創建時の無子葉単弁九弁蓮華文軒丸瓦は、飛鳥寺造営工事のかなり早い段階で用いられた瓦当笵が使われたことが明らかになっているのだが、その瓦当笵の中房に蓮子が二個彫り加えられているのである。なんらかの理由から、飛鳥寺で使用した時のものと区別するためと考えられているのだが、二個だけ彫り加えられているためにきわめてアンバランスな感じを与える。なぜ均等に四個彫り加えなかったのであろう。

若草伽藍の軒丸瓦の中には、中房の蓮子を彫り加えられたものもある。よく似た文様をもつものが二種あるのだが、そのうちの一種だけ彫り加えられている。当初の蓮子は中央の一個を中心に八個がめぐらされており、次の段階に中央の蓮子と八個の蓮子との間に五個の蓮子を彫り加え、蓮子が二重にめぐる形に変えている。

奈良時代のものにも以前作っていたものと区別するために瓦当笵が改作されたものがある。天平十七年

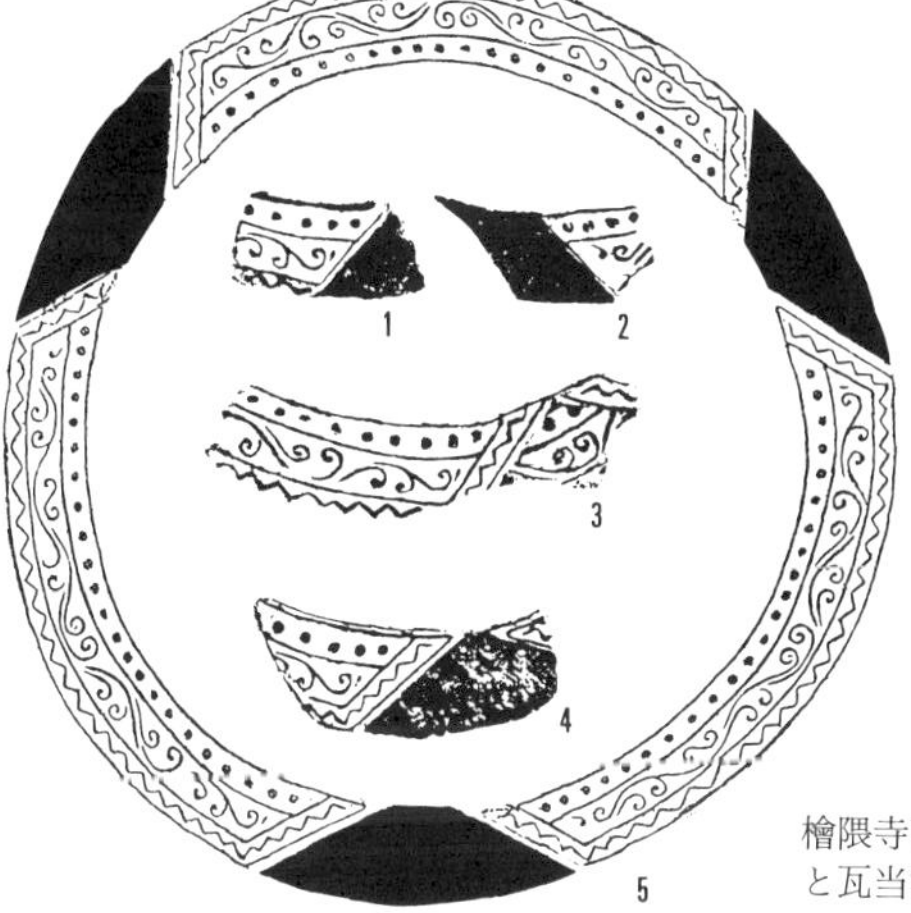

檜隈寺出土軒平瓦拓本（1～4）
と瓦当笵復元図（5）

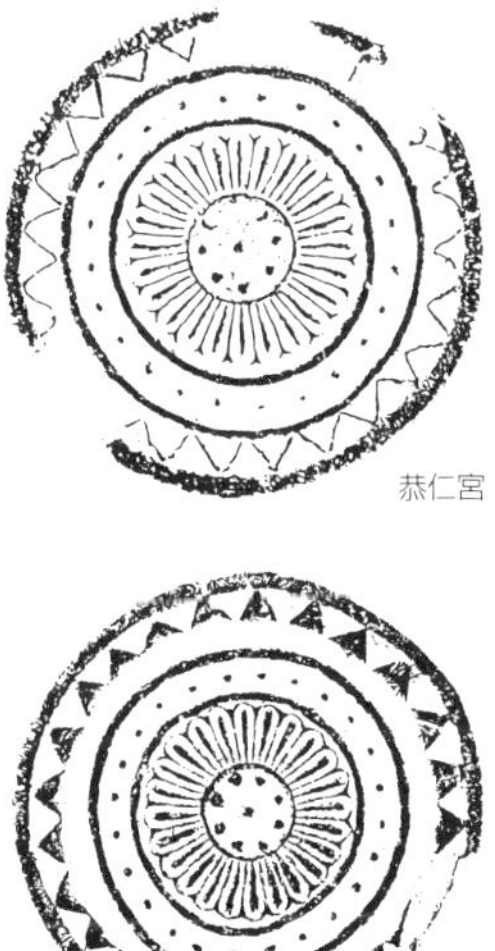

線鋸歯文を凸鋸歯文に彫り変えられた例（恭仁宮→平城宮）

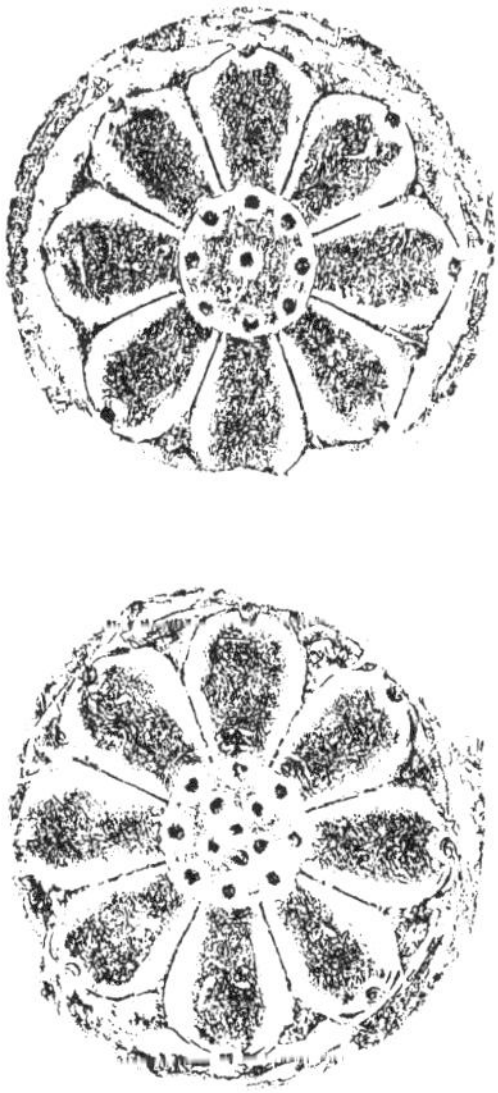

中房の蓮子を彫り加えられた軒丸瓦（若草伽藍）

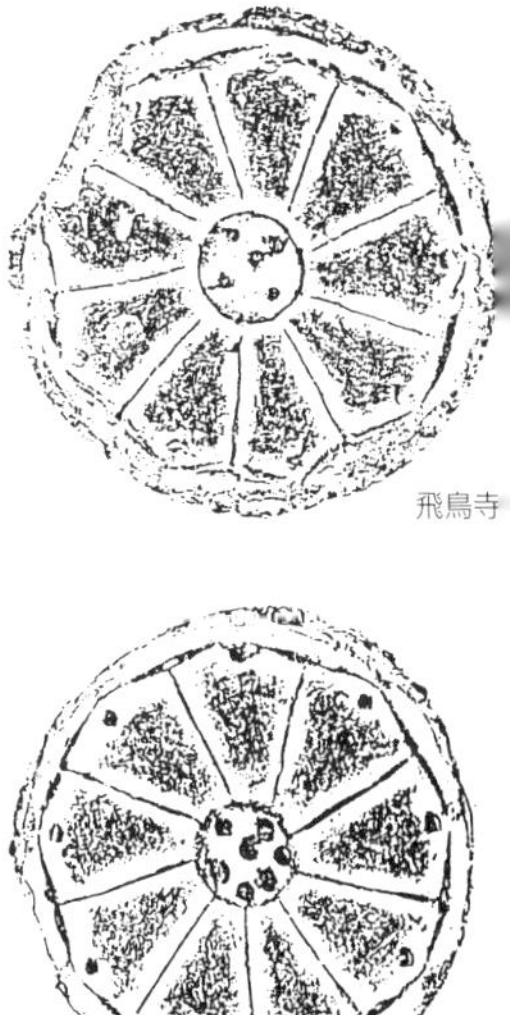

中房の蓮子を2個彫り加えられた例（飛鳥寺→斑鳩寺）

に恭仁の地から平城の地へ還都した後、瓦工房も恭仁から平城へ移った。その恭仁宮（京都府相楽郡加茂町例幣）造営工房から平城宮造営工房へ瓦当笵が移動した段階で改作されたと考えられている軒丸瓦の瓦当笵である。恭仁宮の段階では、外区外縁に線鋸歯文がめぐらされているが、天平十七年の平城還都後に生産されたものでは、外区外縁に凸鋸歯文がめぐらされているのである。凸鋸歯文がめぐらされている瓦当笵を線鋸歯文に変えることはできないが、その逆なら可能である。他の部分がまったく同じなので、瓦当笵の改作を行なったことが確認されたのである。この軒丸瓦の文様の変化の要因を考えると、恭仁宮造営に際して橘諸兄と緊密な関係にあった栗隈氏《くりくま》の助力を得たであろうことを察することができる。すなわち、もともとこの軒丸瓦は栗隈氏造営の平川廃寺（京都府城陽市平川）で用いられていたのであり、恭仁宮造営にあたって、栗隈氏側からその瓦当笵が提供されたのである。当然のことながら、この瓦当笵だけではなく、他にもあったものと考えられるし、また栗隈氏からの援助は造瓦の面だけではなかったであろう。恭仁宮の造営は、十分な準備を経ての事業ではなかった。きわめて慌ただしいものであったに違いない。平川廃寺から恭仁宮に瓦当笵が移されながら、瓦当笵の改作がなされなかった理由はそのあたりにあるのだろう。ただし、平川廃寺に対しては他に問題点がないわけではない。平城宮や薬師寺との同笵品が他に何種類か見られることである。そのあたりに関しては次章で述べよう。

このように、瓦当笵の改作という行為の背後にあるものをうかがうことができるものばかりではない。なぜ改作が行なわれたのかわからないものが見られる。若草伽藍の軒丸瓦にもさきにふれたようなものがある。中房の蓮子がはじめに一＋六であったものを、一＋六＋八というように中央の一個を中心に蓮子を二重に巡らせるよう、彫り加えている。同じ寺で用いるのになぜそのように改めたのかわからない。この軒丸瓦は中房が大きく作られている。一＋六では間が空きすぎるところから蓮子を二重に巡らすことにしたものでもあろうか。よく似た文様構成をもつものが他に一種あるが、それははじめから蓮子を二重に巡らせている。

瓦当笵の修理

瓦当面に、瓦当笵のいちじるしい傷みを示すものがよく見受けられる。木目に沿ったヒビが随所に見られるものが多い。そうしたものでは、瓦当面にこれを修理した痕跡を見ることはできないのであるが、おそらく瓦当笵の裏面でこれを補強しているのであろう。瓦当文様が不鮮明にしかあらわれないものもあり、文様部に粘土が詰まってしまったということもあるかもしれない。しかし、そうしたものがたとえば四天王寺創建時の軒丸瓦のように大量に見受けられる場合には、瓦当笵の文様部そのものが磨滅してしまったことを示している。ということになると、脆弱な材でこの瓦当笵は作られたことになり、この場合にもなんらかの形で瓦当笵が補修されたと考えられるのである。

確実に瓦当笵に修理を加えた痕跡を示す軒丸瓦が、新堂廃寺(10)と明官地廃寺(11)（広島県高田郡吉田町中馬）にある。いずれも中房部分の木目の方向が他と異なっているのである。中房部分が痛んだために、そこを刳り抜いて新たに作った中房を塡め込んでいるのである。

瓦当笵の文様部は磨滅しやすい部分があるのか、同笵品を比べると、珠文に大小があったり、内外区を画する界線の幅に広狭の差があるものが見られたりする。それらも、いわば瓦当笵の修理に含まれよう。平城宮出土の軒丸瓦は約一五〇種、軒平瓦は約一二〇種あるが、それらのうち軒丸瓦で二〇種、軒平瓦で九種になんらかの形で補修が加えられている。

平城宮東院の復古瓦

平城宮のこの瓦当文様が東
院の復古瓦に用いられた

瓦当笵の複製

各地の軒瓦を概観すると、よく似た瓦当文様をもつものがある。同笵品かと思われるほどよく似ているのだが、そうではないというものもある。下野薬師寺と上神主《かみこうぬし》・茂原《もはら》遺跡の軒平瓦はそうしたものの典型的な事例であろう。中心飾りの形、唐草文様の組み合わせと反転の状況などが実によく似ている。しかし、大きさが異なるのである。同笵品でも大きさが異なるものがあるが、それは焼き縮みの差によるわずかなものである。ところが、下野薬師寺と上神主・茂原遺跡の場合はその程度をこえているのである。そこで鏡の鋳造のような「ふみかえし」という考え方が出てくるわけである。

古代の軒瓦の中には山田寺式、川原寺式、法隆寺式、薬師寺式というように特定の寺の名前をつけて呼ばれるものがあり、全国の広い範囲に分布している。それぞれの寺で使われた軒瓦の文様構成によく似ていることによって、そのように呼ばれるのである。なかには同笵品かと思われるようなものもある。そのようによく似た文様の瓦が使われたということは、そうした瓦当笵が作られたのであり、いわば複製品が作られたということになる。法隆寺式を例にとってみると、西日本に多く分布しているのだが、法隆寺創建時のものによく似ているものから、似て非なるものまでいろいろな段階のものがある。このことは次章で詳しく述べることになるが、複製されたものからいくつかの段階を経て複製されているうちに、法隆寺式ではあるがあまり似ていないものが作られるということになるのだろう。古建築の解体修理の際や、遺跡の整備復原に際して復古瓦が作られることがある。これなどはいわば瓦当笵の複製ということになろう。

第三章　文字や絵のある瓦

文字を記した瓦

古代の瓦の中には文字を記した瓦がある。瓦の種類ではないのだが、そうしたものを慣例で文字《もじ》瓦と呼んでいる。しかし、一口に文字瓦といっても、記載内容や記載方法をみても多種多様である。こうした文字瓦をはじめとする木簡や墨書土器などの文字資料が出土する機会が増えてもいる。八世紀代の官衙、都城、城柵、集落、寺院等の遺跡からは多量の文字資料が出土する。地下から出土した、いわば埋もれていた文字資料は、その時その時に必要とされた内容だけが記されたという性格をもっており、当時の歴史を復原するための恰好の資料となっている。とはいうものの、記された内容は断片的でしかないものが多く、その解釈に苦労することも多い。文字瓦に対する解釈も同様であり、その記された内容に対していくつかの見解が示されることがある。真実は一つであるから、さらに研究が進むことになる。

文字の記し方

文字瓦には、その文字が記される手段として、いろいろなものがあったことが知られる。最も多いのは、先端を尖らせた棒状の器具、それが木製であるのか、竹製であるのか、あるいは両者であったのか定かではないが、そうした器具で文字を記したものがある。けっして「へら」ではないのだが、それを「へら書き」と呼んでいる。瓦に文字を記すのは、瓦作りの工程の中では瓦を形作ったその時である。したがって、とくに用意されたものでなくても、作業場にある、どのようなものを使っても文字を記すことができる。「へら書き」文字が多いのはそのためであろう。

あらかじめ用意されて文字が記される手段として、「刻印」と呼ぶものがある。文字を彫刻した印章を押捺するものである。数多く見られるものは角印である。書き出しでふれたように、文字資料が急増するのは、八世紀に入ってからなのであるが、大宝律令施行によって文書行政が行なわれ、印章が文書に押捺されるようになる。その印章は角印である。あるいはそのようなところから、刻印の文字瓦には角印が多いのであろうか。瓦面に陽字としてあらわれたものと、陰字としてあらわれたものの両者があり、陰字としてあらわれたものは印章に陽字を彫ったことを示す。その例では、印章の輪郭もきちんとあらわされている。

角印の印章以外に、円形の印章が押捺されたものが台渡廃寺にある。これにも瓦面に陽字としてあらわれたものと陰字としてあらわれたものとがある。角形に比べて円形が極端に少ないのは、作りにくいという面とともに、令制下に円形の印章がなかったことによるのであろう。

同じ「刻印」文字であっても、幅広い棒状の器具に文字を彫刻して生瓦《なまがわら》製作時にこれを押捺したものが、恭仁宮や東大寺に見られる。おそらく二〇センチ以上の長さをもつ、一定幅の平坦面に文字を刻した棒状の器具で押捺したものであろう。文字はすべて陽字としてあらわれる。

瓦製作にあたっては、丸瓦でも平瓦でも叩き板を使って叩きしめる工程のあることを先に述べた。その叩き板に文字を刻み込んでおくことによって、自動的に瓦面に文字をあらわすということも行なわれた。これも刻印の一種である。瓦製作時には、同一か所を何度も叩きしめるため、文字が読みとれなくなってしまったものもある。

これもまた特殊な場合なのであるが、平瓦を桶巻作りで製作する際に模骨《もこつ》に文字を刻んでおくことがある。こうしておくと、平瓦を作る過程でごく自然に瓦面に文字を記すことができる。ただし、桶型には布を巻き付けるので、模骨に刻した文字は布をとおして瓦面に記されることになる。したがって、文字は鮮明とはいえない。武蔵国分寺の例では、瓦面に陽字としてあらわれているので、模骨にかなり深く文字を印刻したものと思われる。

これらの他、瓦当面に文字をあらわしたものもある。瓦当笵に文字を刻したものと、瓦当面に直接文字を「へら書き」したものとがある。また、生瓦製作後に、指頭で文字を記したものもある。これらも特殊な例といえよう。

寺の名を記した瓦

全国におよそ千か所もある古代寺院の遺跡の中で、その寺の名が明らかになっている遺跡はほんの数えるほどしかない。ほとんどが何々廃寺、あるいは何々寺跡の名で呼ばれている。だから、寺の名を記した瓦が出土すると、文献史料とも関連することになり、その後の研究に大いに役立つことになる。たとえば山王廃寺の発掘調査によって「放光寺」と記された文字瓦が何点か出土した(1)。そうした資料が一点でも出土すれば、その寺の本来の名を知ることができたということになるのであるが、やはり複数の資料で確認されることが望ましい。山王廃寺の事例はまさに複数出土したということで、法灯を保っていた時の名が明らかにされたわけである。

山王廃寺は、発掘調査が行なわれた関東地方の古代寺院の中では、最も古い時期に属するものであり、そのような観点からすれば、関東地方における仏教寺院造営の状況を明らかにすることができる重要な遺跡なのである。この寺跡に関しては、石製の鴟尾《しび》と蓮弁を伴う、柱の根巻石が残されていることで著名であり、きわめて特異な寺院なのである。創建期の軒丸瓦の文様も畿内的な様相を濃厚にもっており、東国における寺院造営のあり方を解明する恰好の遺跡でもある。実は、放光寺の名は有名な上野三碑の一つ、山上碑にそれが見える。銘文は以下のようである。(2)

辛巳歳集月三日記
佐野三家定賜健守命孫黒売刀自、此
新川臣児斯多々彌足辺孫大児臣、娶三児
長利僧母為記定文也、放光寺僧

この銘文に記されている放光寺僧長利は、上野国の放光寺に所属していた僧侶であることを示している。そしてこの銘が刻された「辛巳」の年は天武十年（六八一）であり、この寺の創建年代の下限を知ることができる。寺の造営工事が始められて、僧侶が寺に居住する僧房が建てられるまでの期間は、飛鳥寺や山田寺の例によれば七年から八年である。すると、山王廃寺、すなわち放光寺の造営工事が始められたのは六七〇年代ということになる。山王廃寺創建期に用いられた軒丸瓦の年代観からすればもう少し年代が上がる可能性もあるが、文字瓦の出土によって山王廃寺の寺名が明らかになり、そして造営工事が開始され

「徳輪寺」と記された瓦
（台渡廃寺）

「放（方）光寺」と記した瓦

「山寺」の名を記した瓦（大山廃寺）

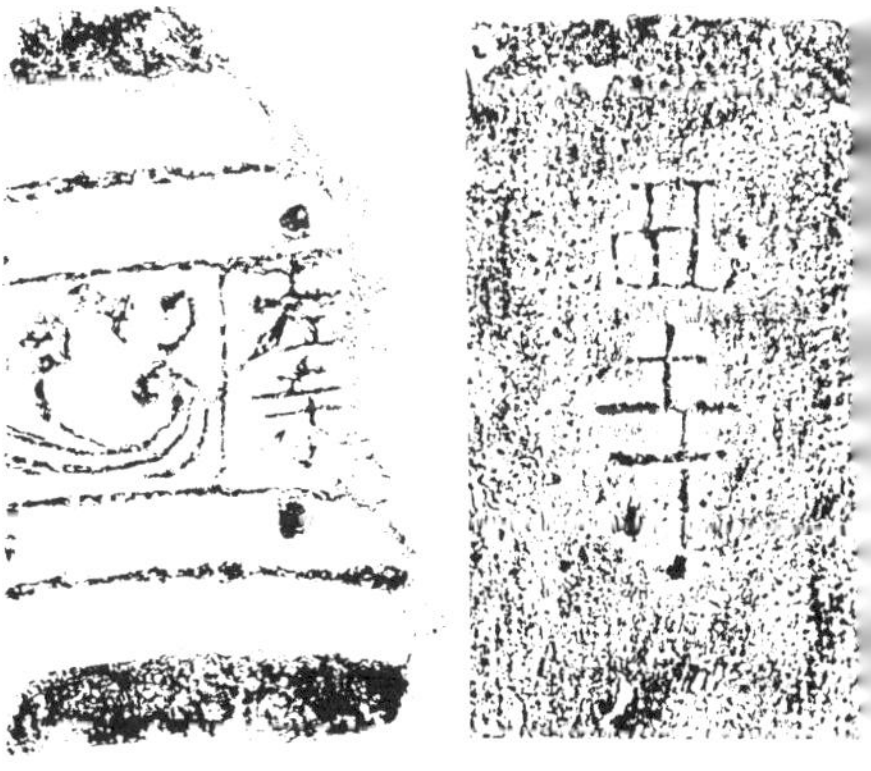

「左寺（東寺）」と「西寺」を記した瓦

た時期も大きな年代差もなく比定することができるのである。

同じ関東地域で寺名が明らかになった寺跡として台渡廃寺（茨城県水戸市渡里）がある。この寺に関しては後述することになるが、郡を単位とした寺であることが、出土した大量の文字瓦から明らかにされた。そして、それらの文字瓦の中に「徳輪寺」銘をもつ瓦が含まれており、台渡廃寺と呼んでいるその寺跡が法灯を保っていた頃には徳輪寺と呼ばれていたことが明らかになったのである。[3] 古代の寺には二つの名がある。すなわち、仏法にもとづく名とその寺の建つ地名で呼ぶ名の二つである。たとえば法隆寺は「法隆寺」が法号で、「斑鳩寺」がその土地にもとづく寺の名であるようなものである。したがって、台渡廃寺はその寺が建立された時には、法号では徳輪寺と呼ばれ、建立されたその地での名はおそらく「なかでら」だったろう。台渡廃寺のある地は常陸国那珂郡なのであり、この寺が郡寺の可能性の高いところからそのように考えるのである。

同じ常陸国に営まれた新治廃寺（茨城県真壁郡協和町古郡字台原）から「大寺」と記した瓦が採集されている。[4] 採集されていると表現したのは、発掘調査で出土したものではなく、地元民が耕作の際に見つけたものなのである。しかし、この寺がかつて大寺の名で呼ばれたことを示すものである。大寺廃寺と呼ばれる寺が上総と伯耆にあるが、おそらくその寺が建立された国の中心となる寺という意味合い、あるいは最初に建立されてその名がつけられたのではなかろうか。台渡廃寺すなわち徳輪寺は、郡を代表する寺だったのである。

大山廃寺（愛知県小牧市大山）からは「山寺」と記された平瓦が出土している。[5] 大山廃寺は文字どおり山の斜面を切り開いて造営された寺であり、出土している軒丸瓦によって七世紀末から八世紀初頭にかけて造営されたと考えられている。この軒丸瓦と組み合う軒平瓦は見られず、軒先には文様をもつ軒平瓦は用いられなかったと報告されている。塔跡には心礎をはじめとして礎石がきちんと残っている。山に営まれたために「山寺」の名で呼ばれたのではなく、これは正式な名だったのであろう。法号を知ることができないのは残念である。出土軒瓦の中には、藤原宮や平城宮所用のものと文様がよく似たものがある。造営者は中央政府となんらかの関係をもっていた者なのであろう。

厚見廃寺（岐阜市寺町）からは「厚見寺瓦」の刻印をもつ瓦が出土している。(6) この寺が美濃国厚見郡に建立されたので厚見寺と称されたのであろう。この寺に関わる文字瓦の中には「厚見寺瓦」に「中林」を追刻したものも見られる。「中林寺」という法号を示したものとも考えられる。

西国では安芸明官地廃寺で、平瓦凸面に「高宮郡内マ寺」の「へら書き」をもつ資料が出土している。(7) ここにある「マ」は「部」の略体字である。明官地廃寺の所在地は奈良時代の安芸国高宮郡内部郷にあたる。したがって、この寺はかつてその所在地の名、内部寺と呼ばれていたことがわかる。このことから直ちに郷単位の寺があったとすることはできないが、内部郷が高宮郡の中での雄郷であったとすることはできよう。また出土軒丸瓦の中に、単弁蓮華文の子葉の周囲に毛羽をもつものがあり、これは横見廃寺や檜《ひの》隈《くま》寺との同笵関係にある。このことに関しては別章で述べるが、そうした関係からもこの寺が特殊な立場にあったと考えることができよう。

平安遷都に伴って、京内南京極に近い位置に東寺と西寺が建立された。東寺は教王護国寺の名をもって今に法灯を伝えている。その、東寺所用軒平瓦瓦当面に「左寺」の銘がある。これは瓦当笵にその文字が記されているのである。左寺は左京の官寺の意味であろうが、それに対する右京の寺の瓦には「西寺」の銘がある。複弁蓮華文軒丸瓦の瓦当面に「西」と「寺」が中房を隔てて対称の位置におかれたもの、また丸瓦・平瓦にも「西寺」の刻印をもつものがある。

紀年を記した瓦

文字瓦の中には、干支や年を記したものがある。それらが具体的に何を示すのか、それぞれの事例によって異なるのだが、その瓦が作られた時や、寺などの造営工事が行なわれている時を示すものと考えられる。したがって、瓦を研究する者にとっては貴重な資料となる。いくつかの事例を紹介しておこう。

穴太廃寺《あのう》から「庚寅年」「壬辰年六月」の文字を記した平瓦が出土している[8]。穴太廃寺は七世紀代に造営された寺だから、ここに見える干支の庚寅は六三〇年か六九〇年を、壬辰は六三二年か六九二年を示す。穴太廃寺の寺域出土の瓦は七世紀前半のものと、後半のものとに大きく二時期に分けられ、文字瓦をもつ瓦はその焼成の状況や色調などから、古い時期の瓦のグループに伴うように見られたが、その古い時期の瓦はこの寺に伴うものではないとの見解が示されている。実は、穴太廃寺はすでにあった寺を大津京遷都に伴って、建て替えられたと考えられているので、六三〇年頃に建立された時の文字瓦であれば、この二点の瓦に記された干支は、今までに発見された文字瓦の中では、最も古い年を示すものになったのであるが、どうもそうではなさそうである。

野中寺塔跡の発掘調査では、平瓦凸面に

康戌年正月

之□□□

と「へら書き」された文字瓦が出土している[9]。「康戌年」は「庚戌年」の誤記であり、その年は白雉元年(六五〇)にあたる。この瓦が塔の造営に伴うものであるとしたならば、わが国古代においては寺の造営工事は金堂から始められるのが一般であるので、野中寺は遅くも七世紀第II四半期に工事が始められたことになる。また、野中寺の金堂は塔の東に南北棟で建立された、いわゆる川原寺式伽藍配置の裏返しの形なのである。すると、川原寺式伽藍配置は七世紀第II四半期にすでに存在したことになる。

このように紀年を記した瓦によって寺の造営年代の一端を知ることができるのであるが、壁画片の大量出土や三塔の寺として有名な上淀廃寺からは、凸面に「关未年」と判読される文字を記した丸瓦が出土した[10]。「关」は「癸」の異体字であり、「癸未年」をあらわしたものである。上淀廃寺は七世紀後半のある時期に造営されたと考えられており、七世紀後半での癸未年の干支は天武十二年（六八三）にあたる。干支を一巡遡らせると六二三年になり、これでは古すぎ、一巡降らせると七四三年になり、天平年間ということになってしまう。

大野寺土塔からは神亀四年の銘をもつ軒丸瓦が出土している。この資料は、元号を記す文字瓦の中ではおそらく最古に属するだろう。しかも文字が瓦当面に記されているという、めずらしいものである。複弁蓮華文を飾る瓦当面の中房に記されたものなのだが、もともと中房には蓮子がおかれており、それを削って文字を刻したものと見られている。瓦当部は完全な形では残っておらず、瓦当面の四分の一程度を残すだけのため八文字分しか残っていない。しかし、その文字の配置から見て十二文字が記されていたものと考えられている。そして、それは「神亀四年□卯年二月□□□」と復原されている[11]。大野寺土塔は行基にかかわるものであり、大野寺の建立については『行基年譜』に記されている。出土した軒丸瓦の瓦当面に残された文字の部分が、その『行基年譜』の記事と一致するところから、このように復原されたのである。神亀四年は西暦七二七年にあたり、八世紀第II四半期に入っているが、瓦当面の様相、蓮弁の状況や中房が大きく作られていることなどは、ここに記されている年よりもかなり古い時期に作られた瓦当笵を転用したと考えられる。外区が欠失しているのは、意図的に削られているのであり、もとの大きさでは神亀年間の瓦割りに合わず、大きすぎるためにその部分を削ったのであろう。

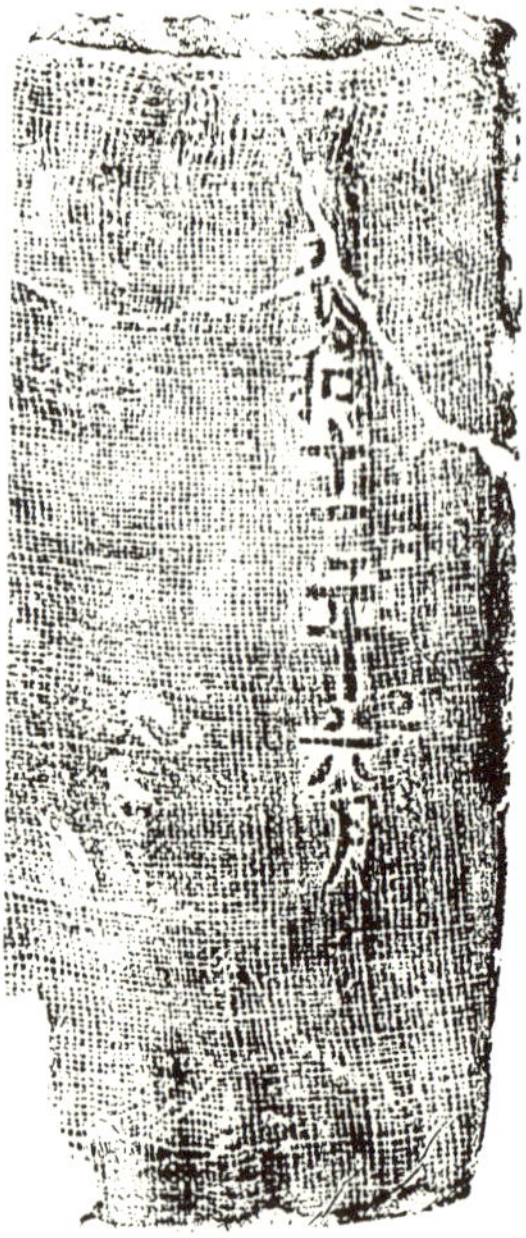

「承和十一年六月」
と記された瓦

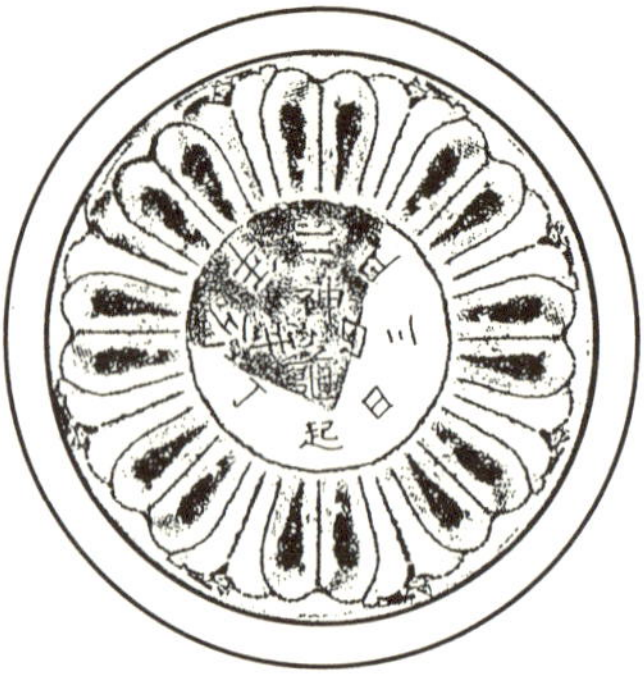

神亀四年銘軒丸瓦の復原図
(大野寺土塔出土)

青木廃寺出土軒瓦の銘文

紀年を記した資料は平安時代のものにもあり、大津市堂の上遺跡（大津市瀬田神領町）から「承和十一年六月」の銘をもつ丸瓦や平瓦が出土している。[12] また青木廃寺（奈良県桜井市橋本）出土軒平瓦の瓦当面に逆字で「延喜六年壇越高階茂生」と記されたものがある。[13] 文字は瓦当笵に彫り込まれたものである。この寺跡からは岡寺創建期の軒丸瓦によく似た文様をもつものも出土しており、七世紀末葉から八世紀初頭にかけて建立された寺と考えられている。ここに見える高階氏に関しては、高市皇子の系譜に連なる氏族であることから、青木廃寺は高市皇子の菩提を弔うために建立された寺の可能性があるとの見解が示されている。[14]

このように、文字瓦に示された内容は断片的なものではあるが虚飾の内容でないところから、こうした見解も生まれてくるのである。おそらくこの青木廃寺の軒平瓦と組み合うものと考えられる軒丸瓦の鋸歯文帯には「工和仁部貞行」の文字がある。個体によっては「工」の前に「秦」の文字がへら書きで書き加えられている。このように寺造営に関わる工人の名が瓦当面に記されることはきわめてめずらしい。ただ、この工人が瓦工であるのかどうか、それについては定かでない。もし瓦工であったとしたならば、この時期に瓦工集団が独立の兆しを見せ始めたことになるが、平安時代の瓦生産は下降の印象が強いので何とも言えない。もっとも、瓦生産下降の印象は官の生産に対するものであるから、その周囲では逆に上昇気味だったのかもしれない。

人名や地名を記した瓦

文字瓦の中では、地名や人名を記したものが最も多い。両者を並記したものや、人名から地名を推し量ることのできるものが多いので、両者を合わせて述べる。

まず人名だけを記したものからとりあげよう。人名を記した瓦として著名なものは、西日本では恭仁宮の資料と大野寺土塔の資料、東日本では上神主・茂原遺跡の資料ではなかろうか。恭仁宮の人名を記した瓦に関しては、かつては山城国分寺の文字瓦としてとらえられていた[15]。山城国分寺は、宮城が再び平城に還った天平十七年以降に恭仁宮が営まれた地に建立された。その金堂は、恭仁宮の大極殿が施入されたものである。そして、瓦に記された人名には「乙万呂」「老」「真依」「足得」といった名を示すものも見られるのだが、「中臣」「物部」「刑部」「六人部」などの姓を示すものが多く、それらは古代の有力氏族の姓に共通するところから、山城国分寺造営に際して当時の有力氏族がこれに協力したことを示すものと考えられたのである。しかし、文字瓦に示された姓は奈良時代の庶民にも見られるところであり、造東大寺司造瓦所の瓦工の名にも見られるのである。そのことから、瓦工たちが瓦製作に際して、それぞれの製作量の何枚かに一枚、検収を受ける際のために自分の名前を記したものと考えられるようになった[16]。恭仁宮の発掘調査が本格的に進められるようになるとともに、同一資料が増え、恭仁宮造営に際してそれらの瓦が作られたことも明らかになったのである[17]。

同じ資料は、昭和四十六年に行なわれた東大寺法華堂の修理工事に際して屋根から降ろされた瓦の中からも、大量にそれが発見された[18]。それ以前からも東大寺境内から同じ文字瓦が発見されており、工人の移動が察せられるのである。また高麗寺跡からも同じ文字瓦が発見されている[19]。この文字瓦は修理の終わった東大寺法華堂の屋根に再び葺かれたことからもわかるように、きわめて良質な製品なのである。これらの瓦の生産に従事していた瓦工たちは高度な技量をもっており、そのために各地に移動して瓦生産に励んでいたと考えられるのである。恭仁宮、そして東大寺と同じ瓦が高麗寺で使われたとなると、それらの寺々の造営者あるいは修造に、なんらかの形で宮がかかわった可能性があったと考えられる。

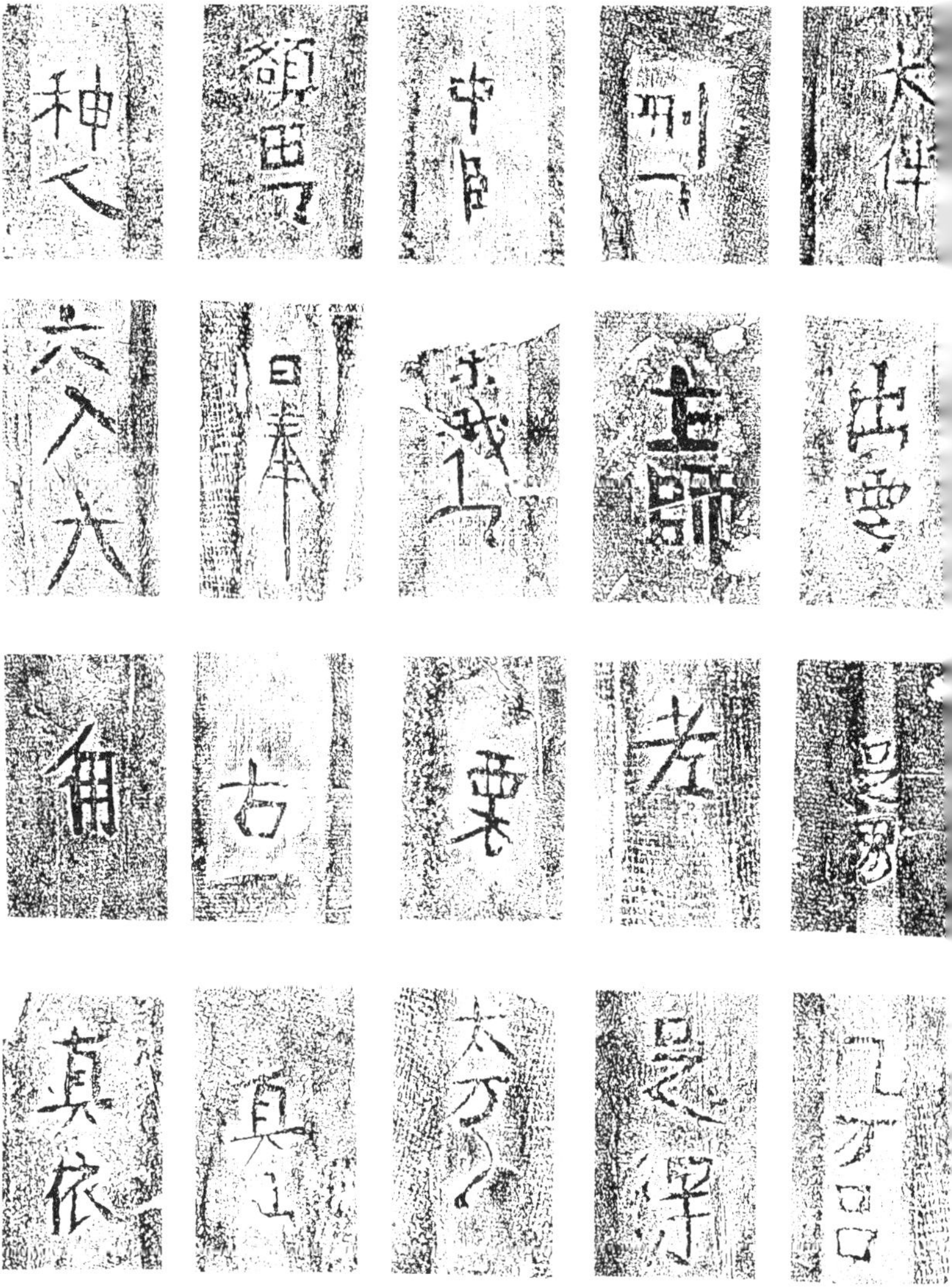

文字瓦　恭仁宮出土の瓦に記された瓦工の名

大野寺（大阪府堺市土塔町）土塔から出土する文字瓦は、そのほとんどが人名を記したものである。そしてすべて「へら書き」である。ここでめだつのは、女性の名前である。しかも法名である。そのようなところから、瓦に名を記した人々は知識（寄進者）として土塔造営にかかわった者たちと考えられている。[20] それらの名前から知られる本貫地は和泉だけでなく摂津・河内・大和・山背・近江などに及んでいる。そうしてみると、やはり行基が活動していた広い範囲の人々が、土塔の造営にかかわったとみるべきなのかもしれない。行基による多くの事業をみた場合、確かに行基および彼をとりまく民衆の大きなエネルギーを感ずることができ、彼の死後にも行基を慕う人々が力を合わせて土塔を造ったとみることもできるのである。しかし、行基は一時期には民衆の救世主的存在でありながら、最終的な姿が僧界最高位の大僧正なのである。そのあたりをみると、知識の結集という面には懐疑的にならざるをえない。

そのことはおくとして、土塔出土の文字瓦を付け加えると「□第四竃十月十日」「□作三十□」と記した瓦が見られる。明らかにこれらは造瓦工房で記されたものであり、土塔に使う瓦を焼く窯が少なくとも四基設けられていたことがわかる。「十月十日」は、それを記した当事者はそれで事足りたのであろう。我々が手紙を書く時に年を記さず、ただ月日だけ記すことと同じである。しかし、残念ではある。何年の十月だったのか、ぜひ知りたいものである。

下野上神主・茂原遺跡の文字瓦も人名を記したものがほとんどである。[21] そしてそれらの人々によって彼らの居住地が判断されるのである。それは下野国河内郡のいくつかの郷に比定できる。すなわち「酒部少赤」「酒部乙麻呂」などは酒部郷に、「大麻部古麻呂」「大麻部猪万呂」などは大続郷に、「丈部田万呂」「丈部忍万呂」などは丈部郷に、「財部忍」は財部郷に居住地をもっていたことが判断できる。これらの郷名は『倭名類聚抄』に記されている郷名なのであるが、「雀部弥万呂」「雀部万呂」からは雀部郷が存在した可能性を、「神主部牛万呂」からは神主部郷が存在した可能性を考えることができる。旧河内郡内、現在の宇都宮市内に雀宮町がある。これは「ささぎ」が「すずめ」に変わったものと解されている。また、河内郡内には神主村が存在した。この遺跡については、以前は上神主廃寺と呼ばれ寺跡と考えられていた。したがって、そこから出土する人名を記した瓦は台渡廃寺と同じように、上神主廃寺造営にあたって河内郡内の各郷に資材を負担させたことを示すものと考えていた。しかし、近年の発掘調査によって寺跡ではないことが明らかにされ、いわば官衙的な性格をもつものであることが明らかにされた。郡衙遺跡から文字瓦が出土することはあるが、人名を記した瓦がこのように大量に出土することは他に見られないことである。いずれにせよ、このように河内郡の各郷に居住していた者たちの名前が瓦に記されていることは、河内郡の有力豪族がこの施設の造営にあたって造営費用を各郷に、そして郷を構成する戸主に負担させたことを示している。

同じような形をとったと考えられるものは、すでにふれた台渡廃寺にも見られる。(22) 姓名すべてが知られるものは少ないのであるが、郷名、里名そして人名が「へら書き」で記されている。また、郷名を示す刻印をもつもの、「へら書き」の人名と刻印の郷名の両者が瓦面にあらわれているものもあり、明らかに瓦生産の一つの法式をあらわすものである。台渡廃寺、すなわち前にふれた徳輪寺の造営にあたって、瓦生産を一定の郷に負担させるべく割り当て、検収のための刻印を作っておく。この印章はすべての瓦に押捺するのではなく、何十枚かに一枚押捺するのであろう。そして割り当てられた各里の戸主の名を「へら書き」する。それぞれ経費を負担した本人が書き記すのではなく、工房に駐在している監督者が書き記すのであろう。こうした負担の状況が瓦にあらわれているからといって、瓦だけがこのような体制で生産されたものではなかろう。寺院造営に要するあらゆる資材の調達にこうした体制がとられたものと考えられる。

へら書き「小河里戸主」と
刻印「川部」が記された瓦
(台渡廃寺)

下野上神主遺跡出土文字瓦

	記載方法	銘文	備考
1	箆書	白部毛人	
2	同	酒部少赤	河内郡酒部郷
3	同	酒部乙万呂	
4	同	雀部弥万呂	河内郡雀宮村
5	同	雀部万呂	
6	同	大麻部猪万呂	河内郡大続郷
7	同	大麻部古万呂	
8	同	大麻績若冂	
9	同	木部古万呂	
10	同	君子古君	
11	同	大伴部毛人	
12	同	神主部牛万路	河内郡神主村
13	同	丈部田万呂	河内郡丈部郷
14	同	丈部忍万呂	
15	同	矢田部冂	
16	同	財部忍	河内郡財部郷
17	同	財部古冂	

武蔵国分寺出土文字瓦

	記載方法	銘文	備考
1	刻印	豊	豊島郡
2	同	荏	荏原郡
3	箆書	荏原	荏原郡
4	同	入間	入間郡
5	刻印	加瓦	加美郡
6	同	父瓦	秩父郡
7	同	広瓦	豊島郡広岡郷
8	箆書	大田	埼玉郡太田郷
9	同	荒墓郷戸主宇遅部結女	
10	同	豊嶋刑部真時瓦	
11	同	戸主刑部広嶋	
	刻印	豊	
12	箆書	日頭戸主鳥取部角冂	
13	同	冂部古真良	
	刻印	豊	
	箆書	日頭	
14	同	下忍万呂	
15	司	秩父郡瓦長解申冂	
		右件瓦且進里冂	

「茨木寺」の名を記した須恵器
(茨木廃寺)

	記載方法	銘文	備考
1	篦書	徳輪寺	
2	同	野	入野郷
3	同	妻	朝妻郷
4	同	吉	吉田郷
5	同	岡□	岡田郷
6	同	安	安賀郷
7	刻印	大井	大井郷
8	同	川マ	川辺郷
9	篦書	全	全隈郷
10	押型	日下	日下部郷
11	刻印	石上	石上郷
12	篦書	茨カ	茨城郷
13	同	中	那珂郷カ
14	同	八	八部郷
15	同	幡	幡田郷
16	同	阿波郷大田里□	
17	同	阿波丈部里	
18	同 刻印	小河里戸主□ 川マ	
19	篦書	川部小川□	
20	同	土師部小刀良	
21	同	忍男	
22	同	真男	
23	同	之十二	
24	同	□廿一	
25	同	□廿三	

多摩
豊島
荏原
久良
都筑
橘樹
足立
入間
高麗
比企
横見
埼玉
大里
男衾
幡羅
榛沢
那珂
児玉
加見
秩父

瓦に記された武蔵国の郡名

この寺跡出土の文字瓦に郷と里の名が見えることによって、この寺が郷里制施行の時期に造営工事が進められていたことがわかる。郷里制は霊亀二年（七一六）から天平十二年（七四〇）までの限られた期間に施行された行政組織である。このことから、台渡廃寺の造営年代が知られるのである。また、台渡廃寺と呼んでいるこの地域は長者山地区と観音堂山地区とに分かれており、長者山地区は建物遺構の状況から、官衙的性格をもつものと考えられる。そのことからすれば、やはりこの寺は郡を代表する寺としての性格をもっていたとすることができよう。そして文字瓦をふくんだ瓦は両地区から出土するので、寺の造営と合わせて官衙の建物も瓦葺きとして整備されたのであろう。寺院建築以外で瓦葺き建物が広まっていく様子をもうかがうことができる。

各地の国分寺跡からも文字瓦の出土が見られる。そうした中で、とくに武蔵国分寺はその量において他に抜きんでている[23]。刻印と「へら書き」によるものがその多くを占め、刻印によるもののほとんどが郡名や郷名の一部を記したものである。「豊」は豊嶋郡を、「橘」は橘樹郡を示すといった具合である。武蔵国には奈良時代に二一郡が置かれていたのであるが、その中の新羅郡を示す文字瓦だけは発見されていない。新羅郡は武蔵国の中で最も遅れて設置された郡であり、天平宝字二年（七五八）に設置された。このことは、武蔵国分寺の造営工事が新羅郡設置の頃までにある程度進んでいたからとも考えられている。しかし文字瓦の中には平安時代に降るものも含まれており、簡単に判断できるものでもなさそうである。とはいうものの、基本的な造営体制は地名を記した刻印瓦、そして人名を記した「へら書き」瓦で判断できそうである。「へら書き」で人名を記したものの中には「某郷、戸主某」と記されたものがあり、さきに述べた台渡廃寺とよく似た形である。また郡名を記した刻印と人名を記した「へら書き」の両者が一枚の瓦に見られるものもある。このことは、武蔵国分寺の造営が各郡、郷、戸の負担の下に行なわれたことを示しているると考えられるのである。

瓦に記された文字からそのように判断するのであり、再び繰り返すことになるが、瓦にそうした状況があらわれているからといって、瓦があれば寺の造営が可能になるわけではない。あらゆる造営資材の調達がそうした形で行なわれたと考えるのである。そうした状況が、たまたま文字瓦としてあらわれているにすぎないのである。

武蔵国分寺での造営体制は、文字瓦から見る限り台渡廃寺造営の形によく似ているのであるが、さきにも述べたように、台渡廃寺は郷里制が施行されている時期に造営工事が進められたものである。台渡廃寺だけでなく、陸奥においてもすでに同様な体制がとられていた可能性が認められる。

多賀城（宮城県多賀城市市川・浮島）や玉造柵（宮城県古川市東大崎）に瓦を供給していた木戸瓦窯からは、

郡仲村郷他部里長
二百長丈部呰人

と記した瓦が発見されている。[24] このような点に注目すると、武蔵国分寺造営に際して同じような形で資材の調達が行なわれたのは、東国ですでに行なわれていた体制をとりいれて、遅れていた国分寺の造営工事を進めたと考えられるのではなかろうか。文字瓦にあらわれた状況は若干異なるが、下野国分寺、同国分尼寺では郡名を示す刻印を押捺した瓦があり、上野国分寺では、居住者の郷名が推定できる人名を「へら書き」した瓦が出土している。このような形からみると、東国での国分寺造営は武蔵国分寺とよく似た体制で行なわれたと考えられるのである。

藤原宮出土平瓦に「□玉評」「大里評」と「墨書」されたものがある。[25] まさに断片的な内容であるが、武蔵国の埼玉郡と大里郡のことであることはまちがいなかろう。「評」は行政単位の「こおり」であり、大宝律令制定以前はこの「評」の文字をあて、大宝律令によって「郡」の文字に定められた。したがって、この瓦は藤原宮時代の、大宝元年に入るまでに作られた可能性が高い。その文字を記したのは誰なのか。藤原宮造営のためにはるばる武蔵国から都に上り瓦生産に従事していた者が、故郷を偲んで記したものなのかもしれない。

役所の名を記した瓦

平安宮出土の文字瓦の中には「木工」「左坊」「右坊」「警固」などと記されたものがある。これらは役所の名を示すものと考えられている。(26) すなわち「木工」は木工寮を、「左坊」「右坊」は修理左右坊城使を、「警固」は警固司を意味するのである。

平城宮からも役所を示すと考えられる文字瓦がいくつか見られる。興味深いものとしては、軒平瓦の瓦当中心飾りの位置に「〓」の文字をおいているものである。「〓」は「修」の異体字であり、修理を彷彿とさせる。この軒平瓦の瓦当文様そのものは飛雲文であり、顎は曲線顎である。飛雲文を飾る軒平瓦は平城宮には、他に小形の施釉軒丸瓦しかないので年代の決め手に欠くのであるが、雲の表現は施釉軒丸瓦のそれよりもかなり簡略化されている。また近江の瀬田廃寺や国昌寺に見られる飛雲文に近い様相を示しており、それは平安時代前半のものと考えられている。そのようなことから、平城宮の「〓」をもつ飛雲文軒平瓦については、平城上皇が一時期平城宮に御所を構えた大同年間に年代があてられたこともあった。しかし、長岡宮からも同笵品が出土するので、「〓」銘をもつ軒平瓦は平城宮時代のものとせざるをえなくなった。すなわち長岡宮においては長岡宮専用の瓦と共に平城宮と難波宮から運ばれた瓦が大量に使わ

中心飾りに「修」を入
れた軒平瓦（平城宮）

役所の名を記した瓦

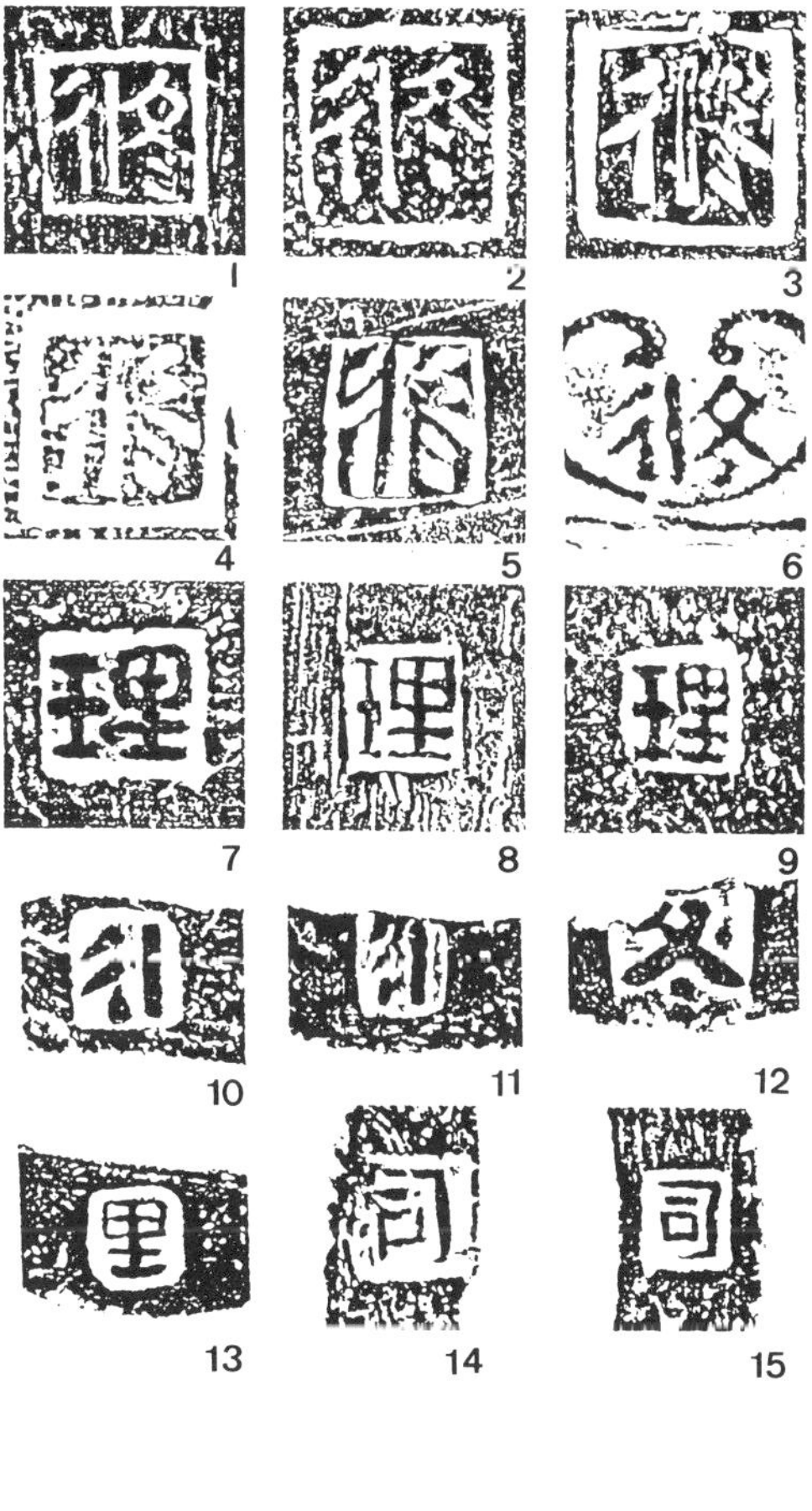

「修理司」をあらわした文字
（平城宮）
「修」（1～6・10～12）
「理」（7～9・13）
「司」（14・15）

れた。そうした中に「終」銘軒平瓦も含まれていたのである。平城宮出土文字瓦の中に丸瓦や平瓦にも「終」の刻印を押捺したものがあり、その意味を解明しなければならない。

実は、「終」の刻印をもつものの他にも同じような大きさの刻印で「理」をあらわしたものがある。その両者を組み合わせると、「修理」を意味すると考えることができる。ではなぜ「終」と「理」をわざわざ別の刻印として押捺しなければならなかったのか、という疑問が生じるのだが、「彳」「冬」「里」の刻印を押捺した資料もあり、いずれの刻印も「修理」の扁と旁を分解したものであり、「修理」を示すものとして、それぞれの印章が作られたと考えてよさそうである。

平城宮から出土している刻印による文字瓦の中には「矢」「田」「目」「在」「伊」「司」など、一文字ではその意味をどのようにとらえてよいのか判断に苦しむものがあるのだが、「司」印は「彳」「冬」「里」と組み合わせて「修理司」を意味するものと考えてよいだろう。『続日本紀』神護景雲二年（七六八）七月戊子条に「従四位上伊勢朝臣老人を修理長官と為す。造西隆寺長官中衛員外中将故の如し」とあり、奈良時代に修理に関する役所が置かれたことは確かである。また、昭和四十六年から四十八年にかけて行なわれた、この記事に見える西隆寺の発掘調査で出土した木簡に「修理司」の記載があり、少なくとも西隆寺の造営時に「修理司」の存在したことが確認された。ただ、この修理司がいつから存在したかは明らかでない。しかし、一個の軒丸瓦に「理」の刻印があり、その軒丸瓦の年代は天平年間に近いものと考えられ、かなり早い段階に修理関係の官司が設置されていたことがわかる。修理官の職掌は『令集解　営繕令』によれば「宮内に営造及び修理有れば、皆陰陽寮日を擇べ」とあり、これに対する古記には「営造は新作を謂う也。修理は旧作也」と注記されている。ここで言う「修理」はまさに現代に通ずる修理といえよう[27]。

「修」「理」の文字瓦は平城宮の大垣地域に顕著に見られるという傾向があり、「仆」「冬」「里」「司」は第二次内裏東方官衙の築地に沿った地域に集中して見られた。また羅城門地域や、平城宮北方の松林苑地域の築地に沿った所からも出土しているので、宮・京の大垣や築地の修理などを職掌としていたようである。平安時代の修理職が修理左右坊城使に改変されたり、再び修理職に戻されたりしていることなどからも、築地大垣の修理を主要な任務としていた状況がうかがえる。

絵や文様を描いた瓦

瓦に文字が記されたものは数多く見られるが、絵や文様が描かれたものもまれに見ることができる。なかには装飾を目的として描かれた文様もあるが、その多くは戯画である。当然のことながら描く手段は「へら描き」である。

絵を描いた瓦

絵が描かれている瓦は、その多くが平瓦である。描かれた対象には仏像、人物、動物などがある。高井田廃寺（大阪府柏原市高井田戸坂）からは仏像を描いた平瓦が出土している。完全品ではないので全体像はわからないが、凸面を調整して「へら描き」している。まさに戯画的で、倚坐の仏像と光背をあらわしている。これと比べると、高麗寺跡から出土している平瓦凹面に描かれた仏像は秀逸である(28)。顔面上部と宝冠の部分だけの断片であるが、宝冠上にあらわされた化仏《けぶつ》から聖観音と考えられている。図像の表現に熟知した者でなければ描けなかっただろうと、報告書では述べられており、上半身の復原図が載せられている。多賀城跡と茨木廃寺からは座像を描いた平瓦が出土している。両者ともに全体像が残らず、多賀城跡のものは右半部、茨木廃寺のものは左半部であり、仏像の細かい種類はわからないが、座像であるから、如来であることは確かであろう。四天王寺からは仏面を大きく描いた丸瓦が出土している。首の部分の衣紋から、これも如来を描いたものと思われる。

人物を描いた瓦も数か所から発見されている。佐渡国分寺の笏《しゃく》を手にした官人の上半身像は秀逸である。(29) 傍らに「三国真人」の文字が添えられており、これが発見された当時は実在の人物を描いたものであろうと新聞紙上を賑わした。「三国真人」と名乗る人物は『日本古代人名辞典』に一八人が載せられている。そのうち北陸関係者は七名、とくに三国真人廣見なる人物は延暦元年六月に越後介、同三年二月に能登守に任ぜられたが、翌年の十一月に藤原種継暗殺事件に連座したかどで死罪と決まった。しかし死一等を減ぜられて佐渡に流罪となった。このような人物が実在したことから、あるいはこの男を描いたのではないかと取り沙汰されたのであった。

官人を描いたと思われる瓦は、光寿庵跡(30)（岐阜県吉城郡国府町大字上広瀬）や石橋廃寺（岐阜県吉城郡国府町広瀬町石橋）から出土している。光寿庵の例は三人分の人物像を残す平瓦の破片である。凹面に細くへら描きされている。下方の人物はひざまずき、神妙な表情である。上方の二人は歩行の姿であるが、膝上程度しか残っていない。足の向きからすると二人がすれ違うところのようであり、全体像が残っていないのが残念である。他に梶原瓦窯跡（大阪府高槻市梶原）、船橋廃寺、虚空蔵寺跡（大分県宇佐市大字山本）、多賀城廃寺などからも人物を描いた瓦が出土している。梶原瓦窯跡のものは、ちょうど顔面が傷んでいるためにその表情はわからないが、正面を向いて腕を振っているような表現である。(31) 船橋廃寺の例はかなりの部分が残っており、一種異様な姿で描かれている。

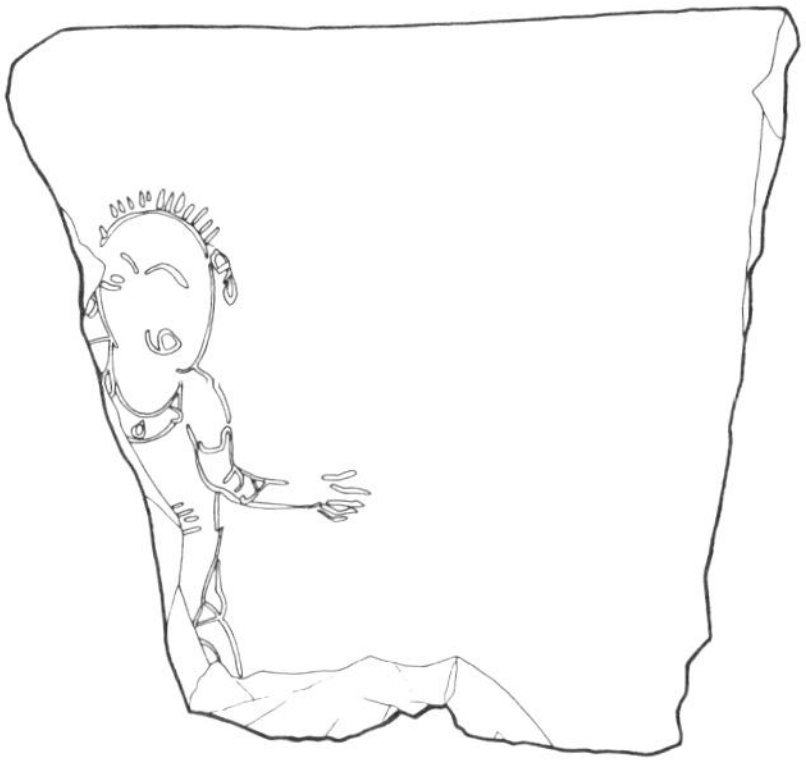

平瓦凸面に描かれた人物
（梶原瓦窯跡出土）

高麗寺跡出土の仏像拓本（上）
とその復原模式図

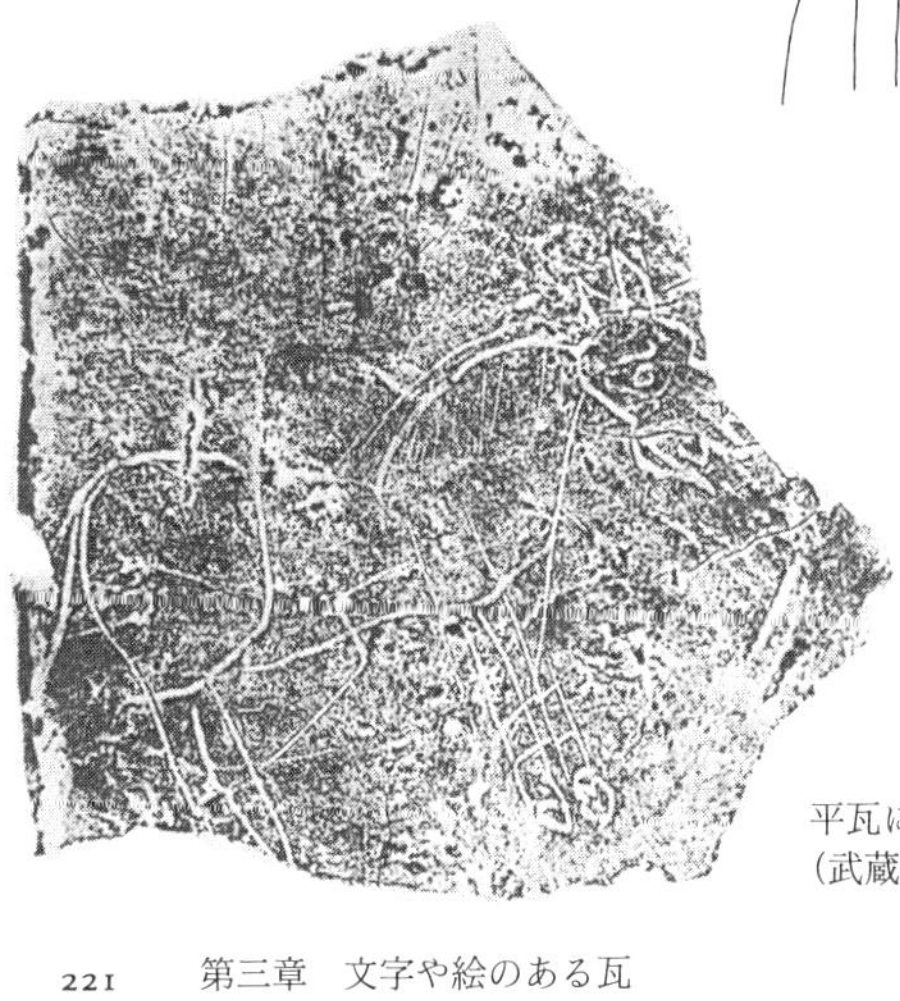

平瓦に描かれた馬
（武蔵国分寺）

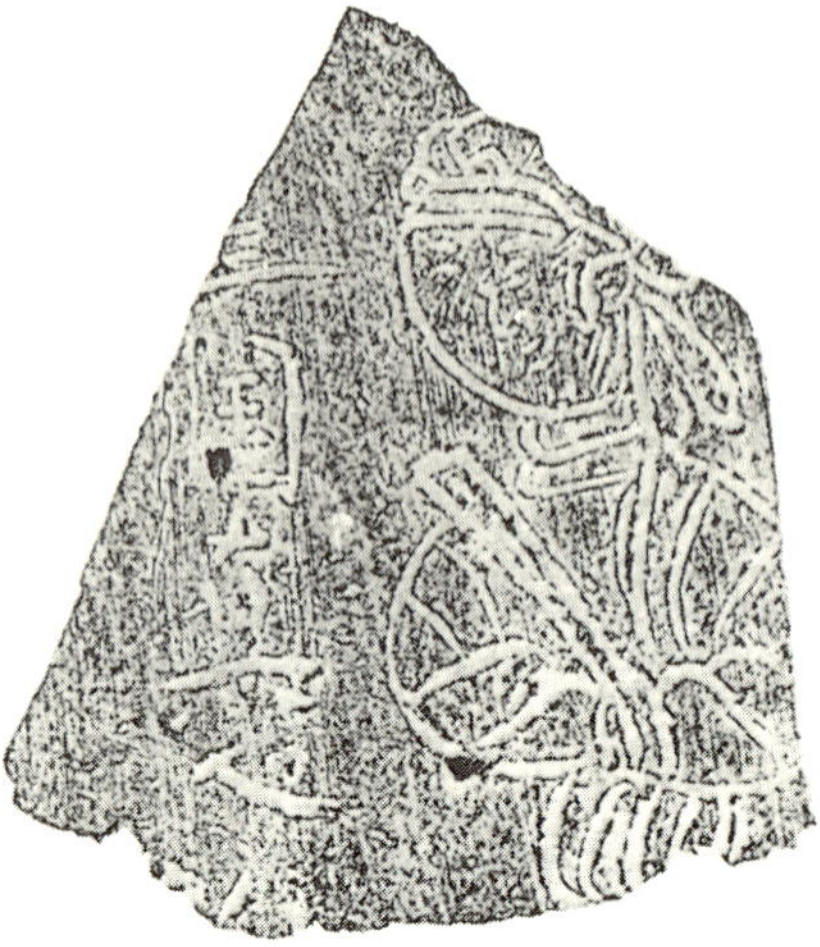

佐渡国分寺人物像

動物では、馬を描いたものが武蔵国分寺[32]や岡益廃寺などに見られる。武蔵国分寺の例では、丸瓦と平瓦にそれぞれ一点ずつある。丸瓦に描かれた馬は耳から描きはじめ、途切れることなく、いわゆる一筆書きのように描かれている。かなりの絵心を感じさせるものである。岡益廃寺の例は丸瓦に、鞍などの馬具を着けた表現で描かれており、「麻麻呂」と読めそうな文字が添えられている。

鳥を描いたものもいくつか見られる。さきに人物像であげた光寿庵廃寺からは、雄鶏を描いた平瓦が出土している。鶏冠を角のように長くあらわしており、一見鳳凰のようにも見える。石橋廃寺や多賀城廃寺にも鳥を描いた瓦が見られるが、いずれも稚拙である。

文様を描いた瓦

文様を描いた瓦には、すでに軒平瓦の発明に関して述べたように、法隆寺若草伽藍や坂田寺の「手彫り忍冬文」があり、おそらく最古の例と言ってよいであろう。軒平瓦では顎面に文様をもつものが往々にして見られる。それらは腰浜廃寺や天台寺のように文様を彫った型を押したものであったり、樫原廃寺のように軒丸瓦の瓦当箔を押捺したものであるが、なかにはへら描きの一、二条の沈線や流水文などを描いたものがある。

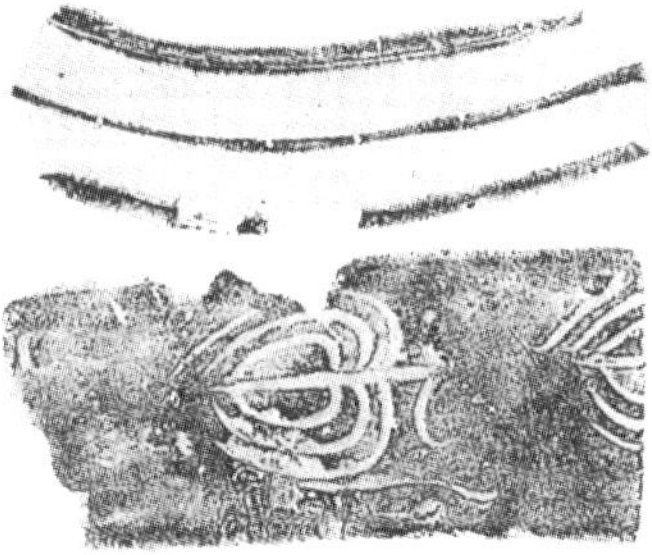

顎面に蓮を描いた軒平瓦
（上植木廃寺）

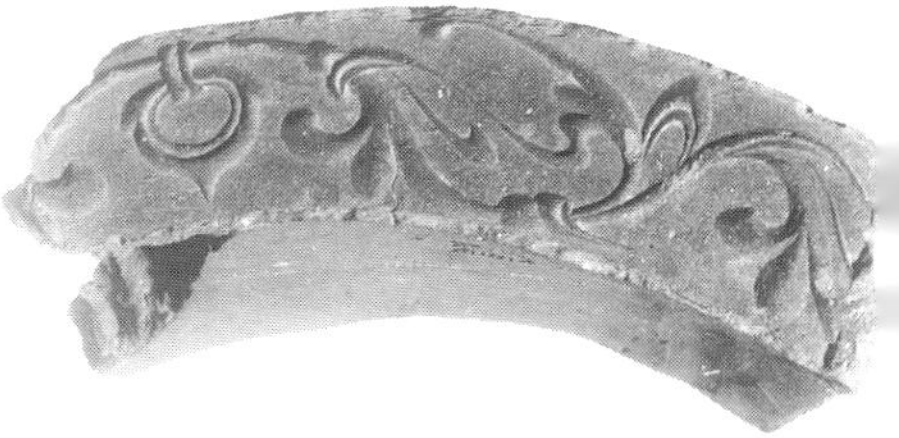

顎面に瓦当文様と同じ文様
を描いた軒平瓦（法隆寺）

顎面に幾何文を描いた軒平瓦
（多賀城廃寺）

平行線や唐草文が墨描きされている．漆で文
様を描き，金箔を貼るための下絵であろう
（法隆寺）

法隆寺や中宮寺から、忍冬唐草文軒平瓦の顎面に瓦当文様と同じ忍冬唐草文を描いたものが出土している。[33] 勢いのよいタッチで描かれており、手慣れた者が描いたことが知られる。上植木廃寺の軒平瓦顎面には、正面から見た蓮華が連続して描かれている。[34] すべて同一方向に配置されている。一部に、反対方向に描いたものを磨り消して同一方向に描き直したものがある。そこに何か意味があったのであろうか。軒平瓦の顎面の文様で多く見られるのは、瓦当面の方向に平行して引かれた数条の直線や波状文である。

鴟尾には、胴部に平行線をへら描きしたものや、鰭部の段型をへら描きしたものが見られる。ときには縦帯の珠文をコンパスで描いたものもある。原山四号古墳（大阪府堺市原山）の復原例では、段型は削りだしであるが、胴部にへら描きで羽根形を、縦帯にはコンパスを使って珠文をあらわしている。腹部にもへら描きで羽根形を三列四段に描いている。西琳寺の鴟尾の腹部には、火焔宝珠と蓮華があらわされている。これはへら描きではないが、へら状の器具を使ってレリーフ状にあらわしたものである。胴部にも火焔があらわされており、仏教に精通した者の指導によって作られたことがよくわかる。

第四章　技術の伝播

氏族間での技術の伝播

百済からもたらされた瓦作りの技術は、国内でどのように広まっていったのであろうか。そうした面に対して簡単には答えられないのであるが、瓦を観察することによって、多少は知ることができる。まず一つは瓦当文様である。すなわち同じ瓦当笵から作られた同笵品が複数の遺跡から出土することがある。その現象は、作られた瓦が一方から他方へ運ばれた場合と、瓦当笵が運ばれてその地で瓦が作られた場合とによって生じる。七〜八世紀を通じて同笵関係を概観すると、かなりの遠隔地との間で同笵関係が認められるものもある。この場合、生産地すなわち瓦窯と供給先との間での同笵関係についてもそうした事例が増えている。一般には建立される寺院の近辺に瓦窯が営まれるのだが、遠隔地の瓦窯から寺に製品が運ばれることがある。その理由については十分考えねばなるまい。初期寺院建立の段階では、瓦生産に限らず技術者の数には限りがあった。そうした中で遠隔地間の同笵関係が生ずるのは、その背後に政治的な面、権力的な面が存在したと考えられる。再三繰り返すようであるが、寺院造営技術そのものの伝播を示すものなのである。

隼上り瓦窯と豊浦寺、幡枝瓦窯と山背北野廃寺

初期寺院の事例でよくとりあげられるのが、隼上《はやあが》り瓦窯と豊浦寺との同笵関係である。隼上り瓦窯で生産された軒丸瓦が豊浦寺に運ばれたのであるから、同笵関係の存在は当然のことである。豊浦寺は蘇我氏が建立した尼寺である。僧寺である飛鳥寺の造営に際しては、寺のすぐ東側の丘陵西斜面に瓦窯が築かれている。同じ氏族の建立でありながら、豊浦寺の場合はなぜ山背国宇治郡に瓦生産地を求めたのであろう。同笵品が幡枝《はたえだ》瓦窯と北野廃寺からも出土していることが、この事情をさらに複雑にしているように感じられるのだが、そのことがむしろ逆にそのあたりの事情を解く鍵になるかもしれない。両者の関係を少し整理してみよう。

豊浦寺所用軒丸瓦と北野廃寺の軒丸瓦は同笵品である。豊浦寺には隼上り瓦窯の製品が運ばれ、北野廃寺には幡枝瓦窯の製品が運ばれた。両者は同笵品ではあるが、隼上り瓦窯の軒丸瓦には外縁が設けられており、幡枝瓦窯の軒丸瓦には外縁が設けられていない。隼上り瓦窯は山背国宇治郡にあり、幡枝瓦窯は愛宕郡にある。そして北野廃寺は葛野郡に営まれた。同笵軒丸瓦がそれぞれ郡を異にして存在しているのである。そして宇治郡の製品が大和国高市郡所在の豊浦寺に供給された。豊浦寺は蘇我氏建立、北野廃寺は秦氏の建立であろう。秦氏の山背における勢力の大きさを示すものといえよう。すなわち、愛宕郡や紀伊郡に秦氏が勢力をはっていたとの見解も示されているのである。隼上り瓦窯の存在に注目すれば、紀伊郡に隣接する宇治郡にも秦氏の勢力が及んでいたことが十分推察される。北野廃寺からは二系統の軒丸瓦が出土している。百済系と、いわゆる高句麗系の文様構成をもつ二種類の軒丸瓦である。両者ともに幡枝瓦

隼上り瓦窯

隼上り瓦窯

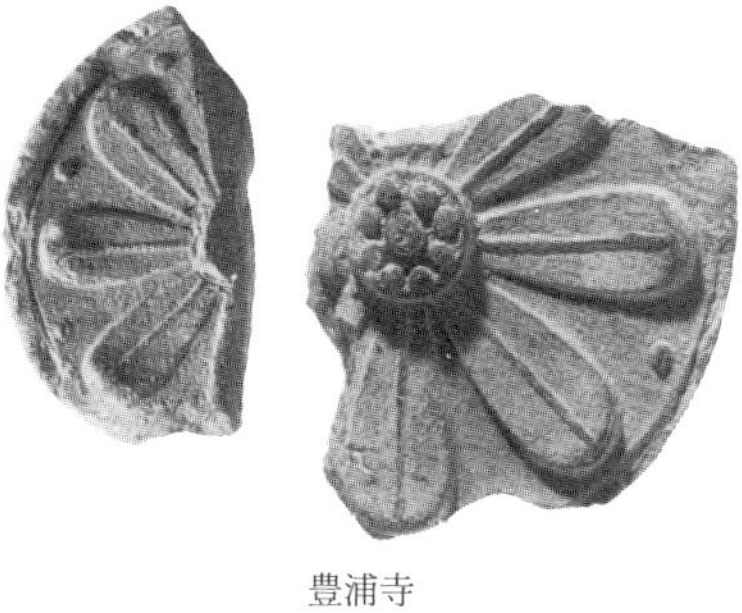

豊浦寺

北野廃寺

隼上り瓦窯の製品と豊浦寺・北野廃寺の軒丸瓦

窯で生産されたことが確認されている。隼上り瓦窯においても両系統の軒丸瓦が生産されているが、高句麗系が四種あるのに対して、百済系は一種のみである。しかも百済系軒丸瓦の供給先はまだ明らかになっていない。隼上り瓦窯の軒丸瓦は高句麗系が主体なのである。幡枝瓦窯で生産された両系統の軒丸瓦は北野廃寺に供給された。北野廃寺の百済系軒丸瓦の文様構成は、外縁の有無は別として飛鳥寺創建時の軒丸瓦の文様構成と軌を一にする。飛鳥寺には創建時はもとより、高句麗系の軒丸瓦は見られない。すると、百済系の軒丸瓦を『日本書紀』などに記すように蘇我氏が受け入れたのに対し、高句麗系はなんらかのルートによって秦氏にもたらされたのではなかろうか。

文化流入のルートはけっして一筋ではない。史料に残らない、いくつものルートがあったのだ。ただ、寺院造営に関する未知の技術の多くのものを蘇我氏が掌握していた。秦氏が寺造りを望んだ際、少なくとも瓦作りに関して秦氏が蘇我氏に協力するという条件で秦氏の寺造りが進められたのではなかろうか。その際、よく似た軒丸瓦の識別法として、外縁の有無という手段を講じたのであろう。

飛鳥寺と法隆寺

六世紀末葉から七世紀初頭にかけて、政権中枢部に存在した蘇我馬子と聖徳太子との関係は疎遠なものではなかったようである。蘇我氏と上宮王家とが本格的な対立関係にあったとするのは、皇位継承をめぐって蘇我蝦夷と山背大兄王とが対立し、蘇我氏の差し向けた軍勢によって上宮王家が滅亡したことによる。聖徳太子は仏教を積極的に採り入れて、当時のわが国のあらゆる面を向上させようと努力していた。そのために斑鳩《いかるが》で寺院造営事業を進めるのである。

斑鳩での最初の寺、法隆寺は現在の西院伽藍の少し南東に営まれた。そこは若草伽藍跡と呼ばれている。

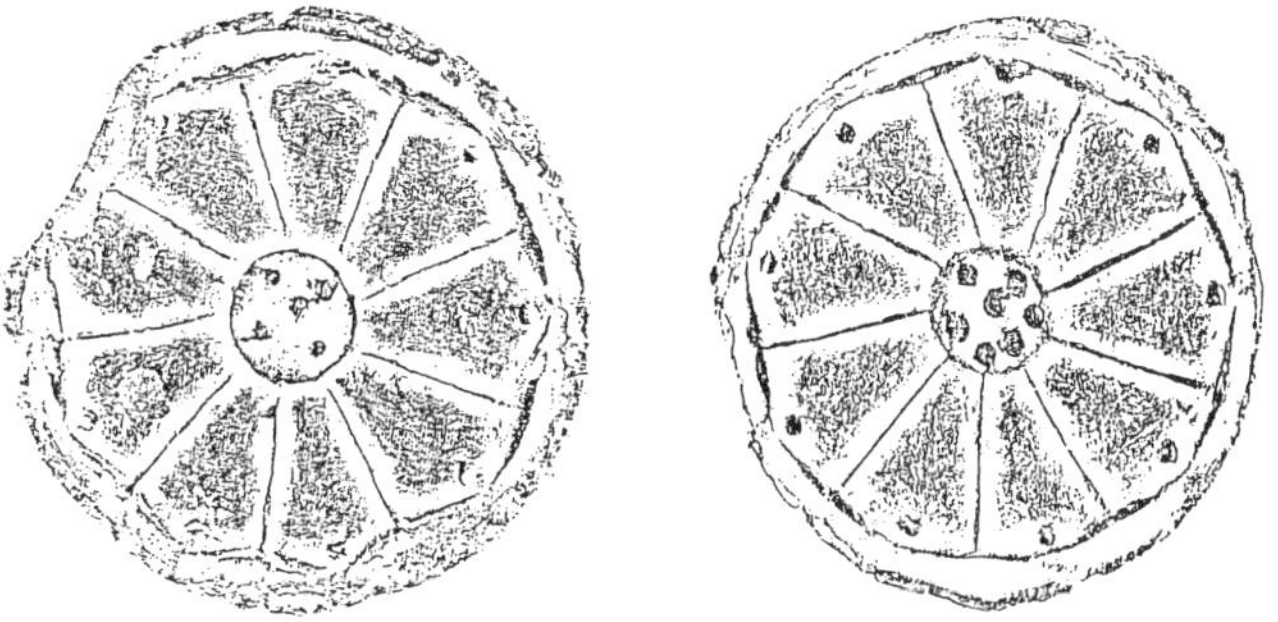

飛鳥寺と法隆寺若草伽藍の同笵軒丸瓦　若草伽藍では中房の蓮子が2個彫り加えられている

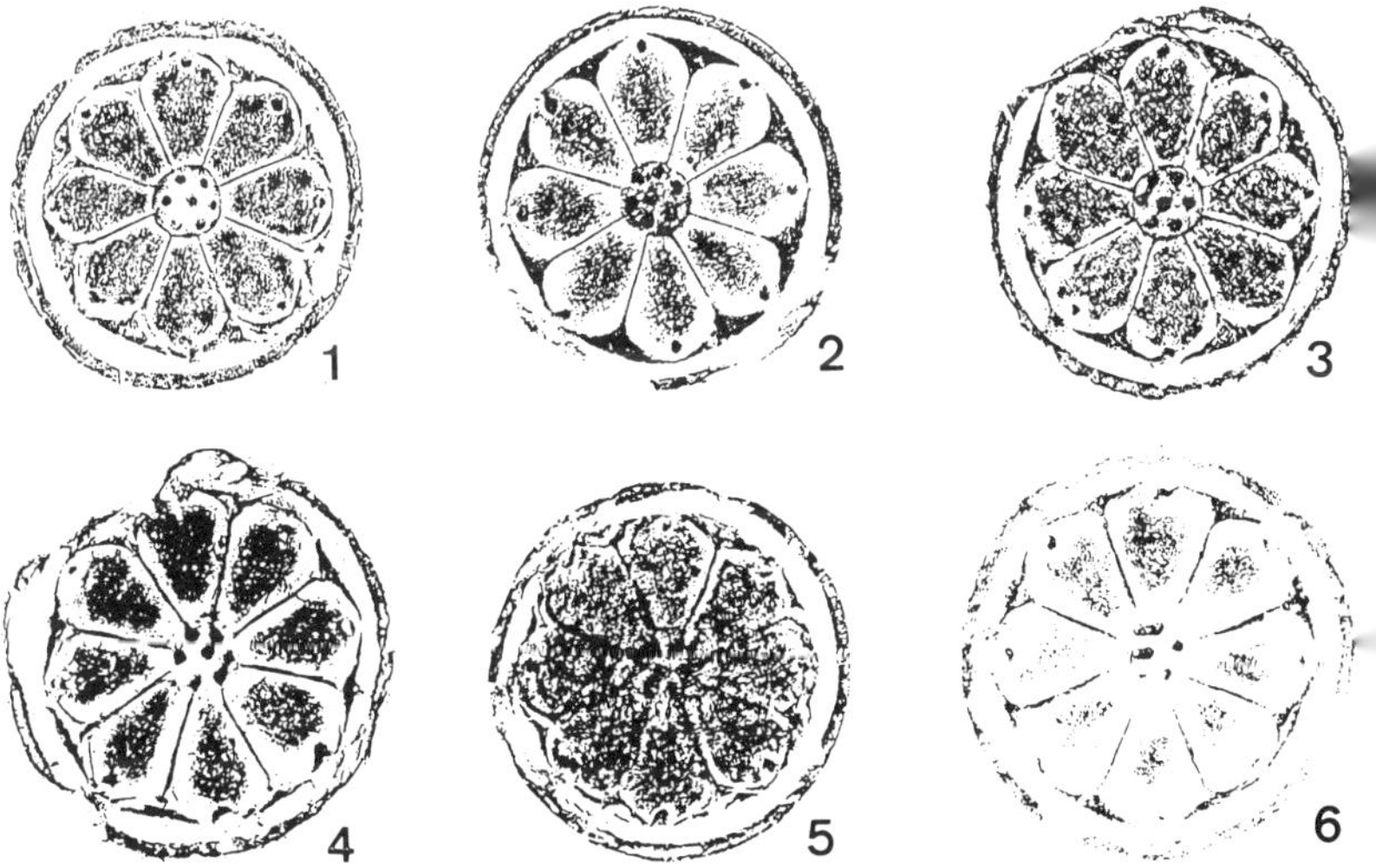

法隆寺若草伽藍の軒丸瓦（1）と同笵品の四天王寺の軒丸瓦（2～6）　瓦当笵が傷んでいく経過がよくわかる

その若草伽藍創建時に用いられた軒丸瓦と、飛鳥寺造営の初期の段階に用いられた軒丸瓦が同笵品であることが明らかにされたのである。同笵品とはいっても、中房の蓮子が飛鳥寺では中心の一個のまわりに四個おかれるのに対し、若草伽藍では中心の一個のまわりに六個の蓮子がおかれる。その六個のおかれかたが変則的なのである。蓮弁が九弁ということもあって、文様構成全体がアンバランスな感じを与える。そのこともあって、飛鳥寺のものと同笵であることに長い間気づかれなかったのである。飛鳥寺造営工房で使われていた瓦当笵に手を加え、蓮子を二個彫り加えたのであるが、飛鳥寺では蓮子を二個彫り加えられた段階で作られた軒丸瓦が出土していないので、飛鳥寺造営工房から若草伽藍造営工房へ瓦当笵が引き渡される段階で蓮子が彫り加えられたものと考えられる。飛鳥の石神遺跡から一点、蓮子を彫り加えた段階の軒丸瓦が出土している。石神遺跡には瓦葺き建物はないので、瓦当笵に手を加えたものを試作したものででもあろう。いずれにせよ、瓦当笵の一部が改作され、その瓦当笵で作られた軒丸瓦が大量に若草伽藍から出土することは、蘇我氏から上宮王家へ瓦作りの技術が伝えられたことを示すと同時に、寺作りのためのその他の多くの技術も提供されたことが知られる。若草伽藍には、これとよく似た瓦当文様をもつ軒丸瓦が他に一種あり、瓦当裏面の調整痕跡もよく似ている。その、瓦当裏面に残る痕跡というのは、瓦当裏面が盛り上がりを見せ、回転台上で調整された痕跡のことである。飛鳥寺における同笵品にももちろん同様の痕跡を残しており、単に瓦当笵だけがもたらされたのではなく、そうした製作技術ももたらされたことが知られるのである。そして同じ痕跡を残すものが飛鳥寺創建時に用いられた他の軒丸瓦にもある。それは十一弁の単弁蓮華文を瓦当面に飾るもので、十弁蓮華文の軒丸瓦と伽藍中枢部の造営に際して共に用いられたものである。もっとも、丸瓦部は十弁の軒丸瓦が無段式で、十一弁の軒丸瓦が有段式なので、同一の堂塔に用いられたということはあるまい。このことについては第Ⅰ部第二章で述べたとおりであるが、十一弁蓮華文軒丸瓦は六世紀末から七世紀のごく初頭までに用いられた瓦である。

この十一弁軒丸瓦の玉縁の接合状況は、若草伽藍九弁蓮華文軒丸瓦と同じである。これまた同一技法で行なわれたことが明らかである。このように、飛鳥寺と若草伽藍とは瓦の技法上よく似た面が顕著であり、その技術が飛鳥寺側からもたらされたことが理解できるのである。ただし、瓦の面から見て飛鳥寺に見られない技術が若草伽藍側に存在する。それは、軒平瓦と鬼瓦の存在である。その軒平瓦の概要についても第二章でふれたところであるが、軒平瓦については百済になかった技術であったからこそ、飛鳥寺創建時には瓦当部をもつ軒平瓦は作られなかったのであり、若草伽藍の軒平瓦は独自に考案したか、別途のルートでもたらされた技術なのであろう。このことに関しては坂田寺資料と合わせて考えるべきことであろう。鬼瓦は角張った八弁蓮華文を文様面に複数おいたものであり、定規とコンパスを用いて文様を描き、適度に乾燥した段階で文様を彫刻したものである。若草伽藍の手彫り忍冬文軒平瓦と同じ技法なのである。興味あることには、石製であるが同じような文様をもった鬼瓦が扶余の扶蘇山中腹寺から出土している。若草伽藍造営工房において、扶余の鬼瓦を知っていた者が作ったとしか思えないほどよく似ている。

法隆寺と四天王寺

法隆寺も四天王寺も上宮王家発願の寺なので、主題の氏族間での技術の伝播にはふさわしくないようにも感じられるが、両寺間の同笵関係は常にとりあげられることなので、ここでも述べておきたい。創建法隆寺、すなわち若草伽藍初期の軒丸瓦二種については、前項で述べたとおりであるが、それとは別の一種がある。それは単弁八弁蓮華文を瓦当文様とするものであり、前の二種が九弁蓮華文ということで変則的な感じを与えるのに対して、これはきわめて端正な文様構成である。この軒丸瓦が若草伽藍で用いられたことは確かなことであるが、伽藍内の特定の地域で集中的に出土するということがない。補足的に用いられたものかもしれない。この軒丸瓦の同笵品が四天王寺境内から出土し、創建時の軒丸瓦であることが確認されているのであるが、どうしたわけか、四天王寺から出土するものには瓦当笵にヒビが入ったことを示す痕跡が見られるのである。若草伽藍出土のものには、そうした痕跡が見られないのである。このことは瓦当笵が傷む以前に生産された軒丸瓦が若草伽藍で用いられ、傷み始めてからの瓦当笵で作られた軒丸瓦が四天王寺で用いられたことを示す。四天王寺出土資料ではすべてのものに程度の差はあれ、瓦当笵のヒビの痕跡があらわれている。この軒丸瓦から見る限り、四天王寺の造営工事は若草伽藍より遅れて始められたことになる。若草伽藍の造営工事は六一〇年には始められたと考えているが、西院金堂東の間に安置されている薬師如来光背銘にある造像の年、推古十五年（六〇七）からすれば若干さかのぼるかもしれない。

四天王寺造営については、『日本書紀』をはじめとするいくつかの史料にそのことが記されているのだが、実際のところ不明な点が多い。用明二年（五八七）に行なわれた蘇我・物部の戦いで、戦況が不利となった際に、厩戸皇子、後の聖徳太子が白膠木を切り取って四天王像を作りそれを髪にさして、この戦いに勝利をおさめたならば、四天王をまつるための寺を建てようと誓い、首尾よく勝利をおさめたことによって四天王寺を建立したというのが一般に知られる四天王寺建立の伝えである。ところが、『日本書紀』には四天王寺建立の記事が重複して見え、一つは崇峻即位前紀に「乱過ぎて後、摂津の国に四天王寺を造」るとあり、一つは推古元年（五九三）に「この歳、始めて四天王寺を難波荒墓に造る」とある。また『上宮聖徳太子伝補闕記』には、物部氏滅亡後の記事に寺を「玉造の東岸上に営み、四天王寺とす。……後に荒墓村に遷す」とある。このように四天王寺の創立に関してはいろいろな伝えがあったようであるが、

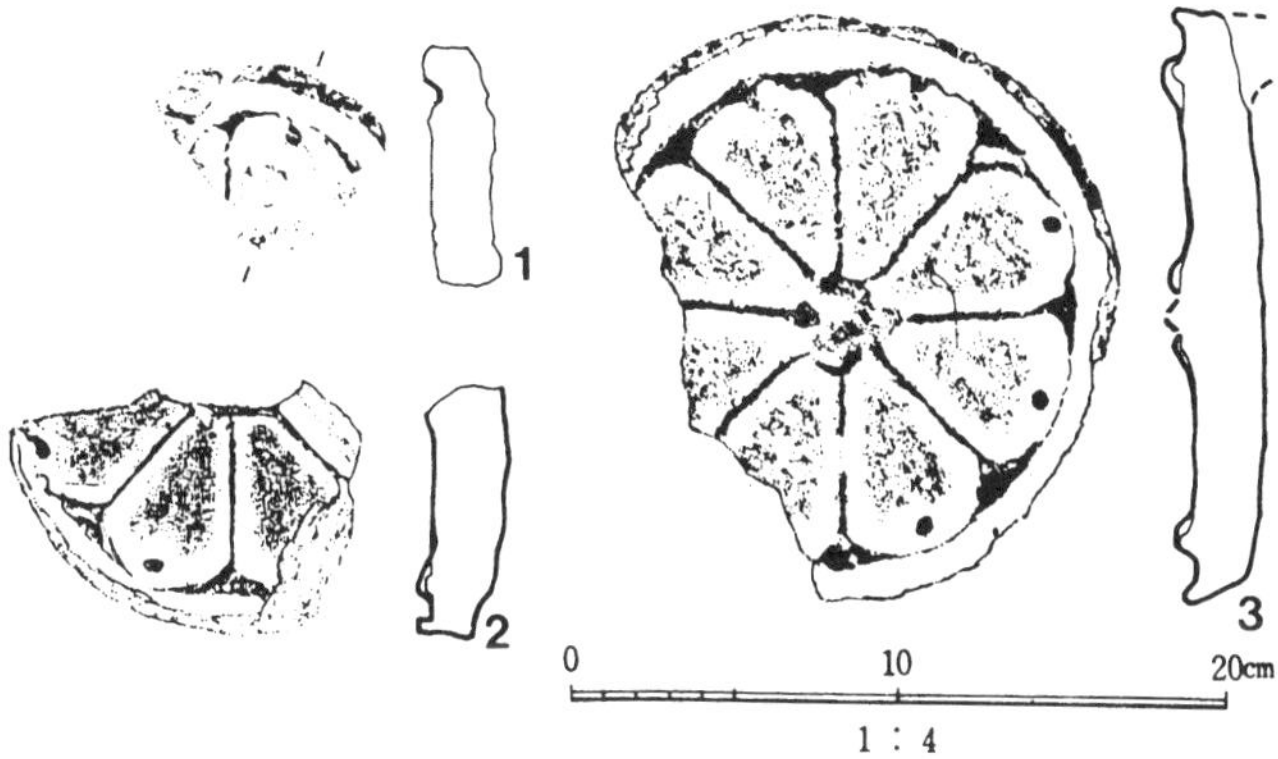

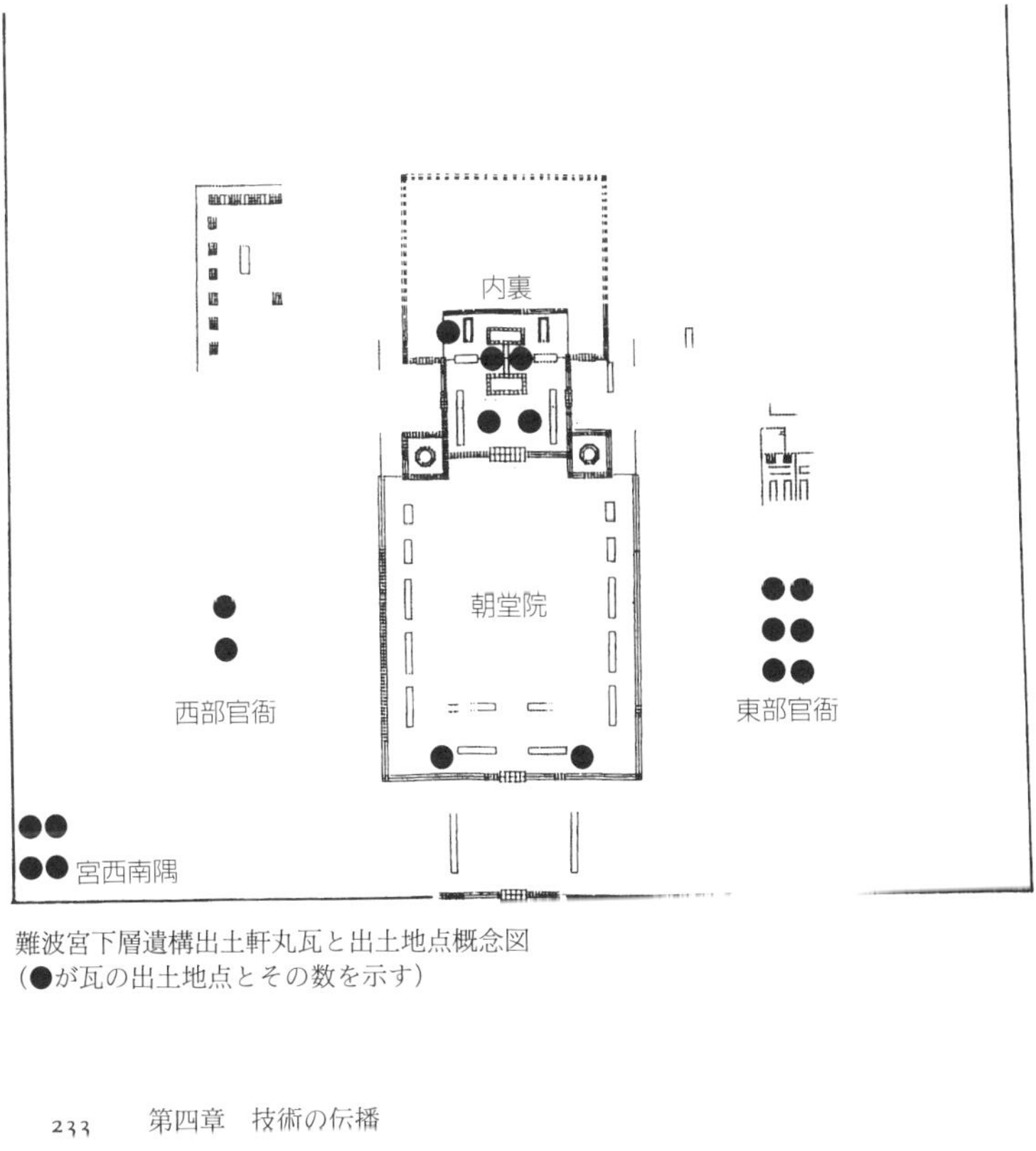

難波宮下層遺構出土軒丸瓦と出土地点概念図
(●が瓦の出土地点とその数を示す)

いずれにしても推古元年が下限となっている。遅くとも推古元年には造営工事が始められたということになると、創建時の軒丸瓦の年代観と一致しなくなってしまう。その創建時の堂塔には瓦が葺かれなかったとするならば、それはそれでよいのだが、実は玉造の地から荒墓の地へというあたりにも別の問題点がある。

玉造の地というのは、現在もJR大阪環状線にその名の駅があるが、その西方、上町台地一帯を示す。ここは難波宮跡（大阪市東区法円坂町）として著名であるが、その下層遺構から瓦の出土が報告され、その中に四天王寺創建時の八弁蓮華文軒丸瓦が含まれているのである。難波宮跡そのものは前期と後期に分けられ、前期難波宮は孝徳朝の難波長柄豊碕宮《ながらとよさき》にあてられている。ということは、その下層遺構はそれ以前、すなわち七世紀前半の遺構ということになる。難波宮の造営を含めて、幾度となく繰り返された土木工事のために下層遺構には寺としての遺構は認められないのであるが、一九八四年の報告によると、一三か所から瓦が出土しているという(1)。そのことからすれば、玉造の地になんらかの形で堂宇が営まれた可能性を示しているといえよう。しかもその中に四天王寺創建時の瓦が含まれているということであれば、『上宮聖徳太子伝補闕記』に記されているように、この地に四天王寺が営まれた可能性も残されているといえよう。ただ玉造の地と荒墓の地、すなわち現在四天王寺が伽藍を構えている地とは直線距離でたかだか二・五～三キロメートルほどしか離れていない。まず玉造の地に営まれたのならば、荒墓の地へなぜ遷らねばならなかったのか。その理由を明らかにしなければならない。

玉造から荒墓へ移されたことが確かなことであったとしたならば、四天王寺出土瓦の状況から大化改新のころに第二次造営期があったと考えられているので、難波宮造営にかかわってのことであった可能性がある。難波宮は孝徳朝の前期難波宮と聖武朝の後期難波宮の二時期の造営があり、さきに述べたように、前期難波宮の下層から四天王寺出土軒丸瓦の同笵品が出土しているのである。寺としての遺構が見つけられてはいないが、新たな都建設の地として撰ばれた玉造に創建四天王寺があったために、荒墓の地に移されたとも考えられる。上宮王家の寺として建立されたものではあったが、いずれは都を護る寺とするために移し残したのであろう。(2)

中宮寺と平隆寺

中宮寺は斑鳩で法隆寺に続いて建立された寺で、尼寺である。飛鳥寺に対して尼寺として豊浦寺が建てられたのと同じである。寺跡の発掘調査が昭和三十八年に行なわれ、塔を南に置き、金堂を北に置く伽藍配置であることが確認された。ただ、回廊などは見つかっていないが、後世の絵図にも回廊は描かれていないので、回廊は設けられなかったのではないかと考えられている。

創建時に用いられた軒丸瓦は山背北野廃寺と同じように、百済系と高句麗系の両者が併用されている。このような例はあまり多くないのであるが、さらに興味あることには、中宮寺創建時の二種の軒丸瓦の同笵品が平隆寺でも用いられていることである。そして、それらが平隆寺に近い今池瓦窯で生産されたことが明らかにされている。中宮寺と平隆寺との距離は四キロメートルほどしかなく、相互になんらかの関係があったのであろうが、若草伽藍とまったく異なった軒丸瓦が上宮王家の尼寺で使われ、それが氏族を異にした寺でも用いられているところに興味がひかれる。

平隆寺は平群《へぐり》寺とも称され、平群氏の寺と考えられている。ただ、説話と考えられているのだが、平群氏の宗家はこの寺が建立されるよりずっと前、五世紀の末に滅んでいる。それ以後の平群氏としては、蘇我・物部の戦いに平群臣神手が兵を率いて物部守屋討伐軍に加わっていることが知られている程度である。

いずれにせよ、中宮寺との同笵瓦が平隆寺で用いられていること、そして、その瓦が平隆寺に近い今池瓦窯で生産されていることからすれば、当時の平群氏は上宮王家の勢力圏に含まれていたと考えられるのであり、斑鳩文化圏の中での寺院造営が進められたと考えられるのである。

中宮寺の軒丸瓦が若草伽藍のそれとまったく別個のものであることは、若草伽藍造営工房とは異なった技術集団によって造営工事が進められたと考えねばならないが、それが平群氏からもたらされたものなのか、上宮王家が第二グループの技術集団を確保していたのか、そのあたりのことは難しい。

中宮寺創建時の軒丸瓦の年代は推古朝末期に近い頃と考えられるのであるが、その頃には、若草伽藍の造営工事も引き続いて進められていたことが、若草伽藍の塔跡を中心として見られる軒丸瓦の年代観から知られるのである。そのあたりの状況からすれば、上宮王家としては中宮寺の造営工事に工人を割くことは困難であり、他から求めざるをえない。中宮寺に瓦を供給した瓦窯が平隆寺の近くに営まれていることは、中宮寺造営の工人集団が平群氏から提供されたと考えるべきなのであろうか。そのあたりのことは、平群氏が当時として最新の技術を得る力量をもっていたか否かにかかってくるのであり、平群谷に営まれた古墳との関連でも検討を重ねる必要があろう。中宮寺と平隆寺との同笵軒丸瓦を比べてみると、文様の状況は中宮寺の方がシャープである。したがって、瓦の観察からは中宮寺の造営が先行したということができる。すると、さきに述べた平群氏が保有していた工人は、平群氏自身が建立するより先に上宮王家に提供したことになり、そのあたりの事情が複雑になってくる。

中宮寺と平隆寺に二系統の軒丸瓦が混在することに関して、今一つの可能性を述べてみよう。二系統の軒丸瓦というのは、さきにふれたように百済系といわゆる高句麗系、むしろ古新羅系と言わねばならないのであるが、いずれにせよその二系統の軒丸瓦が使われている。これと同じように創建期の軒丸瓦に二系

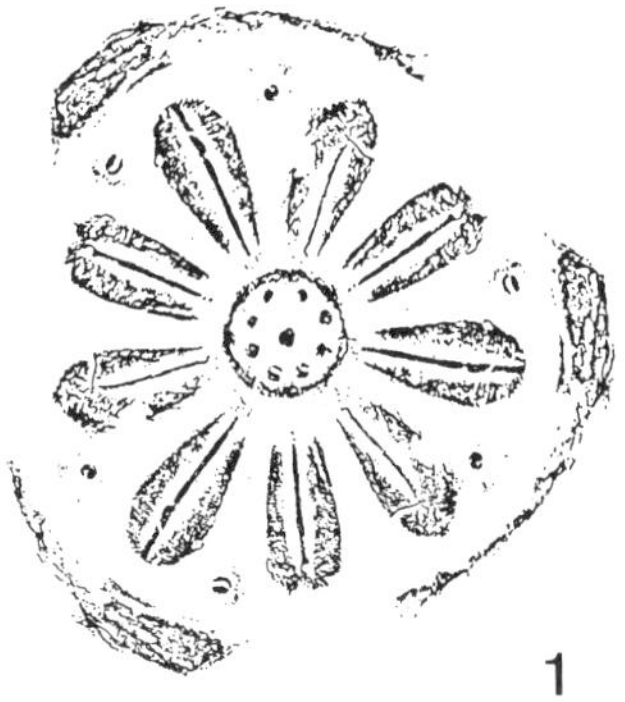

1

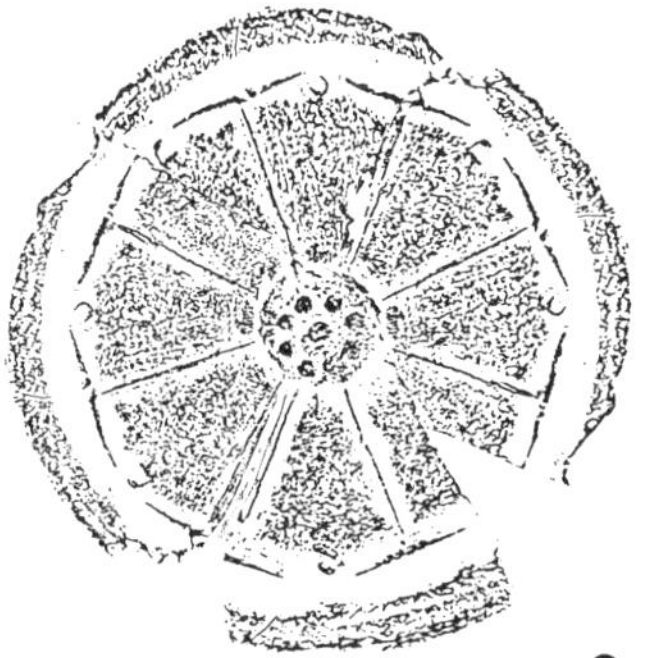

2

3

4

中宮寺（1・2）と平隆寺（3・4）
で用いられた創建時の同笵瓦
1・2は破片から復元

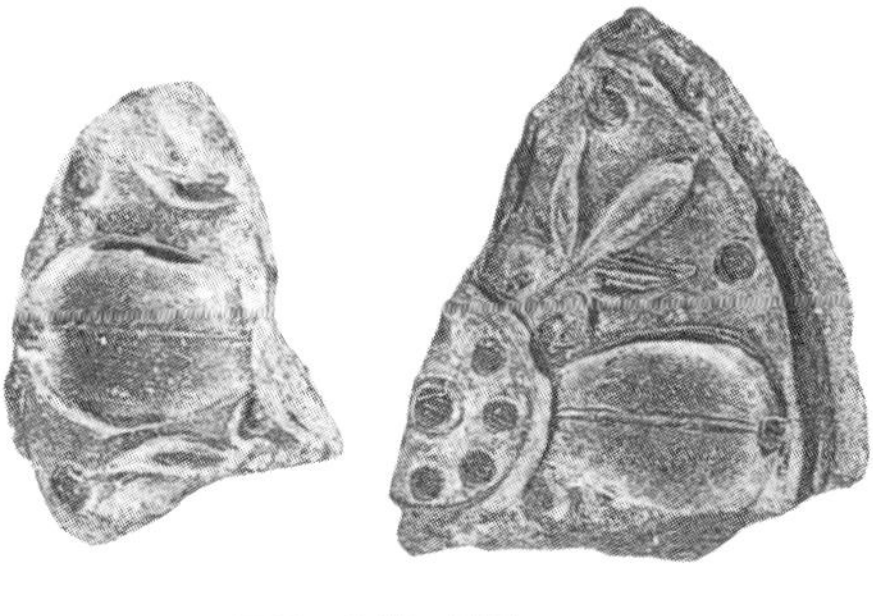

西安寺跡出土軒丸瓦　同じ型か
ら作られた軒丸瓦が宗元寺跡か
ら出土している

統の軒丸瓦が見られるのは山背北野廃寺である。北野廃寺の造営氏族が秦氏である可能性は高いと考えるのであるが、その秦氏は新羅系の帰化人であることも大方認められているところである。とすれば、秦氏が寺を造営する際に豊浦寺造営の蘇我氏に協力する一方で、百済系の工人を擁していた蘇我氏から百済系の技術を得、みずからが確保していた新羅系の技術とを合わせて寺の造営工事を進めた状況を想定できる。二種の軒丸瓦の意味するところはそのようなところにもあるのではなかろうか。そして秦氏は上宮王家と緊密な関係にあった。中宮寺造営に際して秦氏の掌握していた技術を提供した可能性が高い。いわば中宮寺は北野廃寺のコピーということができよう。そして、中宮寺造営に際して直接これに関与したのが平群氏であったという見方もできるのではなかろうか。

西安寺と宗元寺

かなり離れた地域との間での同笵関係として、大和西安寺と相模宗元寺（神奈川県横須賀市公郷町）の例をあげることができる。直線距離で約三七〇キロメートルも離れている。単弁とパルメットを交互に十字形に配したものであり、類例のない文様である。西安寺の発掘調査は行なわれていないので、実体は明らかでないが、『太子伝見聞記』などには聖徳太子建立四十六か寺の一つと伝えている。斑鳩の南西さほど遠からぬ所にあるためにそのように伝えられるのであろう。

斑鳩との関連ということでは、この軒丸瓦の特徴であるパルメットに注目すべきであろう。若草伽藍や中宮寺の第II期の軒丸瓦には蓮弁内にパルメットを飾ったものが見られ、それには六四三年以前の年代が与えられている。それというのは、若草伽藍の塔は山背大兄王の代になって建立されたと考えられるのであり、皇極二年、すなわち六四三年に上宮王家が滅亡しているから、この瓦の年代をそれ以前におくことができるのである。パルメットを飾った軒丸瓦の年代の一点がここにあることから、西安寺の軒丸瓦の年代もこれに近い時期と考えるのである。そして、この軒丸瓦の同笵品が相模宗元寺から出土しているのである。そうすると、七世紀第II四半期にすでに遠く東国の相模に、寺院造営というきわめて高度な技術伝播の状況があったことになる。

これだけ遠く離れた地域間の同笵関係なので、瓦が直接運ばれたとは考えられない。当然のことながら瓦当笵がもたらされたと考えるべきである。どちらからどちらへもたらされたかについては、両寺出土の軒丸瓦を詳細に観察しなければ明確にいうことはできないが、宗元寺には、この軒丸瓦の瓦当文様を模して作られたものがある。あまり上手とは言えず、いわば稚拙な文様であり、不足分を補うために作られたものと考えられる。宗元寺もまた発掘調査が行なわれておらず、その実体は明らかでないが、遺跡に残る礎石の状況から四天王寺式伽藍配置と想定されている。

いずれにせよ、大和の西安寺造営者と相模の宗元寺造営者それぞれがどのような関係にあったのか、このことはぜひ究明しなければならない問題であるが、それぞれの氏族名も明らかでなく、課題としては難しい。ただ、軒丸瓦のきわめて特徴的な瓦当文様を検討すると、古新羅、すなわち朝鮮半島統一前の新羅の瓦当文様の要素の一部が認められるのである。パルメットが文様として用いられることもその一つなのだが、蓮弁の中央に一条ないし二条の沈線が引かれており、中房の周囲に沈線がめぐらされている。蓮弁中央の沈線は蓮弁中央の鎬《しのぎ》を表現したものにちがいない。蓮弁中央に稜や鎬を表現したものは、古新羅の軒丸瓦によく見られる。また、中房の周囲に沈線をめぐらすことも古新羅の軒丸瓦によく見られるところである。このような観点からすれば、一つの考え方として、西安寺造営者も宗元寺造営者も帰化系氏族であった可能性を考えることができるし、朝鮮半島から渡来した技術者を掌握した可能性を考えることもできよう。

また若草伽藍の忍冬弁軒丸瓦との関連から考えられることは、このような特殊な瓦当文様をもつ軒丸瓦を屋根に葺きあげることができたのは、特別な立場にあった、大きな勢力をもった豪族だったろうということである。宗元寺側を見てみると、この寺が建立された相模国三浦郡は皇族の食封《じきふう》の地が含まれている。宗元寺創建時より若干時代が降るが、天平七年の「相模国封戸租交易帳」には山形女王や檜前《ひのくま》女王の食封が存在したことが記されている。おそらく、古い時期から中央と密接なつながりをもっていたのであろう。そうした状況が大和の軒丸瓦との同笵関係にあらわれているのであろう。瓦当文様の単なる同一性ではなく、その背後に多くのことがらがひそんでいるのである。

野中寺と尾張元興寺

畿内と東国とのつながりを示すものが他にも見られる。野中寺出土軒丸瓦である。相手は尾張元興寺である。宗元寺のある相模より近いとはいっても、不破関を越えた東国であり、直線距離にしておよそ一四〇キロメートルも隔たっている。少々興味あることには、どのようなつながりがあるのかわからないが、前項の西安寺と宗元寺と同じように、瓦当文様としてパルメットを飾っていることである。ただし、こちらの場合は若草伽藍と同様、蓮弁内にパルメットをおくものである。

パルメットの状況からは、若草伽藍のそれよりは後出的な様相を読みとることができる。野中寺で行なわれた発掘調査で「康戌年」と記した文字瓦が出土している。これは「庚戌年」の誤りであるが、この年は白雉元年（六五〇）でちょうど七世紀の半ばにあたる。その文字瓦は、観察結果から野中寺創建期のものとされており、そのことからパルメットを飾った軒丸瓦の年代も同じ頃にあてることができる。野中寺には、著名な小金銅仏があり、台座に刻まれた銘には丙寅（天智五年＝六六六）とあるが、野中寺との関係ははっきりしない。野中寺の造営者については、百済系帰化人である船氏との見方と、寺の所在地野々上とその名を同じくする野々上連の二つの見方がある。

尾張元興寺で、野中寺の軒丸瓦との同笵品が用いられたことは何を意味するのであろう。尾張元興寺の造営者は尾張氏と考えられており、もともと朝廷と深い関わりをもっていた氏族と考えられる。尾張において朝廷と深い関わりをもつものは、入鹿《いるか》・間敷《ましき》の両屯倉と熱田神宮である。これらに関与したのが尾張氏であり、尾張氏が両屯倉の管理のために尾張へ入国して居住した地は、間敷屯倉が置かれた春部《かすがべ》郡であり、その後に熱田神宮をまつる任を負ったと考えられている。一方の入鹿屯倉の所在地は丹生野であり、ここは古くからの豪族丹生県主が勢力を張っていた。そうした有力豪族の勢力地域であるがゆえに、尾張氏が派遣されたのであろう。

その尾張氏は後に愛知郡に居を移し、みずからの寺、元興寺を営んだ。その寺がどの程度の規模であったか定かではないが、創建期の軒丸瓦からすれば、七世紀第II四半期には造営工事が始められていたものと考えられる。その軒丸瓦の文様構成は無子葉単弁蓮華文ではあるが、外縁に重圏がめぐる。外縁に重圏がめぐる軒丸瓦で年代が明らかな資料は、舒明十三年（六四一）に造営工事が始められた山田寺である。また、近年明らかにされつつある、舒明十一年に建立された百済大寺跡と目される寺跡からも重圏縁軒丸瓦が出土しており、この種の軒丸瓦が六三〇年代後半には存在したことが知られる。もっとも、これらの蓮弁には子葉が伴うが、尾張元興寺のそれには子葉がない。無子葉単弁なのである。地域差を重視する向きもあるが、各地の豪族が技術提供を強く望んでいたこの時代、そのような面を軽んじるわけではないが、そのことを重視しすぎると、寺造営という本質を見誤ることになりかねない。したがって、尾張元興寺の無子葉単弁蓮華文軒丸瓦は山田寺などに前後する時期のものと考えられよう。

このような見解からすれば、尾張元興寺は野中寺より早い時期に建立された寺であり、造営工事が開始されてしばらく後、河内の野中寺から瓦当笵を提供されて瓦生産が行なわれたということになる。この軒丸瓦は野中寺で用いられた後に尾張元興寺で用いられたことが両者の検討の結果確認されている。ただし、野中寺から尾張元興寺へ瓦当笵が移動した段階で中房の蓮子を深く彫り直したり、間弁を高く鋭くするような改刻が加えられている。

そのことからすると、尾張元興寺の造営工事には少々気になる面がある。尾張元興寺の創建時の軒丸瓦を見る限り、尾張氏が寺造営に必要な工人集団を確保して工事を始めたにもかかわらず、ある時期を経て河内野中寺造営工房から瓦当笵の提供を受けて寺の造営工事を続行したことになる。軒丸瓦からの見解がその通りだったとすれば、瓦生産以外の面でも野中寺あるいはその近辺から各種の技術提供を受けていたことになる。畿内から派遣された尾張氏であっても、寺院造営に必要な技術すべてはまかないきれなかったのであろうか。尾張氏と野中寺造営者とのつながりはどのようなものであったのだろうか。古い家柄であった尾張氏は、河内に多く所在する帰化系の諸豪族と深い関係にあって、新たな文化である仏教寺院の造営にあたって、そうした諸氏族との関係が密接なものとなっていたのであろう。なお、飛騨寿楽寺廃寺にも忍冬弁文の同笵軒丸瓦が見られるが、実体は明らかでない。四天王寺の西門付近からもこの軒丸瓦との同笵品が出土しているが、その意味については、はかりかねる。

檜隈寺・呉原寺と横見廃寺・明官地廃寺

大和の軒丸瓦と、西国の寺の軒丸瓦との間でも同笵関係にあるものが見られる。飛鳥に営まれた檜隈

野中寺（上）と尾張元興寺（下）で用いられた同笵瓦

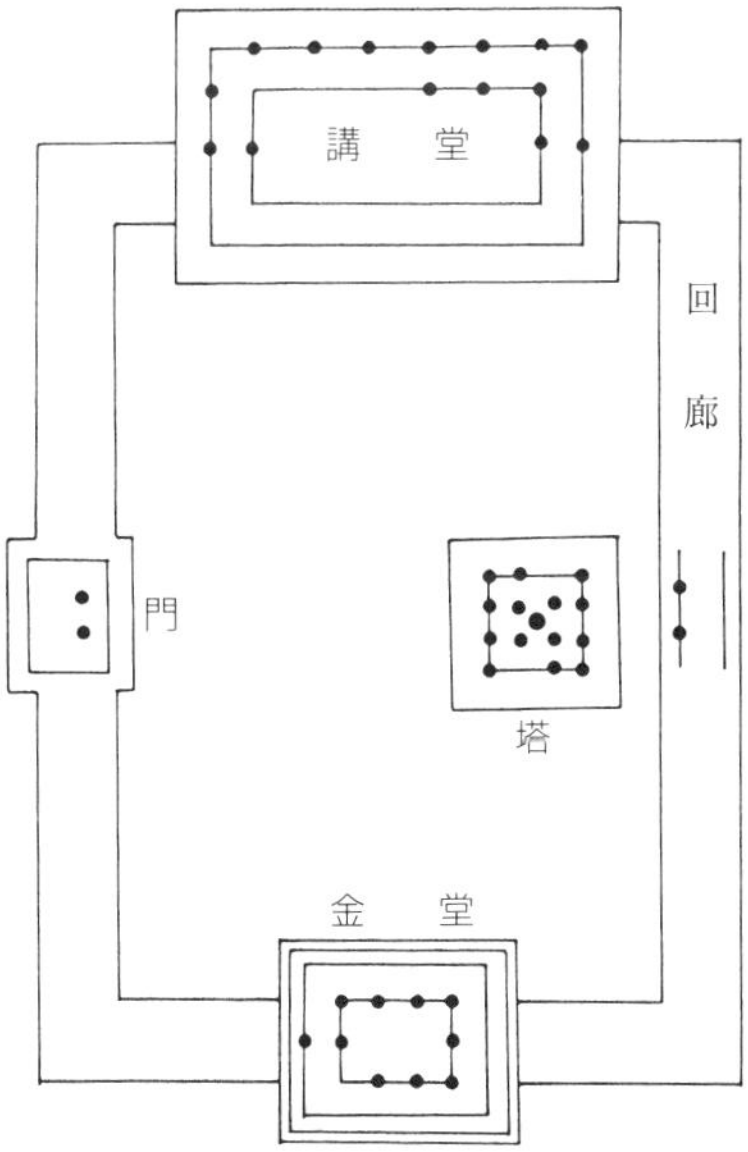

檜隈寺跡伽藍配置図

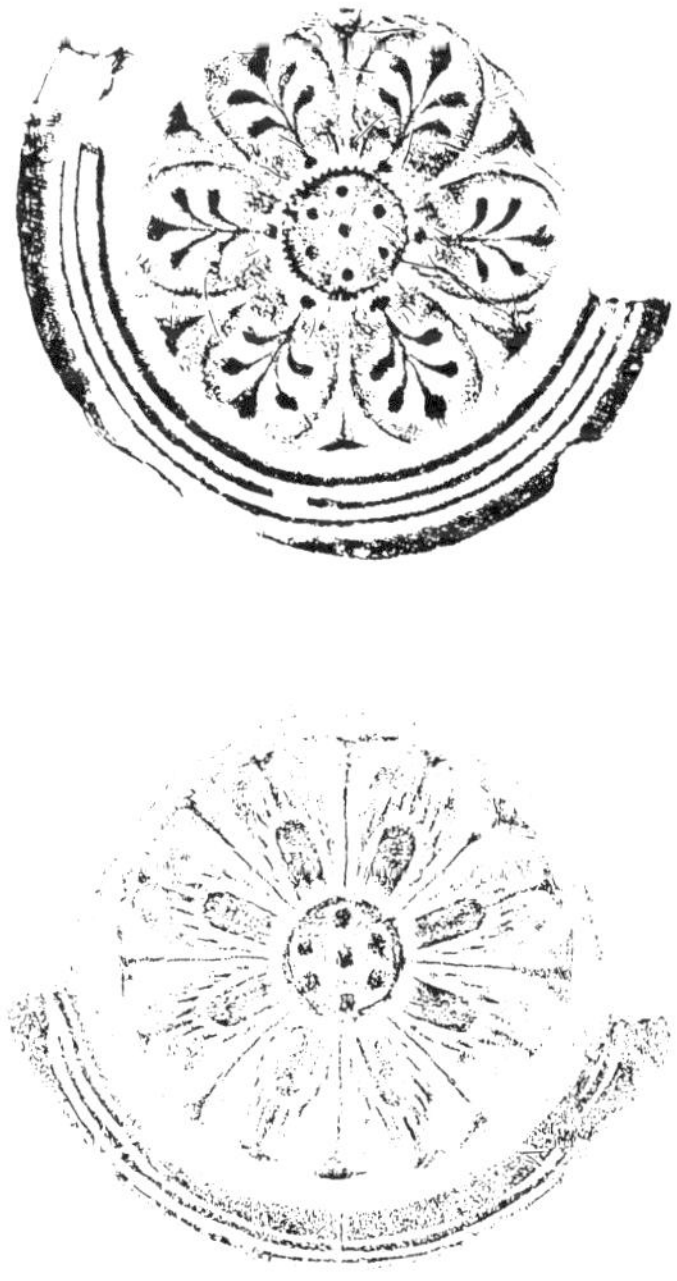

横見廃寺出土軒丸瓦　同笵品が同じ安芸の明官地廃寺と，大和の檜隈寺・呉原寺に使われた

寺・呉原寺と安芸国の横見廃寺・明官地廃寺である。(3) 西安寺と宗元寺の距離もかなりのものであるが、大和と安芸の場合もずいぶん距離が隔たっている。その同笵の軒丸瓦はいわゆる単弁蓮華文軒丸瓦であるが、子葉の周囲に毛羽が加えられている。仏像の台座にも見かけられるものであり、火焰文と呼ぶことがある。デザインとしては、仏像のそれと同じものと考えてよいのではなかろうか。大和の二つの寺では発掘調査が行なわれているのだが、この軒丸瓦はごくわずかな量しか出土せず、安芸の寺々では数多く出土している。しかし、大和と安芸で同笵品が出土していることに注目しなければならない。大和の二か寺のうち檜隈寺は発掘調査の結果、堂塔の規模や配置が明らかにされた。その伽藍はきわめて特殊である。西向きの伽藍であること、回廊内に塔だけを置くこと、南面回廊と北面回廊がそれぞれ金堂と講堂の両妻にとりつき、中門が東回廊の中央に置かれていることなどである。このような伽藍配置をとる寺は、おそらく檜隈寺だけであろう。檜隈寺の跡には「於美阿志神社」があり、この地を開いたとされる阿知使主《あちのおみ》を祭っている。阿知使主は後漢霊帝の曾孫と伝えられ、東漢《やまとのあや》直の祖である。そのようなことから、檜隈寺は帰化人の寺とされているのである。特殊な伽藍配置は、ここの地形に左右されてのことなのかもしれないが、何かしら東漢氏がもっていた特殊な仏教観によったのではないかと考えられるのである。

同じ檜隈の地に営まれた呉原寺は、堂塔そのものもよくわからないのであるが、この地は栗原とも呼ばれ、文武四年(七〇〇)に卒した僧道昭が火葬された地であり、『続日本紀』には「天下の火葬此れより始まれり」と記されている。やはり何か特殊な文化をもった地域という感じがする。

安芸の二か寺に関しては横見廃寺が先行するようである。どのような形でこの瓦当笵が大和から安芸にもたらされたのかわからないが、横見廃寺へ製品を供給した瓦窯は、寺の西方約一五〇メートルにある丘陵地に所在する。また明官地廃寺と山を一つ隔てた正敷田《しょうじきでん》遺跡からも、同笵品が出土していることが報告されている。安芸に、こうした特殊な軒丸瓦が生産されたことに対する答えは見つけにくい。一つ考えられることは、白雉元年に倭漢直《やまとのあや》縣が白髪部《しらかべ》連鐙や難波吉士《なにわのきし》胡床《あぐら》とともに安芸に派遣されて、百済舶《ふね》の建造にあたっていることである。倭漢直縣は書直縣とも表わされ、舒明十一年に百済大寺造営に際して大匠に任じられている。檜隈寺はさきにもふれたように、東漢直一族が勢力を張っていた地である。その東漢直の一人であり、造営技術に長けていた倭漢直縣すなわち書直縣が安芸に派遣されたからには、何かかかわりがあったものと思われる。書直縣が直接横見廃寺や明官地廃寺の造営にかかわったということはできないだろうが、その地と帰化人との間に強いつながりがあったからに違いない。

平川廃寺と百済寺

山背に営まれた平川廃寺と河内に営まれた百済寺（大阪府枚方市中宮）との間にも同笵関係が認められる軒瓦が何種類かある。それらは八世紀、奈良時代の製品である。平川廃寺は法隆寺式伽藍配置をもつ寺であり、百済寺は薬師寺式伽藍配置をとる寺である。両寺でさらに共通することは、それらの同笵軒瓦の中に恭仁宮、そして平城宮や平城京内の官寺とも同笵関係をもつものが見られることである。これらのことからまず考えられることは、両寺の造営者が官とのかかわりをもっていたということである。両寺の造営者については平川廃寺が栗隈《くりくま》氏、百済寺が百済王氏と考えられるのだが、両者にはどのような接点があるのだろう。官と複数の氏族とに共通するということからすれば、何かしらよほどの事情がその背景にあったとしなければなるまい。

同笵品を順次検討してみよう。まず目につくのは恭仁宮との同笵品である。恭仁への遷都は『続日本紀』から見るかぎり唐突に行なわれたと考えざるをえない。都を遷すというにはあまりにも準備不足の観をまぬがれない。しかし、そのことを主導したのが橘諸兄であれば、藤原氏によって建設された平城京を捨て新たな都で自己の政権を安定させたいと望んだ気持ちがわからないでもない。それはそれとして、軒瓦の同笵関係を追ってみよう。平川廃寺と恭仁宮とで同笵関係にある軒丸瓦に注目しなければならない。すでに第二章「瓦当笵の改作」で述べたように、外縁にめぐらされた線鋸歯文を後に凸鋸歯文に改変している。線鋸歯文の段階の製品が平川廃寺と恭仁宮とで同笵関係にある。そしてその瓦当笵で平城宮に供給する製品を生産する段階で、外区外縁を凸鋸歯文に改変しているのである。恭仁宮の瓦も平城宮の瓦も造宮省の工房で生産されたのに、なぜそのようなことが行なわれたのであろうか。このことについては、さきにも簡単にふれたように、恭仁への遷都が橘諸兄主導によって進められたことと、軒丸瓦の同笵品が平川廃寺からも出土することにかかわりがあるようだ。平川廃寺の営まれた山背久世郡は木津川、宇治川、淀川の合流点をもつ重要地域であり、大和からその合流点に至る直前の地には古くから栗隈氏が勢力を張っていた。平川廃寺はその栗隈氏の造営になると考えられている。そして栗隈氏と橘諸兄との関係には親密なものがあったようなのである。天平八年十一月以前橘諸兄は葛城王であった。彼の祖父は栗隈王である。地名を冠した王名は、その地になんらかの関係をもつと考えられており、栗隈王の場合、母親がその地域の出身か、王の養育にあたった者の出身地であったかのいずれかであり、その地に因んで名がつけられたのである。栗隈氏自身、舒明朝以来朝廷に接近しており、一族の女を釆女として朝廷に入れたこともあり、天智朝、天武朝には天皇と外戚関係をもつに至った。

このようなことから、恭仁宮の造営を推し進めた橘諸兄は栗隈氏と親密な関係にあったと見るわけである。そうした関係によって恭仁宮の造営に栗隈氏の大きな援助があり、それが同笵軒瓦という面にあらわれているのである。天平十七年の平城還都後の造営工事に際しても、栗隈氏からの援助が引き継がれたものと考えられる。

平川廃寺と百済寺との関係は、その間に橘諸兄をおくことによって考えることができよう。百済寺の創建年代はなかなか決めがたい面があるが、当初から回廊内に双塔を置く伽藍配置で計画されていたとしたならば、その年代は七世紀末葉頃となるだろう。しかし奈良時代になって本格的な造営工事が行なわれたのは、百済王敬福の活躍以後のことと考えられる。

百済王敬福が陸奥国守として在任中に、その地で黄金の産出をみた。それによって東大寺大仏への鍍金が可能となり、聖武天皇は大いに喜び百済王敬福は従五位下から一挙に従三位に昇叙する。このときの宰相が橘諸兄である。百済王敬福による黄金産出については、諸兄の画策であったのではないかとさえ考え

平川廃寺と百済寺跡との間で同笵の軒瓦

山王廃寺（上）と寺井廃寺の同笵軒丸瓦

られている。ここに橘諸兄と栗隈氏、百済王敬福の三者の関係が成立するのである。

山王廃寺と寺井廃寺

東国の寺々の間でも何か所かで同笵関係が認められる。そのような関係が生じるのは、やはり一方から他方へ技術が提供された結果である。山王廃寺は上野で最初に建立されたと考えられる寺であり、群馬郡に営まれた。寺井廃寺は山王廃寺より遅れて建立されたと考えられ、新田郡に営まれた。そのことからすれば、瓦当笵の移動は山王廃寺から寺井廃寺へ、ということになろうが、ここにとりあげた軒丸瓦は複弁七弁蓮華文を飾るものであり、山王廃寺創建時の軒丸瓦ではないのである。

この軒丸瓦は、中房の蓮子が一・四・八、蓮弁も精美で一見したところ七弁という奇数とは思えないほど整美に作られている。両寺で用いられた軒丸瓦は、八重巻瓦窯（群馬県安中市下秋間字東谷津）からも出土している。八重巻瓦窯は碓氷郡に築かれた。八重巻瓦窯から両寺に供給されたのかどうか、この軒丸瓦を生産した瓦窯としては八重巻瓦窯が確認されているにすぎないのであるが、いずれにせよこの現象には注目しなければならない。すなわち山王廃寺が群馬郡に、寺井廃寺が新田郡に、八重巻瓦窯が碓氷郡に属していることである。寺の瓦窯はその寺の近辺に隣接した地に築かれる場合が多い。寺からいくらか離れていたにしても、同郡内に築かれる。八重巻瓦窯が山王廃寺造営者の窯であっても、寺井廃寺造営者の窯であっても、それぞれの寺の所在する郡とは異なった郡に築かれている。

このことは、特異な例に属するといえるのではなかろうか。もしこの窯が両寺の造営者にかかわらない者が築いたとしたならば、なおさら特異な例といわざるをえない。八重巻瓦窯と両寺との位置関係からすれば、山王廃寺により近い。そして寺井廃寺に八重巻瓦窯から瓦を供給したとすれば、群馬郡を経由しなければならない。その経路は碓氷峠から上野へ入って、後に北国街道と呼ばれた東山道を下野へ向かう幹線道路である。畿内政権にとっては重要な道路である。寺井廃寺は山王廃寺との同笵軒瓦に次いで川原寺式軒瓦を使用する寺である。そうした寺井廃寺が新田郡に営まれた意義はこのようなところにあるのではなかろうか。上野において最大勢力を誇る山王廃寺造営者がまず寺院造営の機会を得たのであるが、その創建時に用いられた軒丸瓦の瓦当文様が畿内系であることは、中央政権から技術提供を受けたものと考えられるのだが、その山王廃寺造営者が勢力を張っていた群馬郡に次いで重要な地と考えられていた新田郡は、下野との国境に近いところにある。そういう位置にあったからこそ、山王廃寺との同笵軒丸瓦を使用できる立場にあった、すなわち寺院造営のための技術提供を受けることができたと考えるのである。

官からの技術の伝播

七世紀前半の段階では、もっぱら氏族間での技術の伝播であったが、七世紀半ばに朝廷みずからが寺院造営を行ない、しばらくすると朝廷が氏族たちの寺院造営に際して技術援助を行なうようになる。そして政府と呼ぶことのできる、国家としての機関が整ってくると造営機構も整備され、各地に技術者を派遣する状況になる。そうした朝廷、政府といったものをここでは官と呼ぶことにしたい。七世紀半ば以降、八世紀を通じて瓦の様相を概観すると、官の瓦と共通点をもつものが各地域で見られるようになる。瓦当文様を検討すると、なお一層そうした状況が明らかになる。

吉備池廃寺・木之本廃寺と四天王寺・海会寺

吉備池廃寺は平成九年と十年にかつてない大規模な金堂と塔の基壇が発見され、百済大寺の跡ではないかと大きな話題になった寺跡である。それ以前の昭和六十年に香具山の麓、橿原市木之本町で行なわれた発掘調査で寺としての遺構は検出されなかったものの、瓦が大量に出土したところから、木之本廃寺と名づけられた遺跡もまた瓦の様相から百済大寺跡と推定されている寺跡である。[4] 木之本廃寺での瓦の様相とは、軒丸瓦が四天王寺と同笵の関係にあること、軒平瓦が若草伽藍や法輪寺との同笵品であることなどであり、これらのことから単なる氏寺ではなく、四天王寺や斑鳩の寺々との関連で寺を造営することができた者、そして軒丸瓦の年代観から、木之本廃寺の造営年代が七世紀第II四半期におかれることから、舒明十一年（六三九）に造営された最初の官寺である百済大寺の跡ではなかろうかと考えられたのである。

瓦に関してもう少し具体的に述べよう。軒丸瓦は瓦当面に重圏縁有子葉単弁八弁蓮華文を飾り、山田寺

木之本廃寺

四天王寺

海会寺

三か寺の同笵軒丸瓦

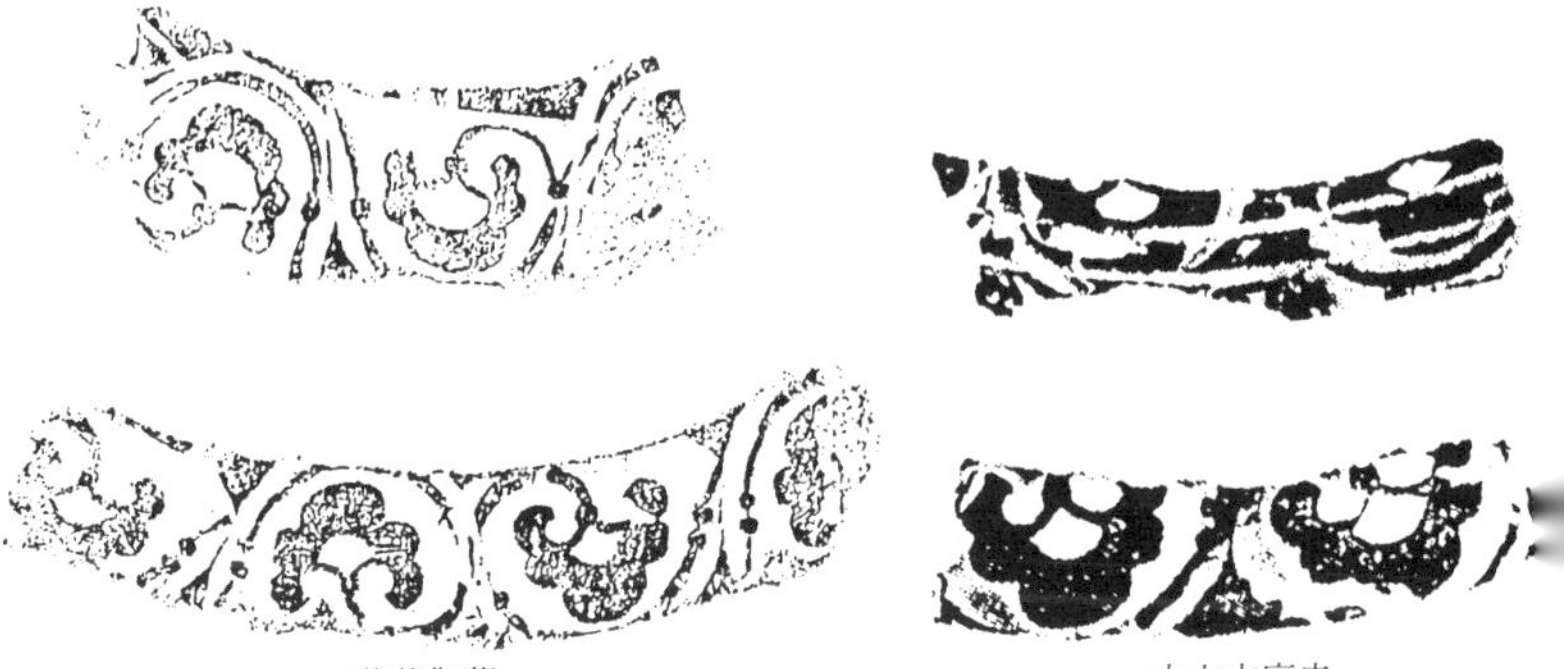

若草伽藍　　木之本廃寺

同じスタンプを捺した若草伽藍と木之本廃寺の軒平瓦

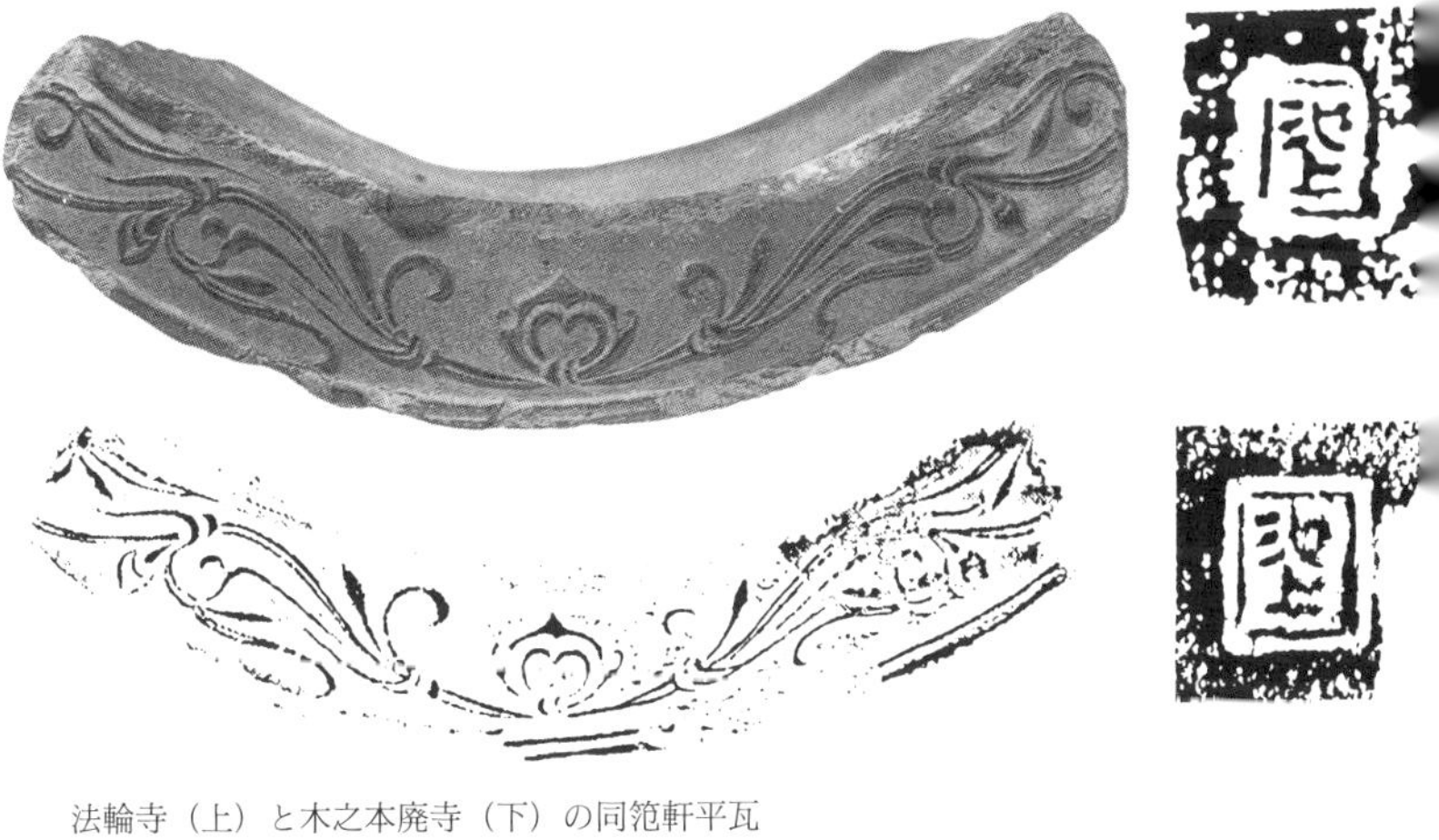

法輪寺（上）と木之本廃寺（下）の同笵軒平瓦

創建時の軒丸瓦によく似た文様構成であるが、文様はきわめてシャープであり、年代的には山田寺に若干先行する時期のものと考えられる。そして、この軒丸瓦の同笵品が四天王寺に見られる。瓦当面の観察から、木之本廃寺の製品が先行することが確認されている。

軒平瓦には注目すべきものが二種あり、一種はスタンプ押捺忍冬文軒平瓦とでもいうようなもので、第I部第三章の軒平瓦の文様で述べた、若草伽藍の第二段階で製作されたスタンプ文軒平瓦と同じ文様をもつものである。スタンプそのものが同じものであり、瓦当笵ではないが、同笵軒平瓦とでもいうべきものである。ただし、若草伽藍ではスタンプを交互に天地逆にして押捺しているのに対して、木之本廃寺では下向きに押し並べている。若草伽藍との違いを示そうとしたものであろうか。軒平瓦の他の一種は斑鳩法輪寺所用の均整忍冬唐草文軒平瓦との同笵品である。法輪寺の軒平瓦には「池上」「玉井」の刻印をもつものがあるが、木之本廃寺出土品には「池上」の刻印がある。このように上宮王家にかかわりの深い寺と同じものをもつところから、単なる氏寺ではなく、官にかかわる寺と考えられたのである。そして、山田寺創建の年が舒明十三年（六四一）であるので、それと相前後する頃の官の寺は百済大寺以外にはないということになったのである。こうして木之本廃寺は百済大寺の可能性きわめて高し、ということになったのである。一方、法輪寺の軒平瓦との同笵品は法隆寺再建後に用いられた一連の均整忍冬唐草文軒平瓦に共通するものであり、七世紀第IV四半期の製品である。したがって、木之本廃寺の造営工事が長く続けられていたことになる。

さて、四天王寺で木之本廃寺との同笵軒丸瓦が使われたのは、大化改新前後という見解が示されており、その頃四天王寺の第二期造営工事が盛んに進められていたと考えられている。その工事が上宮王家によって進められたのか、官によって進められたのか、皇極二年（六四三）に上宮王家滅亡ということからすれば、微妙なところなのであるが、大化元年八月詔の寺院造営奨励の意志を考慮すると、上宮王家滅亡後の造営推進と考えられよう。この軒丸瓦との同笵品が和泉地域に営まれた海会寺（大阪府泉南市信達大苗代）創建時に用いられていることにも注目したい(5)。昭和五十八年度から数次にわたって行なわれた発掘調査によって、規模はさほど大きなものではないが、法隆寺式伽藍配置をもつ寺であることが確認された。そして瓦当面の観察結果から、四天王寺より後れて生産されたことが確認されている。

寺が建てられたこの地は、その当時和泉国は成立していず、河内に含まれていたが、その河内国の日根郡呼《お》唹《お》郷に営まれた。日根郡はさほど大きな郡ではなく、呼唹郷も小郷である。寺造営の氏族も明らかでない。そのような地域に官が造営した寺との同笵軒丸瓦がなぜ用いられたのであろう。吉備池廃寺と木之本廃寺間では瓦が運ばれたと考えられている。その後の四天王寺、海会寺については瓦当笵が運ばれたものと考えられている。四天王寺の場合には、造営工房がそれなりに一つの機構として存在していたと考えられるのであるが、海会寺はこの地域で初めて営まれた寺であり、寺の造営に必要な技術すべてがあったとは考えられない。四天王寺との同笵軒丸瓦が存在すること、すなわち瓦当笵がもたらされたということは、造営技術の多くの部分が官からもたらされたと判断されるべきことであろう。では、官はなぜこのような地域の寺院造営事業に技術援助を行なったのであろうか。考えられることは、この地域が畿内の西南端にあったことがその理由の一つではなかろうかということである。畿内制の成立がいつであったのかという大きな問題点もあるのだが、紀伊を視野に入れてのこの地の某豪族に対する官のいわばテコ入れではなかったのだろうか。海会寺の営まれたこの地の南、和泉山地の雄ノ山峠を越えるとそこは紀伊である。七世紀後半に紀ノ川という水路、そして紀ノ川沿いの陸路は重要な交通路であった。摂津難波津と飛鳥を結ぶ重要な交通路の一つであった。このころの紀氏の勢力には大きなものがあった。そうした勢力への対策の一つとして日根郡呼唹郷の豪族へのテコ入れとして寺院造営を促し、技術援助が行なわれたのである。

紀伊を意識しての状況は、『古事記』や『日本書紀』の神武東征伝説にもあらわれている。この地域は茅渟《ちぬ》と呼ばれ朝廷とのつながりが強く、神武東征の一つの転機となった戦いの記事に「茅渟山城水門」の名が見える。すなわち『日本書紀』神武即位前紀戊午の年の五月にこの名が見え、時の人が「雄水門」と呼んだとあり、ここは泉南市樽井の地に比定されている。この地での戦いの後に軍は続けて紀伊の名草に移るのであるが、泉南のこの地が紀伊と接する地として見えるのである。そして『古事記』では「紀伊男之水門」と記されており、このことに関してはその地が紀伊に属していたことがあったからとの見解もある。いずれにせよ、紀伊を意識していたことが明らかであり、泉南の地域が中央政権にとってきわめて重要な地として把握されていたことを示している(6)。

本薬師寺と西国分廃寺

この項目としては西国分廃寺（和歌山県那賀郡岩出町西国分）を代表させているが、本薬師寺創建期の軒瓦との同笵品とも思われるものが紀ノ川沿いの寺々に見られる。それらは西国分廃寺、古佐田廃寺（和歌山県橋本市古佐田）、神野々廃寺（和歌山県橋本市神野々）、名古曾廃寺（和歌山県伊都郡高野口町名古曽）、佐《さ》野《や》廃寺（和歌山県伊都郡かつらぎ町佐野）などであるが、すべての遺跡で発掘調査が行なわれているわけではないので、寺としての実体は必ずしも明らかではなく、瓦窯の可能性をもつものもある。しかし、これらのうち西国分廃寺以外の遺跡が紀伊国でも大和に近接した伊都郡に在り、しかも紀ノ川沿いに在ることに注目しなければならない。

本薬師寺創建期の軒丸瓦は大きく分けると二種ある。一種は単弁八弁蓮華文を瓦当面に飾るもので、蓮

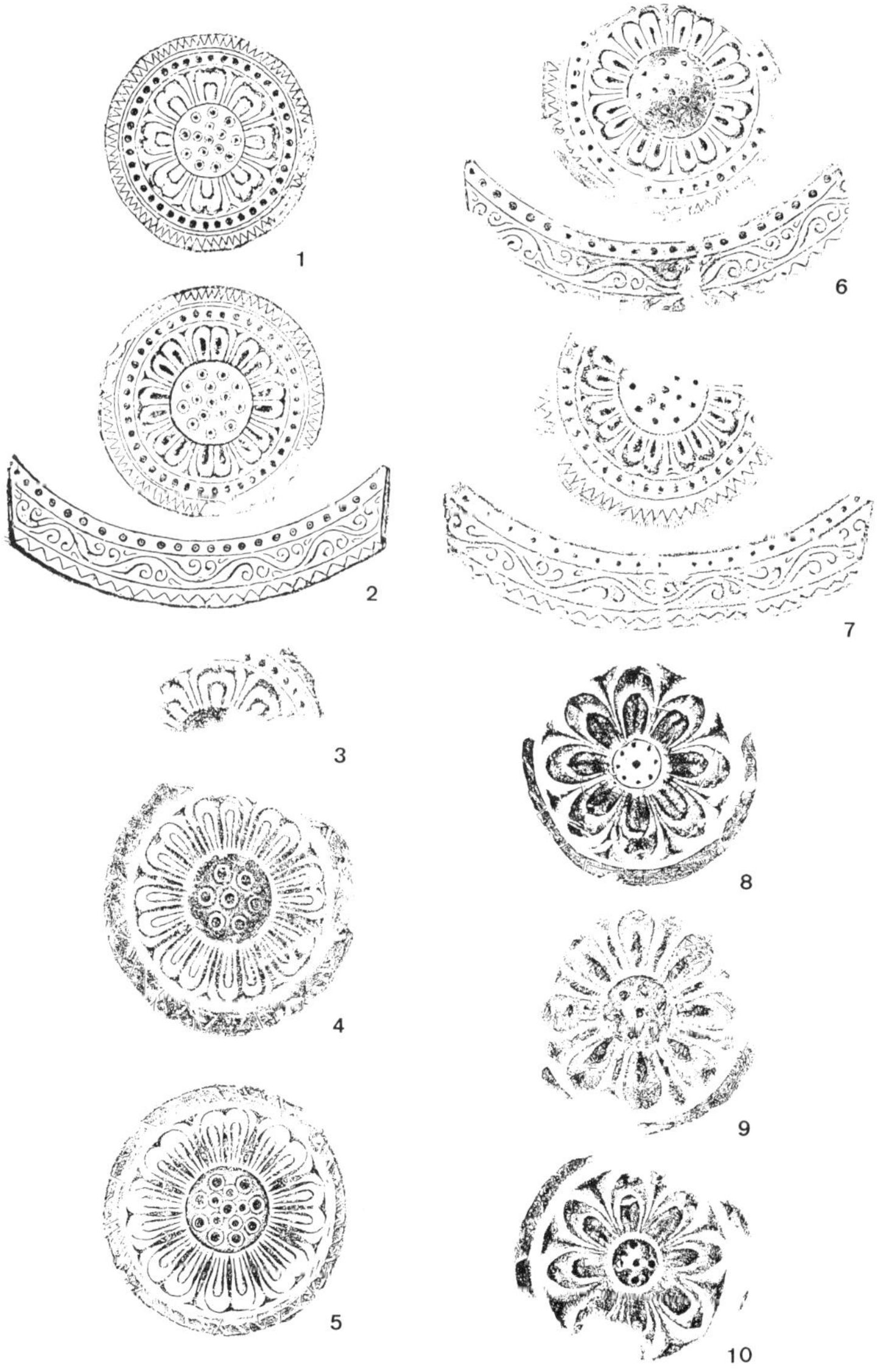

本薬師寺と紀ノ川沿いの寺々の軒瓦
1・2　本薬師寺，3・4・8　西国分廃寺，5　上野廃寺，6　古佐田廃寺，7　佐野廃寺，9　最上廃寺，10　北山廃寺

弁は重弁風に作られ凹弁である。外区内縁に珠文を、外縁に線鋸歯文を密にめぐらすものである。他の一種は複弁八弁蓮華文を瓦当面に飾るもので、さきのものと同様に外区内縁に珠文を、外縁に線鋸歯文を密にめぐらせている。このうち単弁蓮華文軒丸瓦が西国分廃寺に、後者の複弁蓮華文軒丸瓦が古佐田廃寺、神野々廃寺、名古曾廃寺、佐野廃寺にある。軒平瓦は偏行唐草文を瓦当文様としているものである。この文様構成をもつ軒平瓦は何種類かに分類できるが、紀ノ川沿いのこれらの寺々で見られるものは、特定の一種類の軒平瓦である。

このような、本薬師寺と紀ノ川沿いの寺々との間で見られる同笵関係を、単なる技術伝播ととらえてよいのかどうか、そのあたりのことは明確には言えない。それは本薬師寺造営に際して、紀ノ川沿いのこれらの寺々の造営者、すなわち諸豪族に対してその造営に協力させたことを示すものとも考えられるからである。すなわち伊都郡において本薬師寺所用の瓦が生産された可能性をもつのである。そのような造営体制をとるにあたっては、いずれかの豪族が指示を出す立場にあったことだろう。そのことは他の瓦を検討することによって若干の推測が可能である。

本薬師寺の第一の種類との同笵品をもつ西国分廃寺からは坂田寺式軒丸瓦と、上野廃寺出土軒瓦に代表される、紀伊独特の文様構成をもつ軒瓦（上野廃寺式）が出土している。坂田寺式軒丸瓦は重弁風の単弁蓮華文を瓦当文様とするものであり、蓮弁が稜をもって高くあらわされるのが特徴である。紀伊では西国分廃寺の他には最上廃寺と北山廃寺に見られるのであるが、西国分廃寺所用のものが坂田寺所用軒丸瓦の文様形態にもっとも近い。このことは、西国分廃寺にまず寺院造営技術が大和からもたらされ、しかる後に最上廃寺と北山廃寺に造営技術の伝播をみたと考えることができる。その技術が西国分廃寺造営者からもたらされたものなのか、大和からなのか定かではないが最上廃寺、北山廃寺の両寺が建立された所は紀ノ川に合流する貴志川の両側にそれぞれあり、やはりこの地域の重要な交通路に沿った位置にあることがわかる。西国分廃寺とともに三か寺は那賀郡に属している。紀伊国での寺造りがまず那賀郡から行なわれたのである。

上野廃寺に代表される紀伊特有の文様をもつ軒瓦は、統一新羅の要素を具えた文様構成をもつものである。その新羅的要素とは、軒丸瓦では蓮弁の子葉が凹弁であること、外縁上面に珠文をめぐらすこと、瓦当部側面に二、三条の凸線をめぐらすことなどである。軒平瓦でも外縁上面に珠文をめぐらせたり、顎に数条の凸線をおく。このような特徴をもつ軒瓦は上野廃寺、山口廃寺、直川《のうかわ》廃寺などに見られ、それらはすべて名草郡に属する。

那賀郡に営まれた西国分廃寺においてもまた、上野廃寺式軒瓦が用いられている。一連の上野廃寺式軒瓦について、その年代順は明らかでないが、西国分廃寺に上野廃寺式軒瓦や隅木《すみき》蓋瓦《ふたがわら》が見られることは、統一新羅様式の技術を受け入れるに際して、西国分廃寺造営者がなんらかのかかわりをもっていたことを示すものである。そして西国分廃寺に本薬師寺創建期との同笵品、とりわけ重弁風に表現された軒丸瓦が存在することは、紀伊において西国分廃寺造営者が寺院造営を主導したことを示すものである(7)。

四系統の瓦と各地の寺

ここでいう四系統の瓦というのは、山田寺、川原寺、法隆寺、紀寺(小山廃寺)それぞれの創建時に用いられた軒丸瓦の文様構成をひいたものを指す。法隆寺に関しては西院伽藍創建時のものであり軒平瓦の文様構成も含めている。それらの瓦当文様とよく似たものが全国各地域の寺々出土の軒瓦に見られるのであるが、偶然に各地でそれらと同じような文様が生み出されたとは考えられないのであり、それぞれの寺の造営者がどこからか採用した結果、あるいはどこからかそのデザインがもたらされたものにちがいないのである。そしてそれぞれの文様構成は、その状況から見て、さきにあげた四か寺のものがもとになっていることから、山田寺式（系）、川原寺式（系）、法隆寺式（系）、紀寺式（系）軒丸瓦、軒平瓦と呼ばれるのである。

これらの瓦当文様がどのような理由から各地に伝えられたのかという点については、法隆寺系のものに関しては法隆寺の荘倉や田地が所在するところにその系統の瓦の分布が多く見られるところから、そうした荘倉や田地の経営にかかわる氏族の存在という考えが示されている。また川原寺系のものに関しては、美濃あたりに特に濃密に分布していることから、壬申の乱に際して大海人皇子に協力をした当地の豪族層が、乱の終結後に寺造営に際して技術的助力を受けたあらわれというように理解されている。おそらくそのような事柄が背景にあったものと考えられる。いずれにせよ、瓦当文様に政権中枢部との関連が見られることは、たまたま腐朽せずに残った瓦にのみ見られるということであり、寺院造営にかかわる多くの技術が伝えられたにちがいない。

これら四系統の瓦の分布は、全国に広く分布しているとはいってもそれは一様ではない。山田寺系は東日本に、法隆寺系は西日本に顕著に見られる。川原寺系は関東地方にも見られるものの、山背から美濃あたりまでが濃密である。紀寺系は伯耆にも見られるが、山背・近江あたりに顕著である。このことは技術を提供する側の、その時その時の事情が反映しているものと考えられる。さきにふれた川原寺系軒丸瓦が美濃地方に顕著であるということは、当地での寺院造営が行なわれた際に、集中的に技術の提供が行なわれたあらわれなのであろう。川原寺系軒丸瓦について山背にも見られることについてふれたが、紀寺系軒丸瓦も山背に顕著に見られる。しかし、これら二系統の軒丸瓦は山背の中でも南山背地域に顕著なのであ

山田寺式軒丸瓦
左：山田寺跡
右：龍角寺

川原寺式軒丸瓦
左：川原寺
右：下野薬師寺跡

紀寺式軒丸瓦
左：紀寺跡
右：宮井廃寺

法隆寺式軒丸瓦
左：法隆寺
右：虚空蔵寺跡

る。さらにこれら二つの系統の軒丸瓦は、その分布が郡によって明瞭に分かれるのである。すなわち一、二重複するところがあるものの、川原寺系の軒丸瓦を使った寺と、紀寺系の軒丸瓦を使った寺とは郡を異にするのである。この状況にはきわめて意図的なものを感じる。紀寺系軒丸瓦の特徴は、外縁に雷文をめぐらすことである。この文様は特異であり、わが国ではあまり用いられないものである。従来この軒丸瓦が出土する寺跡を紀寺跡と呼んでおり、紀氏の寺と考えられていた。しかし、同系統の文様をもつ軒瓦が分布する背景には政治的な面をうかがうことができると考えられるのであり、そのことによって、この雷文縁軒丸瓦出土の紀寺跡は紀氏の寺ではなく、なんらかの形で営まれた官寺の一つと考えられるようになった。事実、紀氏の本貫地である紀伊国からは雷文縁軒丸瓦は出土しない。そして明らかに官寺である川原寺から雷文縁軒丸瓦が出土する。このようなことから現在では、紀寺跡はその所在地の名をとって小山廃寺と呼んでいる。本書においても紀寺跡としたり、小山廃寺としたりしているが、まだ完全にその名称が定着していないので、使い分けしている。

それはさておき、雷文縁軒丸瓦が官の影響によって分布していることが明らかになったが、他の三系統の瓦についてもそのように考えるべきである。ではそれらの瓦はいつ分布するようになったのであろうか。すなわち、寺造営の技術はいつ各地に伝播するようになったのであろうか。それは一斉に広がったのであろうか。官すなわち朝廷が寺院造営に対して積極的に援助を行なうようになったのは、孝徳朝以後のことである。しかし、述べてきた四系統の軒瓦のうち、山田寺系を除いた三者は天智朝以後に成立した瓦当文様である。山田寺系の軒丸瓦を用いた寺の中には、七世紀第III四半期に造営工事が始められた寺があったとも思われる。天智朝は白村江の戦いの処理で慌ただしかった。天武・持統朝は鎮護国家の思想が高まりつつあった。このようなことが寺院造営事業の全国的な広まりの、ひとつの理由であったと考えられる。

平城宮と国分寺

国分寺の軒瓦には、なんらかの形で官からの援助を受けたと考えられるものが数多く見られる。瓦当笵が運ばれたことが明らかと考えられるものは、伊予国分寺（愛媛県今治市国分）と壱岐島分寺（長崎県壱岐郡芦辺町国分）である。文様が酷似するものがめだちながら同笵品が少ないのは、それだけ技術者の層が厚くなったからなのであろう。すなわち、データの伝達によって在地で瓦当笵の製作を行ないえたということである。

平城宮と国分寺の間での同笵関係が確認されたのは、壱岐島分寺だけであるが、伊予国分寺もその可能性がある。もっとも、山背国分寺には各種の平城宮と同笵の軒瓦が存在する。しかし、それは恭仁宮大極殿が山背国分寺として施入されたからである。伊予国分寺資料は軒丸瓦であるが、昭和十三年に刊行された『国分寺の研究』にその写真が掲載されてはいるものの、資料そのものは戦災で失われたという。『国分寺の研究』掲載の写真と照合する限り、同笵品として誤りないように見受けられる。同笵の軒丸瓦が使用されたということは、その他の技術も提供されたことを示しており、伊予国分寺の造営工事がかなり遅れていたことを意味するものである。

第I部第二章の「瓦の年代」で遠江国分寺の造営工事が早かった可能性を述べた。遠江国分寺の瓦当文様は、まさに在地特有、すなわち自前で生産できたことを示している。そのことからも平城宮や平城京内寺院と同じ文様をもつ瓦を使っている国分寺は、その工事がかなり遅れていたと考えざるをえないのである。

国分寺造営期の国守はこの事業に専念していたのであるが、この時期の伊予国守に百済王敬福がいる。彼の伊予国守補任は天平宝字三年（七五九）七月のことであり、同八年正月に讃岐国守に転じている。百済王敬福は奈良朝政府にとってはきわめて有能な官人であり、陸奥国守在任中に東大寺大仏に塗るための黄金を産出し、一躍従三位に叙せられた。その百済王敬福が天平年間に国守として在任した国は七か国に及んでいる。そのうち六か国の国分寺に平城宮系軒瓦が使用されていたり、同笵軒丸瓦が存在することは、他の国守在任時のものがあったとしても、百済王敬福の国守在任とまったく無縁ではなかろう。

壱岐島分寺に関しては、政府から派遣された官人が誰であったか明らかにしがたいが、伊予国と同じような状況のもとに寺の造営工事が進められたものと考えられるのである。

平城宮系軒瓦をもつ国分寺でまず取り上げねばならないのは、上総国分寺であろう。国分寺造営期の上総国守には、さきに名前の出てきた百済王敬福がいる。彼が上総国守だった期間は天平十八年九月からの数か月間であり、直接その指揮にあたったかどうか明らかでないが、すでに述べたように、国守として赴任した七か国のうち六か国の国分寺に平城宮と同じ文様をもつ軒瓦が見られることには、やはり注目しなければならない。上総国分寺の軒瓦のうち、軒丸瓦、軒平瓦それぞれ二種ずつに平城宮系のものが見られる。重圏文軒丸瓦や重郭文軒平瓦は、難波宮の軒瓦としてよく知られているが、上総国分寺のものは、たとえば重圏文軒丸瓦の中心に一個の珠点をもつもので、これは平城宮所用の重圏文軒丸瓦の特徴なのであり、平城宮では聖武朝の頃に属するものである。

他の一種、蓮華文軒丸瓦も聖武朝朝堂院で多用されたものと同じ文様を飾っている。それと組み合う軒平瓦は、平城宮での使用官衙が特定できないものであるが、均整唐草文の中心飾りがきわめて特徴的な形を示し、唐草文は左右四回反転である。四回反転の均整唐草文軒平瓦は、奈良時代を通じてもさほど多いものではない。おおむね三回反転である。そうした特徴をもつ平城宮系軒瓦が上総国分寺で使われていることは、明らかに中央政府から技術提供があったことを示している。

平城宮（上）と駿河国分寺（下）の軒瓦

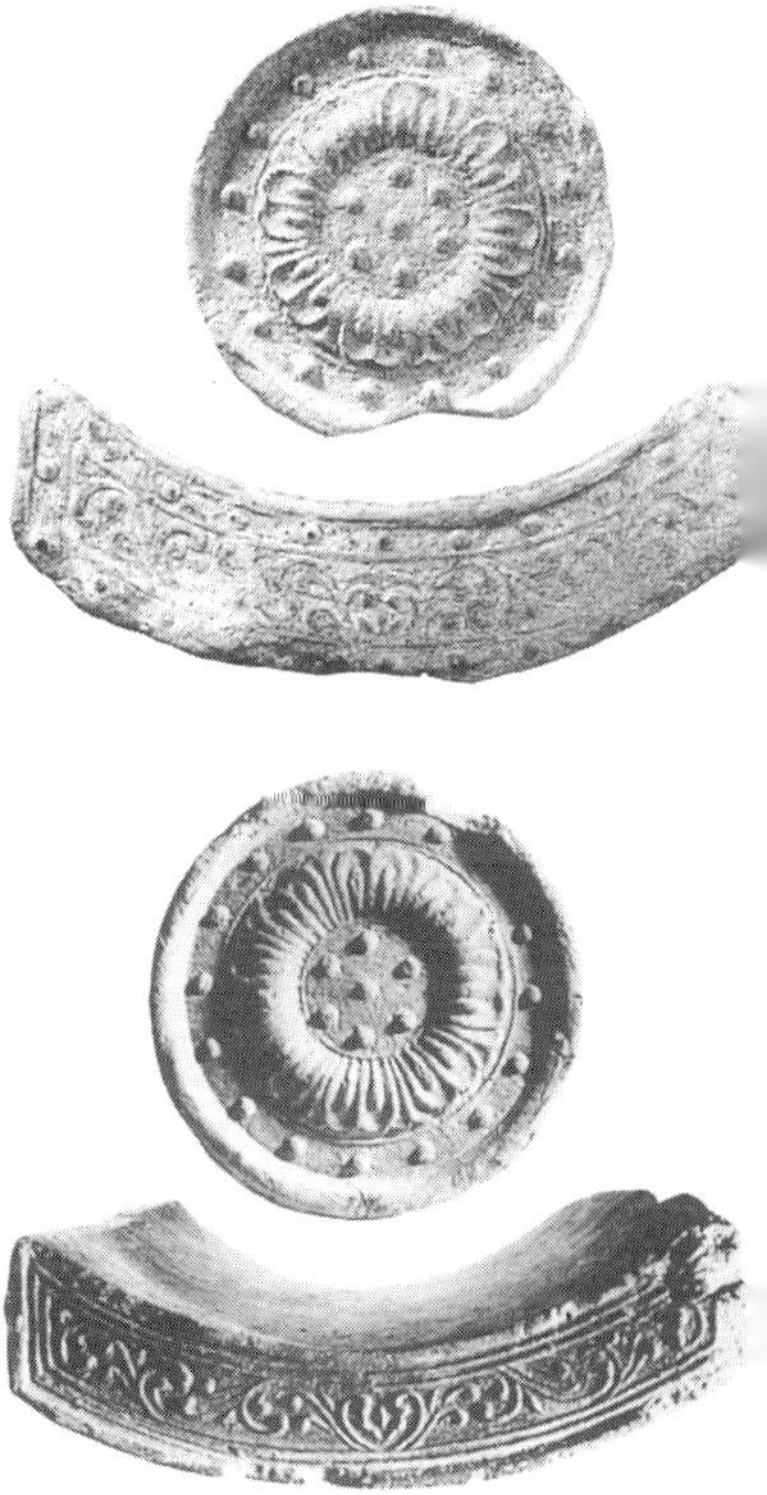

東大寺の軒丸瓦（上）とまったく同じ文様を飾った信濃国分寺の軒丸瓦（下）信濃国分寺の軒平瓦とほとんど同じ文様の軒平瓦も平城宮や法華寺から出土している

駿河国分寺（静岡市大谷片山）の軒瓦も明らかに平城宮系の瓦当文様を用いている。軒丸瓦はその目で見れば、という程度であるが、軒平瓦は平城宮第二次朝堂院で用いられたものの一つにそっくりである。朝堂院所用の軒平瓦の中に文様を彫り間違ったものがある。彫り間違ったというより、文様の下図が描かれた時に間違えられたのであろう。その文様は、花頭形中心飾りの左右に三回反転の唐草文を置き、外区に圏線をめぐらせたものであるが、注意して見ると、向かって左第二単位唐草文の支葉が逆向きなのである。主葉と同じように上向きに巻き込まねばならないのに、下向きに巻き込まれているのである。平城宮では、よく似た文様のものがいくつか使われているので、下図を描いているときについ間違えてしまったのであろう。そして瓦当笵を彫る時に、そのことに気がつかずそのまま彫ってしまったに違いない。

駿河国分寺の、これとよく似た軒平瓦を見ると、間違えられた逆向きの唐草文支葉が向かって右第二単位にあらわれている。平城宮のこの軒平瓦の文様を写しとって、それによって瓦当笵を作れば文様は左右反転してあらわれることになる。おそらく、このようなことがあったに違いない。これも技術の伝播を示す一つと言えようが、この場合、むしろ駿河国での国分寺造営工事の多くの面で技術援助が行なわれたと考えるべきであろう。

ところで、駿河国分寺でそのような形で平城宮との関係が認められるということは、駿河国での国分寺造営工事がかなり遅れていたことを示すものといえよう。そのような状況であったからこそ、中央政府がいわばテコ入れをしたのである。多少憶測めいたことを述べると、駿河国に在任した国守の中に阿倍朝臣小嶋がいる。天平宝字七年（七六三）に正四位下に進んでおり、かなりの高官である。その阿倍子嶋が天平勝宝五年（七五三）四月に駿河守に任ぜられており、この時に国分寺造営に必要な技術等を駿河国にもたらしたのではないかと考えるのである。それというのは、天平十九年（七四七）十一月に国分寺造営督促の詔が出されており、その詔によって阿倍子嶋が石川朝臣年足、布勢朝臣宅主とともに道を分かってそれぞれの寺地を検定し、工事の状況を視察しているのであるが、駿河国分寺の造営工事がその時はかばかしくなく、数年を経ても進まなかったということで阿倍子嶋が国守として派遣され、その時に多くの技術がもたらされ、それが軒平瓦の文様にあらわれているのではないかと考えるのである。

このように、中央政府からの技術援助があり、そこでの技術向上が次の段階で他の国に及ぼされるということもあった。そのようなことも瓦当文様から推察することができる。同じ駿河国分寺出土軒平瓦で見てみると、段階を踏んで文様が変化していく状況をうかがうことができる。駿河国分寺に限ったことではないが、造営に際しては当然のことながら瓦当笵一個だけでは軒平瓦の必要量をまかないきれないから、

駿河国分寺からの文様の変化を示す近隣各国分寺の軒平瓦　1・2 駿河，3 飛騨，4 三河，5 越中，6 尾張

さらに瓦当笵を作ることになる。その際、さきに述べたような唐草文様が左右対称でないことに気がついたのではなかろうか。そして左右第二単位の支葉を同じ方向の巻き込みにした。ところが誤った巻き込みの方に合わせてしまった。さらに瓦当笵を作り加えた際には、中心飾りを天地逆にしてしまった。要するに、唐草文様の本来の意味が理解されていないのである。駿河国分寺の軒平瓦を観察すると、その時間的な差がどの程度あるのか明らかではないが、瓦当笵製作の順序がわかるのである。

駿河周辺の国々の国分寺で使われた軒平瓦の文様を見ると、三河、尾張、飛驒、越中等の国々で均整唐草文軒平瓦の中心飾りが天地逆転した文様になっている。それらの国々で偶然同じような文様が考案されたとは考えにくい。おそらく駿河でそのような文様をもつ軒平瓦が作られた際に、駿河で養成された各種の工人が三河をはじめとする国々に送り出された結果なのであろう。その結果が瓦当文様にあらわれているると考えるのである。それらの国々へ一斉に送り出されたのか、順を追って工人が移動していったのか、あるいは駿河へ各国々から工人が派遣されてきて、そこで技術を習得したという場合も考えられるが、そのあたりの状況はわからない。いずれにせよ、そのような形での技術の伝播があったことは確実である。

中央政府からの技術伝播に際して、技術が国守直接でなくその地域の豪族に伝えられ、彼らが国分寺造営に協力したという形も瓦から見受けられる。それらは備前国や備中国に顕著なのであるが、駿河国分寺で述べたと同じ平城宮第二次朝堂院所用軒瓦の瓦当文様に酷似した軒瓦が、それぞれの国内の各地に見られるのである。備中ではそうした状況が特に顕著であり、国分二寺以外の十三か所の寺跡からそうした文様をもつ軒瓦が出土している。なかには、国分二寺との同笵品が出土している寺跡もある。備中国内の各豪族が国分寺造営事業に深く関わったこと、そしてそれが天平十九年十一月詔の反映であるようにうかがわれるのである。

註

はじめに

（1）佐原真「平瓦桶巻作り」（『考古学雑誌』五八—二、三〇頁、一九七二年）
大脇潔「研究ノート　丸瓦の精査記技術」（奈良国立文化財研究所『研究論集』IX、一頁、一九九一年）

第I部

第一章　瓦の効用

（1）このようなものだけではなく、丸瓦と平瓦を組合わせて一体の瓦とした本瓦葺用の瓦、桟瓦でも葺き重ねの部分に二重の溝を設け排水をスムーズにしたものなど、多くの工夫がなされている。
（2）E・Sモース／石川欣一訳『日本その日その日』2（東洋文庫一七二、六三頁、一九七〇年）、モースは瓦の研究者でもあり、一八九二年にその成果を発表している。
（3）奈良国立文化財研究所「飛鳥寺発掘調査報告」（『同研究所学報』五、三四頁、一九五八年）
（4）大川清「上総光善寺廃寺」（『古代』二四、一頁、一九五七年）
（5）奈良国立文化財研究所「川原寺発掘調査報告」（『同研究所学報』九、三七頁、一九六〇年）
（6）石田茂作『古瓦図鑑　解説』五頁、一九三八年
（7）中尾正治「八幡近郊と南山城地域で名を残した瓦師」（『京都考古』六九、一頁、一九九三年）
杉本宏「瓦師源左衛門と桟瓦」『京都考古』七一、一頁、一九九三年）
京都市『京都の歴史』五、五七〇頁、一九七二年
（8）奈良県教育委員会『重要文化財法隆寺西院大垣（南面）修理工事報告書』、一九七四年

（9）国立扶余博物館『国立扶余博物館』図録八三頁、一九九四年

（10）石松好雄「瓦・塼の笵型彫直しについて」（九州歴史資料館『研究論集』一九、六三頁、一九九四年）

（11）毛利光俊彦「日本古代の鬼面文鬼瓦――8世紀を中心として」（奈良国立文化財研究所『研究論集』Ⅵ、四二頁、一九八〇年）

山本忠尚「鬼瓦」（『日本の美術』三九一、一九九八年）

（12）毛利光俊彦、前掲註11に同じ

（13）木村捷三郎「本邦に於ける堤瓦の研究　附所謂鬼板の始源について」（『仏教考古学論叢』『考古学評論』三、五二頁、一九四一年）

（14）「西大寺流記資財帳」（『寧楽遺文』中、三九五頁、一九六二年）

（15）大垣市教育委員会『史跡美濃国分寺跡発掘調査報告』九頁、一九七八年

（16）奈良国立文化財研究所「平城宮跡発掘調査報告」Ⅶ（『同研究所学報』二六、七二頁、一九七六年）

（17）上田市教育委員会『信濃国分寺跡』三六頁、一九六五年

（18）奈良国立文化財研究所飛鳥資料館『日本古代の鴟尾』、一九八〇年

大脇潔「鴟尾」（『日本の美術』三九二、一九九九年）

（19）沢村仁「瓦」（『奈良六大寺大観、十二、唐招提寺　一』四三頁、一九六九年）

（20）「西大寺流記資財帳」前掲註14に同じ

（21）大脇潔「鴟尾」（『日本の美術』三九二、二二図、一九九九年）

（22）「大安寺伽藍縁起幷流記資財帳」（『寧楽遺文』中、三六六頁、一九六二年）

（23）「造石山院用度帳」（『大日本古文書』十六、二五四頁）

この文書は『大日本古文書』では石山院となっているが、法華寺阿弥陀浄土院造営関係のものであることが明らかにされている。福山敏男「奈良時代に於ける法華寺の造営」（『日本建築史の研究』二〇七頁、一九四三年）

（24）藤原実資の日記『小右記』の万寿二年（一〇二五）八月十二日を見ると、藤原道長が豊楽殿の大棟にのっていた鉛製の鴟尾のうち一基を降ろし、木製の鴟尾に替えたことが記されている。それは、道長が新たに建立していた法成寺の屋

根に緑釉の瓦をのせるために、その発色剤として鉛が欲しかったのだという意味のことが記されている。しかし、同年九月二十七日の日記には、そのことは誤って伝えられたようだと記されている。道長が建立し、治安二年（一〇二二）に落慶供養が営まれた法成寺金堂の屋根が「宝楼の真珠の瓦あをくふき」と『栄華物語』にある。このようなところから、豊楽殿の鉛製鴟尾が道長によって降ろされたと伝えられたものであろう。『大日本古記録　小右記七』一一九・一三五頁、一九七三年

(25) 真言宗総本山東寺「瓦」（『新東宝記　東寺の歴史と美術』二〇五頁、一〇六図、一九九五年）

(26) 大阪府教育委員会「河内新堂・烏含寺の調査」（『大阪府文化財調査報告書』十二、二〇頁、一九六一年）

(27) 稲垣晋也「和歌山県下出土の新資料三例」（『仏教芸術』一四二、五七頁、一九八二年）

(28) 法隆寺『法隆寺防災施設工事・発掘調査報告書』一三五頁、一九八五年
奈良国立文化財研究所「薬師寺発掘調査報告」（『同研究所学報』四五、一四六貞、一九八七年）

(29) 一例をあげると

「南大門ノヲイツクリ
合四千八百枚ノ内
衾瓦　六月廿三日ヨリハシマル
七月廿三日瓦大工寿王三郎
永享十戊午年七月廿三日
ハシメノ瓦ワ永享八年六月六日ヨリハシマル
ヲナシキ十二月マテツクルナリコノフスマ瓦ワ
ノチノヲイツクリノ瓦ナリコノ土ワシキタウノ
マエノツチナリ七月廿三日」

がある。
奈良国立文化財研究所『法隆寺文字瓦銘文集成』二九頁、一九七二年

(30) 「年中絵巻」には、第一巻の朝覲行幸で天皇が紫宸殿から出御する情景の中に檜皮葺き回廊が描かれており、その大

棟は下甍である。これをはじめとして、いくつかの場面にそのような屋根が描かれている（角川書店『日本絵巻物全集』二四、三九頁、一九六八年）。また、「石山寺縁起絵」などにも下甍が描かれている場面がある（『同全集』二二、五三頁、一九六六年）。

(31) 奈良国立文化財研究所「平城宮跡発掘調査報告」Ⅶ（『同研究所学報』二六、七一頁、一九七六年）

(32) 京都府教育委員会『奈良山　平城ニュータウン予定地内遺跡調査概報』Ⅲ、二四頁、一九七七年

(33) 「丹裏古文書」（『大日本古文書』二五、一二九・一三五・一四二頁）

(34) 沢村仁「瓦」、前掲註19に同じ

(35) 吉田恵二・岡本東三「中山瓦窯」（『奈良国立文化財研究所年報』一九七三、三〇頁、一九七四年）

(36) 福山敏男氏は「木瓦葺なる名称に就いて」で、本瓦葺きのことを木瓦葺きと称したのではないかと述べている（『夢殿　綜合古瓦研究一』十八、二四三頁、一九三八年）。

(37) 同氏「再び木瓦葺に就いて」（『夢殿　綜合古瓦研究二』十九、二九九頁、一九三九年）

(38) 森郁夫「天人塼・鳳凰塼」（『日本の古代瓦』七九頁、一九九一年）

(39) 会津八一「古瓦の名称について」（『考古学雑誌』二二―一二、一頁、一九三二年）

瓦の名称について述べられたものを、以下にいくつかあげる。

足立康「軒瓦の名称に就いて」（『夢殿　綜合古瓦研究一』十八、八三頁、一九三八年）、「再び軒瓦の名称に就いて」（『夢殿　綜合古瓦研究二』十九、二八九頁、一九三九年）、「三たび軒瓦の名称に就いて」（『考古学雑誌』三〇―三、七七頁、一九四〇年）、「四たび軒瓦の名称に就いて」（『考古学雑誌』三〇―一〇、五五頁、一九四〇年）

石田茂作「古瓦概説」（『古瓦図鑑』解説、一頁、一九三〇年）、「本邦古瓦に就いて」（『夢殿　綜合古瓦研究二』十九、一頁、一九三九年）、「古瓦研究の意義と名称」（奈良国立博物館『飛鳥白鳳の古瓦』一九三頁、一九七〇年）

久保常晴「古瓦名称の変遷」（『考古学雑誌』三〇―八、二四頁、一九四〇年）、「再び古瓦名称の変遷に就いて」（『立正史学』十四、一九五〇年）　いずれも『仏教考古学研究』（一九七六年）に再録。

(40) 加藤優「一九七六年度発見の平城宮木簡」（『奈良国立文化財研究所年報』一九七七、三八頁、一九七七年）

(41) 「造東大寺司牒」（『寧楽遺文』中、四六三頁、一九六二年）

（42）元興寺仏教民俗資料研究所『元興寺古瓦調査報告書』二〇頁、一九七三年。なお、「男」に関しては「田マ」の可能性もあるとされている。
（43）「大日本古文書」十六、二八五頁
（44）「西大寺資財流記帳」（『寧楽遺文』中、三九五頁、一九六二年）
（45）藤沢一夫「屋瓦の変遷」（『世界考古学大系』四、日本Ⅳ、七一頁、一九六一年）
（46）「大日本古文書」十六、二九三頁

第二章　瓦の歴史

（1）町田章「中国の都城」（『日本歴史考古学を学ぶ』上、三四頁、一九八三年）
（2）中国科学院考古研究所編著「澧西発掘調査報告」（『中国田野考古報告集、考古学叢刊』丁種十二、二六頁、一九六二年）
（3）竹島卓一『営造法式の研究』三、七六頁、一九七二年
（4）国立慶州博物館『新羅瓦塼』展図録、七九八図、二〇〇〇年
（5）国立公州博物館『国立公州博物館図録——公州博物館と公州の遺蹟』七三図、一九八一年
（6）亀田修一「百済古瓦考」（忠南大学校『百済研究』十二、八七頁、一九八一年）
（7）永享八年（一四三六）から始められた法隆寺南大門や嘉吉元年（一四四一）に始められた瑞花院（吉楽寺）本堂の工事の際に作られた平瓦に「ハコイタヒラ」「カカリ」と記しているものがこれと考えられる（「法隆寺瓦塼銘文集成」『法隆寺の至宝　瓦　昭和資材帳』十五、四六五頁、天沼俊一『日本建築史図録　室町』四七一頁、一九六八図、一九三七年）
（8）「元興寺伽藍縁起幷流記資財帳」（『寧楽遺文』中、三八八頁、一九六二年）
（9）奈良国立文化財研究所「飛鳥寺発掘調査報告」（『同研究所学報』五、三五頁、一九五八年）
（10）太宰府町教育委員会「神ノ前窯跡　福岡県筑紫郡太宰府町吉松所在窯跡の調査」（『太宰府町文化財調査報告書』二、三六頁、一九七九年）

(11)「滑川村寺谷廃寺」(埼玉県史編さん室『埼玉県古代寺院跡調査報告書』六五頁、一九八二年)

坂野和信「日本仏教導入期の特質と東国社会――その歴史的背景と変革について」(『埼玉考古』三三、一〇五頁、一九九七年)

(12)天理市教育委員会『平等坊・岩室遺跡 第八次発掘調査概要』、一九九一年

(13)森郁夫「瓦当文様に見る古新羅の要素」(京都国立博物館『畿内と東国の瓦』二一五頁、一九九〇年)

(14)奈良国立文化財研究所「飛鳥・藤原宮発掘調査報告」I(『同研究所学報』二七八三頁、一九七六年)

奈良県立橿原考古学研究所附属博物館『7世紀後半の瓦づくり』展図録、一九九九年

(15)『寧楽遺文』上、二二九・二三五頁、一九六二年

(16)「瓦とその生産」(朝日新聞社『発掘10周年記念 埋もれていた奈良の都 平城宮展』、一九六九年)

(17)「類聚三代格 巻四 加減諸司官員幷廃置事」(『国史大系 類聚三代格 前編』一六六頁、一九八〇年)

(18)『寧楽遺文』下、八七四頁、一九六二年

(19)「山田寺第二次(金堂・北面回廊)の調査」(奈良国立文化財研究所『飛鳥・藤原宮発掘調査概報』九、四〇頁、一九七九年)

「重弧文」は、軒平瓦に施される文様の一種であり、瓦当面に二重以上の弧をあらわした文様である。多くの場合、三重ないし四重である。

(20)法隆寺『法隆寺防災施設工事・発掘調査報告書』一八三頁、一九八五年

(21)森郁夫「若草伽藍の瓦」(『日本の古代瓦』二九頁、一九九一年)

(22)奈良国立文化財研究所「川原寺発掘調査報告」(『同研究所学報』九、三二頁、一九六〇年)

(23)「大官大寺の調査」(奈良国立文化財研究所『飛鳥・藤原宮発掘調査概報』五、二七頁、一九七五年)

(24)静岡県磐田市教育委員会『遠江国分寺の研究』三五頁、一九六二年

平野吾郎「遠江・駿河における屋瓦と寺院」(『静岡県史研究』六、一〇頁、一九九〇年)

(25)静岡県埋蔵文化財研究所「国分寺・国府台遺跡」(『静岡県文化財調査報告書』四三、一九九〇年)

(26)森郁夫「国分寺初期の様相」(法政大学出版局『日本古代寺院造営の研究』二七八頁、一九九八年)

(27) 鳥取県淀江町教育委員会「上淀廃寺」(『淀江町埋蔵文化財調査報告書』三五、一一四頁、一九九五年)

第II部

第一章　瓦の生産

(1) 『寧楽遺文』中、三八八頁、一九六二年
(2) 『大日本古文書』五、一二五頁
(3) 『大日本古文書』五、一八八頁
(4) 「木工寮　作瓦」(『国史大系　延喜式』七九一頁)
(5) 加藤優「一九七六年度出土の木簡」(『奈良国立文化財研究所年報』一九七七、三九頁、一九七七年)
(6) 「木工寮　人担」(『国史大系　延喜式』七九三頁)
(7) 大脇潔「研究ノート　丸瓦の製作技術」(奈良国立文化財研究所『研究論集』IX、六頁、一九九一年)
(8) 大分県教育委員会「法鏡寺跡・虚空蔵寺跡――大分県宇佐市における古代寺院跡の調査」(『大分県文化財調査報告』二六、六五頁、一九七三年)
(9) 太宰府町教育委員会「神ノ前窯跡　福岡県筑紫郡太宰府町吉松所在窯跡の調査」(『太宰府町文化財調査報告書』二、三七頁、一九七九年)
(10) 宋應星撰　藪内清訳注「天工開物」(『東洋文庫』一三〇、一四六頁、一九六九年)
(11) 「山田寺第五次調査(東回廊)」(奈良国立文化財研究所『飛鳥・藤原宮発掘調査概報』十四、六九頁、一九八四年)
(12) 木村捷三郎「平安中期の瓦についての私見」(『造瓦と考古学』一五九頁、一九八四年)
(13) 林博通「いわゆる一本造りあぶみ瓦について」(『史想』十七、一頁、一九七五年)
(14) 国分寺市教育委員会『武蔵国分寺跡調査報告――昭和三十九～四十四年度』第六図版一六五、一九八七年
(15) 山本半蔵編『佐渡国分寺古瓦拓本集』図四・七など、一九七八年
(16) 森郁夫「瓦の製作技法」(『古代史発掘』十、五九頁、一九七四年)
(17) 『大日本古文書』四、三七二頁

(18) 『大日本古文書』十六、三〇八頁
(19) 『大日本古文書』十六、二七三頁
(20) 『大日本古文書』二、四七三頁
(21) 『大日本古文書』二、四二八頁
(22) 註5に同じ
(23) 『大日本古文書』十六、二七九頁
(24) 「木工寮　車載」(『国史大系　延喜式』七九三頁)
(25) 「上人ケ平遺跡」(京都府埋蔵文化財センター『京都府遺跡調査概報』四十、四一頁、一九九〇年)
(26) 宇治市教育委員会「隼上り瓦窯跡発掘調査概報」(『宇治市埋蔵文化財発掘調査概報』三、六四頁、一九八三年)
(27) 名神高速道路内遺跡調査会「梶原瓦窯跡発掘調査報告書」(『名神高速道路内遺跡調査報告書』三、二八頁、一九七七年)
(28) 滋賀県教育委員会『榿木原遺跡発掘調査報告 Ⅲ──南滋賀廃寺瓦窯(本文編)』八四頁、一九八一年
(29) 宋應星撰　藪内清訳注『天工開物』(東洋文庫一三〇、一四七頁、一九六九年)
(30) 奈良県教育委員会『奈良山 Ⅲ 平城ニュータウン予定地内遺跡調査概報』三三頁、一九七九年
その後の調査によって、音如ケ谷瓦窯の製品は法華寺そのものに供給されたことが確認されている。奥村茂輝「木津の瓦窯跡群出土の瓦」(木津町『シンポジウム木津町の古代瓦窯』一八頁、二〇〇〇年)
(31) 吹田市教育委員会『七尾瓦窯跡(工房跡)──都市計画道路千里丘豊津線工事に伴う発掘調査報告書2』七四頁、一九九九年
(32) 伊藤久嗣「三重県川原井瓦窯跡」(日本考古学協会『日本考古学年報』三三、一九八〇年度版、一九五頁、一九八三年)
(33) 坂詰秀一編『武蔵荒久窯跡』五六頁、一九七一年
(34) 吹田市教育委員会『吉志部瓦窯跡(工房跡)──都市計画道路千里丘豊津線工事に伴う発掘調査報告書1』九四頁、一九九八年

(35) 南孝雄・網伸也「上ノ庄田窯跡」(『平成八年度　京都市埋蔵文化財調査概要』六六頁、一九九八年)
(36) 「本薬師寺の調査」(『飛鳥・藤原宮発掘調査概報』二六、七〇頁、一九九七年)
(37) 松村恵司「百万塔調査の成果と課題」(『伊珂留我　法隆寺昭和資財帳概報』八、二〇頁、一九八八年)
(38) 中華書局出版『通典　巻二七　職官九　将作監』七六二頁、一九八八年
(39) 森郁夫「古代の瓦窯」(『仏教芸術』一四八、九五頁、一九八三年)
(40) 上田三平「三井瓦窯址」(文部省『史蹟調査報告』七、一頁、一九三五年)
(41) 田中重久「平隆寺創立の研究」(『聖徳太子御聖蹟の研究』三九四頁、一九四四年)
(42) 泉南市教育委員会『海会寺　海会寺遺跡発掘調査報告書──本文編』四〇頁、一九八七年
(43) 三野町教育委員会『宗吉窯跡』八頁、一九九二年
(44) 宇野信四郎「東京都南多摩郡稲城村大丸瓦窯跡発掘調査概報」(『歴史考古』九・十合併号、三三頁、一九六三年)
(45) 京都市文化観光局・京都市埋蔵文化財研究所『昭和六十年度　栗栖野瓦窯跡発掘調査概報』一〇頁、一九八五年
(46) 京都市埋蔵文化財調査センター『ケシ山窯跡群発掘調査概要報告』一七頁、一九八五年
(47) 「二二一九　寺谷瓦窯跡」(静岡県『静岡県史　資料編2　考古二』八八二頁、一九七七年)

第二章　瓦当文様の創作

(1) パルメットやパルメット唐草文のことを、忍冬文や忍冬唐草文と呼びならわしている。パルメットはもともと扇状に広がった棗椰子の葉が図案化されたものであるが、これに植物の茎や蔓による唐草文が結びついてパルメット唐草文となった。飛鳥時代の資料に見られるこうした文様を忍冬唐草文と呼ぶのは、その形が忍冬すなわちすいかずらに似ているところから名付けられたものである。厳密には忍冬、忍冬唐草文の名称は誤りであるが、すでに定着している用語なので、本書ではしばしば使っている。
(2) 軒瓦の文様部、すなわち瓦当部の作製は、文様を彫った型に粘土を詰めて作製する。その型を瓦当笵と呼んでいる。わが国古代に作られた瓦当笵は、文様面にあらわれた痕跡から、遺存例は見られないがおおむね木型と考えられている。
(3) 「木工寮　車載」(『国史大系　延喜式』七九四頁)

(4) 関野雄「中国歴代の瓦当笵」(『古文化談叢』二六、七三頁、一九九一年)
(5) 斉木勝「瓦当笵一例——千葉県栗源町コジヤ遺跡出土資料」(『考古学雑誌』七三—二、一〇五頁、一九八七年)
(6) 京都国立博物館『畿内と東国の瓦』二四七図、一九九〇年
(7) 大阪府教育委員会『新堂廃寺発掘調査概要』図版二四、一九九六年
(8) 奈良国立文化財研究所「平城宮発掘調査報告 IX」(『同研究所学報』三四、九一頁、一九七八年)
(9) 星野猷二「鐙瓦製作と分割型」(『考古学雑誌』六七—二、四一頁、一九八一年)
毛利光俊彦「軒丸瓦の製作技術に関する一考察——笵型と枷型」(京都国立博物館『畿内と東国の瓦』一六一頁、一九九〇年)
(10) 大阪府教育委員会『新堂廃寺発掘調査概要 II』四九頁、一九九七年
(11) 広島県立埋蔵文化財センター『明官地廃寺跡——第三次発掘調査概報』一三・二五頁、一九八九年

第三章　文字や絵のある瓦

(1) 前橋市教育委員会『山王廃寺第六次発掘調査報告書』三八頁、一九八〇年
(2)『寧楽遺文』下、九六四頁、一九六二年
(3) 茨城県教育委員会『常陸台渡廃寺・下総結城八幡瓦窯跡』四〇頁、一九六四年
(4) 高井悌三郎『常陸国新治郡上代遺跡の研究』五〇頁、一九四四年
(5) 小牧市教育委員会『大山廃寺発掘調査報告書』三二頁、一九七九年
(6) 小川貴司『厚見中林寺・柄山窯跡の研究』二〇五頁、二〇〇〇年
(7) 広島県立埋蔵文化財センター『明官地廃寺跡——第三次発掘調査概報』一三頁、一九八九年
少し付け加えておくと、寺の名を記した資料に墨書土器や木簡がある。いくつかあげておこう。茨木廃寺、ここからはそのものずばりの「茨木寺」と記した土師器が出土している。高井田廃寺(大阪府柏原市)は昔から鳥坂寺の別名をもっていたのだが、発掘調査によって、「鳥坂寺」と記した土師器が出土した。また大御堂廃寺(鳥取県倉吉市)からは「久米寺」と記した土師器が出土し、この大御堂廃寺が伯耆国久米郡を代表する寺であったことが明らかにされた。

この地域には伯耆国庁や伯耆国分寺が営まれた。

(8) 林博通「穴太廃寺」(『近江の古代寺院』一五一頁、一九八九年)

(9) 羽曳野市教育委員会『野中寺　塔跡発掘調査報告』八二頁、一九八六年

(10) 鳥取県淀江町教育委員会「上淀廃寺」(『淀江町埋蔵文化財調査報告書』三五、一一四頁、一九九五年)

(11) 堺市立埋蔵文化財センター「神亀四年　最古の紀年銘軒丸瓦出土——大野寺」(『堺市立埋蔵文化財センター報』一頁、一九九九年)。その後の調査によって接合できる資料が出土し、このことが確実となった(堺市教育委員会『シンポジウム土塔——甦る古代のモニュメント』二八頁、二〇〇〇年)

(12) 滋賀県教育委員会「大津市瀬田堂ノ上遺跡調査報告　II」(『昭和五十年度滋賀県文化財調査年報』九頁、一九七七年)

(13) 関野貞「瓦」(『考古学講座』五・六、二四〇頁、一九二八年)

(14) 大脇潔「忘れられた寺——青木廃寺と高市皇子」(『翔古論聚——久保哲三先生追悼論文集』三二七頁、一九九三年)

(15) 角田文衛「山背国分寺」(『国分寺の研究』上、四九六頁、一九三八年)

(16) 藤沢一夫「造瓦技術の進展」(『日本の考古学』VI　歴史時代(上)、二九四頁、一九六七年)

(17) 京都府教育委員会『恭仁宮跡発掘調査報告　瓦編』九〇頁、一九八四年

(18) 奈良県教育委員会『国宝東大寺法華堂修理工事報告書』四二頁、一九七二年

(19) 田中重久『高麗寺阯発掘調査報告』(『聖徳太子御聖蹟の研究』四五六頁、一九四四年)

(20) 森浩一「大野寺土塔と人名瓦について」(『文化史学』十三、八一頁、一九五七年)

近藤康司「和泉大野寺の造瓦集団と知識集団」(『瓦衣千年』五五四頁、一九九九年)

(21) 田熊清彦・田熊信之『下野国河内郡内出土の古瓦』七頁、一九八〇年

(22) 高井悌三郎『常陸台渡廃寺・下総結城八幡瓦窯跡』四〇頁、一九六四年

(23) 大川清『武蔵国分寺古瓦塼文字考』、一九五八年

石村喜英『武蔵国分寺の研究』、一九六〇年

(24) 宮城県教育委員会『多賀城跡調査報告I　多賀城廃寺跡』九六頁、一九七〇年

(25)「藤原宮第二十次(大極殿北方)の調査」(奈良国立文化財研究所『飛鳥・藤原宮発掘調査概報』八、一二頁、一九七八年)
(26) 近藤喬一「平安京古瓦概説」(平安博物館『平安京古瓦図録』三三五頁、一九七七年)
(27) 森郁夫「平城宮の文字瓦」(奈良国立文化財研究所『研究論集』Ⅳ、八二頁、一九八〇年)
(28) 山城町教育委員会「史跡　高麗寺跡」(『京都府山城町埋蔵文化財調査報告書』七、第一一三図、一一四頁、一九八九年)
(29) 山本半蔵『佐渡国分寺古瓦拓本集』巻末挿図、一九七八年
(30) 朝日新聞社『天平の地宝』二八三図・解説七八頁、一九六一年
(31) 名神高速道路内遺跡調査会「梶原瓦窯跡発掘調査報告書」(『名神高速道路内遺跡調査報告書』三、一一三頁、一九七七年)
(32) 石村喜英『武蔵国分寺の研究』七一図、一九六〇年
(33) 法隆寺『法隆寺防災工事・発掘調査報告書』一三六頁、一九八五年
(34) 石田茂作『飛鳥時代寺院址の研究』図版三〇九—一七、一九三六年

第四章　技術の伝播

(1) 八木久栄「難波宮下層遺跡　瓦類」(大阪市文化財協会『難波宮址の研究』八、一一六頁、一九八四年)
(2) 森郁夫「四天王寺造営の諸問題」(『帝塚山大学人文科学部紀要』創刊号、二二頁、一九九九年)
(3) 広島県教育委員会『安芸横見廃寺の調査』Ⅰ、二二頁、一九七二年
(4) 吉田町教育委員会『明官地廃寺跡試掘調査概要』一八頁、一九八六年
「左京六条三坊西北坪の調査(第三七—七次)」(奈良国立文化財研究所『飛鳥・藤原宮発掘調査概報』十四、三〇頁、一九八四年)
「左京六条三坊の調査(第四五・四六次)」(『同調査概報』十六、二三頁、一九八六年)
(5) 泉南市教育委員会『海会寺　海会寺跡発掘調査報告書——本文編』一四七頁、一九八七年

（6）森郁夫「古代寺院をめぐる諸問題」（『日本古代寺院造営の研究』三八六頁、一九九八年）
（7）森郁夫「紀氏の寺」（『日本の古代瓦』二三四頁、一九九一年）

参考文献

【あ】
天沼俊一『家蔵瓦図録』一九一八年（田中平安堂）
――『続家蔵瓦図録』一九二六年（田中平安堂）
安藤文良『古瓦百選――讃岐の古瓦』一九七四年（美巧社）
井内古文化研究室『東播磨古代瓦聚成』一九九〇年（真陽社）
鵤故郷舎「綜合古瓦研究」（『夢殿』一八、一九三八年）
――「綜合古瓦研究　第二分冊」（『夢殿』一九、一九三九年）
石田茂作『古瓦図鑑』一九三〇年（大塚巧芸社）
――『伽藍論攷』一九四八年（養徳社）
――・原田良雄『内藤政恒先生蒐集　東北古瓦図録』一九七四年（雄山閣出版）
井上新太郎『本瓦葺の技術』一九七四年（彰国社）
稲垣晋也「古代の瓦」（『日本の美術』六六、一九七一年、至文堂）
茨城県立歴史館『茨城県における古代瓦の研究』一九九四年
岩井孝次『古瓦集英』一九三七年（岩井珍品屋）
上原真人「蓮華紋」（『日本の美術』三五九、一九九六年、至文堂）
――「瓦を読む」（『歴史発掘』十一、一九九七年、講談社）
大川清「武蔵国分寺古瓦・文字考」（『早稲田大学考古学研究室報告』五、一九五八年）
――『かわらの美』一九六六年（社会思想社）

――『日本の古代瓦窯』一九七二年（雄山閣出版）
大脇潔「鴟尾」（『日本の美術』三九二、一九九九年、至文堂）
小笠原好彦他『近江の古代寺院』一九八九年（真陽社）
岡本東三『東国の古代寺院と瓦』一九九六年（吉川弘文館）
小谷城郷土館『和泉古瓦譜』一九九七年（オカムラデザインプロ）

【か】

加藤亀太郎『甍の夢――或る瓦職の技と心』一九九一年（建築資料研究社）
木村捷三郎『造瓦と考古学』一九七六年（真陽社）
――・広田長三郎『古瓦図考』一九八九年（ミネルヴァ書房）
九州歴史資料館『九州古瓦図録』一九八一年（柏書房）
京都国立博物館『瓦と塼図録』一九七四年（便利堂）
――『古瓦図録』一九七五年（便利堂）
――『畿内と東国の瓦』一九九〇年（真陽社）
京都市埋蔵文化財研究所『木村捷三郎収集瓦図録』一九九六年（中西印刷株式会社）
京都府瓦技能士会『甍　京・瓦・美』一九八七年（日本写真印刷株式会社）
京都府教育委員会『恭仁宮跡発掘調査報告　瓦編』一九八四年（中西印刷株式会社）
小林章男『鬼瓦』一九八一年（大蔵経済出版）
――『続　鬼瓦』一九九一年（共同精版印刷株式会社）
小林平一『瓦に生きる――鬼瓦師小林平一の世界』一九九九年（春秋社）
小林行雄「屋瓦」（『続　古代の技術』一九六四年、塙書房）
近藤喬一『瓦からみた平安京』一九八五年（教育社）

【さ】
四天王寺『四天王寺図録　古瓦編』一九三六年（似王堂）
四天王寺文化財管理室『四天王寺古瓦聚成』一九八六年（柏書房）
島田貞彦『造瓦』一九三五年（岡書院）
鈴木敏雄『三重県古瓦図録』一九三三年（楽山文庫）
住田正一『国分寺古瓦拓本集』一九三四年（不二書房）
前場幸治『古瓦を追って　相模国分寺　千代台廃寺考』一九八〇年（誠之印刷株式会社）

【た】
田熊信之・天野茂『宇野信四郎蒐集　古瓦集成』一九九四年（東京堂出版）
田沢金吾「古瓦（奈良時代）」（『日本考古図録大成』十六、一九三三年、日東書院）
玉井伊三郎『吉備古瓦図譜』一九二九年（山陽新報社）
――『吉備古瓦図譜』二、一九四一年（合同新聞社印刷所）
坪井利弘『日本の瓦屋根』一九七六年（理工学社）
――『図鑑　瓦屋根』一九七七年（理工学社）
――『古建築の屋根――伝統の美と技術』一九八一年（理工学社）
帝塚山考古学研究所『古代の瓦を考える――年代・生産・流通』一九八六年
――『歴史考古学を考える――古代瓦の生産と流通』一九八七年
帝塚山大学考古学研究所『同研究所研究報告』I、一九九八年
――『同研究所研究報告』II、二〇〇〇年
東京考古学会『仏教考古学論叢』一九四一年（桑名文星堂）

【な】
奈良県『法隆寺出土古瓦の研究』一九二六年（便利堂印刷所）
奈良国立博物館『飛鳥白鳳の古瓦』一九七〇年（東京美術）
奈良国立文化財研究所「研究論集」IX（『同研究所学報』四九）一九九一年
奈良国立文化財研究所飛鳥資料館『日本古代の鴟尾』一九八〇年（関西プロセス）
奈良県立橿原考古学研究所附属博物館『大和考古資料目録　二一　藤原宮跡出土の軒瓦』一九九八年
――『大和考古資料目録　二三　飛鳥・奈良時代寺院出土の軒瓦』一九九八年

【は】
広瀬正照『肥後古代の寺院と瓦』一九八四年（コロニー印刷）
平安博物館『平安京古瓦図録』一九八〇年（雄山閣出版）
法隆寺『法隆寺の瓦』一九七八年（共同精版印刷株式会社）
法隆寺昭和資財帳編集委員会『法隆寺の至宝　十五　瓦』一九九一年（小学館）
星野猷二『塩澤家蔵瓦図録』二〇〇〇年（真陽社）

【ま】
三重県の古瓦刊行会『三重県の古瓦』一九九六年（光出版印刷株式会社）
向日市教育委員会『長岡京古瓦聚成』一九八七年（真陽社）
森郁夫『瓦と古代寺院』一九八三年（六興出版、後に臨川書店）
――『瓦』一九八六年（ニューサイエンス社）
――『日本の古代瓦』一九九一年（雄山閣出版）
――『続　瓦と古代寺院』一九九一年（六興出版、後に臨川書店）
――『東大寺の瓦工』一九九四年（臨川書店）

【や】
保井芳太郎『大和古瓦図録』一九二八年（鹿鳴荘）
――『南都七大寺古瓦紋様集』一九二八年（鹿鳴荘）
山本忠尚「唐草紋」（『日本の美術』三五八、一九九六年、至文堂）
――「鬼瓦」（『日本の美術』三九一、一九九八年、至文堂）
山本半蔵『佐渡国分寺古瓦拓本集』一九七八年（新潟日報事業社）

【わ】
早稲田大学考古学会「特集　古代における同笵・同系軒先瓦の展開」（『古代』九七、一九九四年）

【講座等掲載の概説】
稲垣晋也「瓦塼」（『新版仏教考古学講座』二、寺院、一九七五年、雄山閣出版）
上原真人「瓦の語るもの」（『岩波講座　日本通史』三、古代二、一九九四年、岩波書店）
大川清「瓦塼」（『新版考古学講座』七、一九七〇年、雄山閣出版）
岡本東三「屋瓦とその技法」（『日本歴史考古学を学ぶ』下、一九八六年、有斐閣）
近藤喬一「瓦の生産と流通」（『講座・日本技術の社会史』四、窯業、一九八四年、日本評論社）
関野貞「瓦」（『考古学講座』五・六、一九二八年、雄山閣）
坪井清足「瓦」（『世界建築全集』一、日本一、一九六一年、平凡社）
藤沢一夫「日鮮古代屋瓦の系譜」（『世界美術全集』二、日本二、一九六一年、角川書店）
――「屋瓦の変遷」（『世界考古学大系』四、日本Ⅳ、一九六一年、平凡社）
――「造瓦技術の進展」（『日本の考古学』Ⅵ、歴史時代、一九六七年、河出書房）
森郁夫「瓦」（『日本の建築』一、古代一、一九七七年、第一法規）

おわりに

法政大学出版局によって長い間刊行され続けられているこのシリーズ〈ものと人間の文化史〉は、「もの」を扱っている者にとって、「人間」とのかかわりを中心として書いてみたい本の一つであろう。私もその一人であった。しかし、こうしたシリーズは早くから著者が決められている場合が多くて、現在執筆中ということが常である。確か平成八年だったと思うが、このシリーズで『絵馬』と『曲物』を出しておられる帝塚山大学の岩井宏實先生（現学長）が上京された折りに、当時の編集長稲義人氏に『瓦』は計画されているのかと尋ねていただいたところ、まだ決まっていない、宜しければ書いて貰ってよい、とのことであった。

いわば、こちらから売り込んだ話であった。だから、直ちに執筆に取りかかったのだが、いざ書き始めてみると、わからないこと、知らないことがいかに多いことかと思い知らされた。現在の屋根に葺かれている瓦のことから書き始めようとしたからであろうが、ほんの僅か書いたところで進まなくなってしまった。幸い、奈良市内に住んでいるので、古い寺々の屋根を直接見る機会に恵まれている。原稿を書き始めてから西大寺や興福寺、そして東大寺に幾度足を運んだことか。そのつど新しく気づいたことがいろいろあった。逆に言えば今まで、それだけ屋根を真剣に眺めていなかったということである。

甍は関西では下甍しか見ることができないので、関東で上甍を見てみようということになって、帝塚山大学の大学院生と栃木県や群馬県に出かけたことがあった。以前国士舘大学の須田勉先生のお世話で、下野薬師寺の発掘調査に何度か招いていただいていた。その時に下野薬師寺跡にある今の安国寺のお堂を何度も見ていたはずなのに、上甍を探しに出かけたその折りに下野薬師寺跡を大学院生と訪れて、安国寺のその堂が上甍だったのには驚いた。今まで何を見ていたのだろうと反省しきりであった。その後、四国にも上甍があると学生から聞き、一緒に自動車で出かけたこともあった。

屋根の写真ぐらいはなるべく自分で写そうとしたのだったが、生来私は写真下手である。だから絞りやシャッタースピードを何段階か変えて、目標物を数コマ撮るようにしている。そうした状況なので、ついそれなりの腕をもっている学生諸君に頼むこともあった。二九頁中央にある高知城左桟瓦の写真は大学院生安村健君の、三七頁右下の鬼瓦は学部二年生池田貴之君の力作である。

さて、わが国に瓦作りの技術が伝えられてから千四百年が経過した。その間に瓦作りの技術は、いくつかの画期を経ながら少しずつ向上してきた。そして今日のような瓦屋根は、日本的な情景となっているのである。そうした技術の変化、向上は古代の瓦に限らず中世・近世の瓦をつぶさに観察することによって確かめられているのであるが、本書では「はじめに」でも述べたように、あまりそうした製作技術の面は取り上げなかった。むしろ取り上げえなかったというべきかもしれない。発掘調査によって出土する瓦の量は厖大なものであるが、そうした瓦の調査研究はきわめて細かい点にまで踏み込まれており、次々に成果が上げられている。そして製作技法に関してもきわめて高い水準で研究が進められている。そうした成果を把握して取りまとめることは今の段階では無理だと感じたからである。しかし、製作技法を中心としたものをまとめることは必要なことである。それ相当の準備を進めた上でぜひ果たしたいと考えている。

この分野の研究の進展を示すかのように、瓦に関する文献はかなりの量にのぼっている。末尾の「参考文献」では、瓦に関する単行本と講座類に見られるものを中心とし、論攷類はつとめて本文の注に入れるようにした。各地の博物館・資料館で開催される「瓦展」の図録類は、その後に大型図録として刊行されることがしばしばなので割愛した。なお、とくにお名前は記さないが、方々から写真を拝借した。厚く御礼申し上げる次第である。

本書を取りまとめるにあたっては多くの方々のお世話になった。とりわけ、編集にあたられた法政大学出版局の松永辰郎氏にはお世話になったというよりも、原稿の遅滞・図面の不足等々、御迷惑をおかけした。氏のおかげでどうやら本書を刊行することができた。厚く御礼を申し上げたい。

二〇〇一年二月二十三日

森　郁夫

索　引

【か行】

【さ行】

【な行】

【は行】

【ま行】

【や行】

【ら行】

【わ行】

主要遺跡地名一覧

【あ】

青木廃寺	奈良県桜井市橋本	206, 207
秋篠寺	奈良市秋篠町	62
飛鳥寺	奈良県高市郡明日香村飛鳥	20, 31 他
穴太廃寺	滋賀県大津市坂本穴太町	25, 204
新久瓦窯跡	埼玉県入間市新久	158
斑鳩宮跡	奈良県生駒郡斑鳩町法隆寺	112, 123, 170, 177
壱岐島分寺跡	長崎県壱岐郡芦辺町国分	261, 262
石橋廃寺	岐阜県吉城郡国府町広瀬町石橋	220, 222
伊藤田瓦窯跡	大分県中津市大字伊藤田	106
井上廃寺	福岡県小郡市井上	61
茨木廃寺	茨城県石岡市小目代	212, 220
今池瓦窯跡	奈良県生駒郡三郷町勢野	161, 235, 236
伊予国分寺跡	愛媛県今治市国分	261
岩倉幡枝窯跡	京都市左京区岩倉幡枝町	116
上野廃寺	和歌山市上野	50, 255, 256, 257
越中国分寺跡	富山県高岡市伏木	265
大浦窯跡	福岡県筑紫郡大野町大字上大利	106
大塚前遺跡	千葉県印西市小倉	151
大寺廃寺（伯耆）	鳥取県西伯郡岸本町大殿	202
大野寺土塔	大阪府堺市土塔町	205, 206, 208, 210
大御堂廃寺	鳥取県倉吉市駄経寺町	第II部第三章註 7
大山廃寺	愛知県小牧市大山	201, 202
岡寺	奈良県高市郡明日香村岡	72, 76, 181, 182
岡益廃寺	鳥取県岩美郡国府町岡益	222
小神廃寺	兵庫県龍野市揖西町小神	110
小川廃寺	滋賀県神崎郡能登町小川	110
奥山廃寺（奥山久米寺）	奈良県高市郡明日香村奥山	32, 33, 34, 169, 170
小乃瓦屋	京都市左京区上高野小野町御瓦屋の森（推定地）	179, 183
小墾田宮跡	奈良県高市郡明日香村豊浦	32

小山廃寺	三重県桑名郡多度町小山　180
尾張元興寺跡	愛知県名古屋市中区正木町　240, 241, 242, 243
尾張国分寺跡	愛知県稲沢市矢合　265
音如ケ谷瓦窯跡	京都府相楽郡木津町音如ケ谷　62, 156, 157

【か】

海会寺跡	大阪府泉南市信達大苗代　161, 250, 253
梶原瓦窯跡	大阪府高槻市梶原　155, 220, 221, 222
上総国分寺跡	千葉県市原市惣社　262
片岡王寺跡	奈良県北葛城郡王寺町本町　107
樫原廃寺	京都市西京区樫原内垣外町　180
上植木廃寺	群馬県伊勢崎市上植木本町　180, 223, 224
上神主・茂原遺跡	栃木県宇都宮市茂原町　194, 208, 210, 212
上ノ庄田瓦窯跡	京都市北区西賀茂上庄田町　158
神ノ前窯跡	福岡県太宰府市吉松字神ノ前　101, 106, 141
上淀廃寺	鳥取県西伯郡淀江町福岡　128, 129, 205
河内寺跡	大阪府東大阪市河内町　180
川原井瓦窯跡	三重県鈴鹿市加佐登町字川原井　158
川原寺	奈良県高市郡明日香村川原　22, 124 他
元興寺	奈良市中院町　93, 94 他
吉志部瓦窯跡	大阪府吹田市岸部北　116, 158
北野廃寺（山背）	京都市上京区北野町　108, 168 他
北山廃寺	和歌山県那賀郡貴志川町丸栖　255, 256
衣川廃寺	滋賀県大津市堅田衣川町　110
木之本廃寺	奈良県橿原市木之本町　110, 121, 250 他
吉備池廃寺	奈良県桜井市吉備　110, 121, 250 他
久世廃寺	京都府城陽市久世　110, 170
百済寺跡	大阪府枚方市中宮　245, 247
恭仁宮跡	京都府相楽郡加茂町例幣　191, 192 他
久米寺	奈良県橿原市久米寺町　180
栗栖野瓦窯跡	京都市左京区岩倉幡枝町　162, 164 他
呉原寺跡	奈良県高市郡明日香村栗原　242, 243, 244
ケシ山瓦窯跡	京都市北区上賀茂ケシ山町　165
光寿庵跡	岐阜県吉城郡国府町大字上広瀬　220, 222
上野国分寺跡	群馬県群馬郡群馬町大字東国分　215
興福寺	奈良市登大路町　30, 62, 125, 162

虚空蔵寺跡	大分県宇佐市大字山本	220, 259
古佐田廃寺	和歌山県橋本市古佐田	254, 255, 256
腰浜廃寺	福島市腰浜町・浜田町	222
コジヤ遺跡	千葉県香取郡栗源町岩部	185, 186
巨勢寺跡	奈良県御所市古瀬	180, 186, 189, 190
神野々廃寺	和歌山県橋本市神野々	254, 256
高麗寺跡	京都府相楽郡山城町大字上狛	108, 219, 221
小山廃寺（紀寺跡）	奈良県高市郡明日香村小山	40, 171, 257, 260

【さ】

西安寺跡	奈良県北葛城郡王寺町舟戸	110, 170 他
西寺跡	京都市南区西寺町	176, 201, 203
西大寺	奈良市西大寺町	45, 61, 62, 63
西隆寺跡	奈良市西大寺町藤の森	49, 218
西琳寺跡	大阪府羽曳野市古市	41, 110, 224
坂田寺跡	奈良県高市郡明日香村坂田	31, 105 他
佐渡国分寺	新潟県佐渡郡真野町国分寺	151, 220, 222
佐野廃寺	和歌山県伊都郡かつらぎ町佐野	254, 255, 256
山王廃寺	群馬県前橋市総社町	42, 44 他
四天王寺	大阪市天王寺区元町	108, 162 他
下野国分寺跡	栃木県下都賀郡国分寺町大字国分	215
下野国分尼寺跡	栃木県下都賀郡国分寺町大字国分	215
下野薬師寺跡	栃木県河内郡南河内町薬師寺	181, 194, 259
下総国分寺跡	千葉県市川市国分	149, 151
寿楽寺廃寺	岐阜県吉城郡古川町太江左近	242
上人ケ平遺跡	京都府相楽郡木津町大字市坂	155, 156
定林寺跡	奈良県高市郡明日香村立部	169, 170
新堂廃寺	大阪府富田林市緑が丘町	50, 61 他
新薬師寺	奈良市福井町	70
末ノ奥瓦窯跡	岡山県都窪郡山手村宿末ノ奥	32, 162
須恵廃寺	岡山県邑久郡長船町西須恵寺村	110
駿河国分寺跡	静岡市大谷片山	263, 264, 265, 266
宗元寺跡	神奈川県横須賀市公卿町	237, 238 他
尊勝寺跡	京都市左京区岡崎西天王町・最勝寺町	119

【た】

大安寺	奈良市大安寺町	61, 144, 159
大官大寺跡	奈良県高市郡明日香村小山	125, 182
醍醐の森瓦窯跡	京都市北区西賀茂川上町	116
当麻寺	奈良県北葛城郡當麻町當麻	181
大丸瓦窯跡	東京都稲城市大丸	162
台渡廃寺	茨城県水戸市渡里	201, 202 他
高井田廃寺	大阪府柏原市高井田戸坂	22, 141, 146, 219
多賀城跡	宮城県多賀城市市川・浮島	215, 220
多賀城廃寺	宮城県多賀城市高崎	222, 223
大宰府政庁跡	福岡県太宰府市観世音寺	36, 57, 93
但馬国分寺跡	兵庫県城崎郡日高町国分寺	49
玉造柵跡	宮城県古川市東大崎	215
中宮寺跡	奈良県生駒郡斑鳩町幸前	107, 123 他
長福寺廃寺	愛知県一宮市千秋町	180
寺井廃寺	群馬県太田市天良・寺井	247, 248
寺谷瓦窯跡	静岡県磐田市寺谷	165
寺谷廃寺	埼玉県比企郡滑川村大字羽尾字寺谷	104, 106
天台寺	福岡県田川市東区鎮西公園内	222
唐招提寺	奈良市五条町	43, 44 他
東寺	京都市南区九条町	48, 201, 203
東大寺	奈良市雑司町	62, 125 他
遠江国分寺跡	静岡県磐田市国府台	126, 127, 128, 261
堂の上遺跡	滋賀県大津市瀬田神領町	207
鳥羽離宮跡	京都市伏見区竹田	176, 184
豊浦寺跡	奈良県高市郡明日香村豊浦	107, 108 他
豊田廃寺	奈良県天理市豊田町	168

【な】

長岡宮跡	京都府向日市鶏冠井町	114, 116 他
中山瓦窯跡	奈良市中山町	69, 70
名古曽廃寺	和歌山県伊都郡高野口町名古曽	254, 256
七尾瓦窯跡	大阪府吹田市岸部北	158
難波宮跡	大阪市東区法円坂町	115, 116, 234 他
新治廃寺	茨城県真壁郡協和町古郡字台原	202
西賀茂角社瓦窯跡	京都市北区西賀茂角社町	116

西国分廃寺	和歌山県那賀郡岩出町西国分	254, 255
尼寺廃寺	奈良県香芝市尼寺	71, 181

【は】

幡多廃寺	岡山市赤田塔元	110
隼上り瓦窯跡	京都府宇治市莵道	104, 155 他
榿木原瓦窯跡	滋賀県大津市南滋賀町	155, 156, 157
東山遺跡	長野県安曇郡豊科町東山	185, 186
飛驒国分寺	岐阜県高山市総和町	265
檜隈寺跡	奈良県高市郡明日香村檜隈	151, 191 他
姫寺跡	奈良市東九条町姫寺	168
平等坊・岩室遺跡	天理市平等坊町	104, 106, 107, 108
平川廃寺	京都府城陽市平川	192, 245, 246, 247
普賢寺跡	京都府京田辺市上寺	110, 169, 170
藤原宮跡	奈良県橿原市高殿	32, 111 他
船橋廃寺	大阪府柏原市船橋	108, 170, 220 他
平安宮跡	京都市中京区・上京区	44, 60 他
平城宮跡	奈良市左紀町	35, 44 他
平隆寺	奈良県生駒郡三郷町勢野	161, 170 他
伯耆国分寺跡	鳥取県倉吉市国府	第II部第三章註 7
法興寺	飛鳥寺と同じ	121
法勝寺跡	京都市左京区岡崎法勝寺町	119, 176
法隆寺	奈良県生駒郡斑鳩町法隆寺	36, 44 他
法輪寺	奈良県生駒郡斑鳩町三井	41, 42 他
法起寺	奈良県生駒郡斑鳩町岡本	110
法華寺	奈良市法華寺町	62, 263

【ま】

牧野瓦窯跡	三重県多気郡多気町牧	116
三井瓦窯跡	奈良県生駒郡斑鳩町三井	160
三井寺	滋賀県大津市園城寺町	25
三河国分寺	愛知県豊川市八幡町	265
南春日遺跡	京都市西京区大原野南春日町	67
美濃国分寺跡	愛知県大垣市青野町	36, 38
明官地廃寺	広島県高田郡吉田町中馬	193, 203, 244 他
武蔵国分寺跡	東京都国分寺市西元町	150, 162 他

宗吉瓦窯跡	香川県三豊郡三野町吉津宗吉	113, 162, 163
最上廃寺	和歌山県那賀郡桃山町最上	255, 256
本薬師寺跡	奈良県橿原市畝傍町字城殿	124, 159 他

【や】

八重巻瓦窯跡	群馬県安中市下秋間字東谷津	248
薬師寺	奈良市西の京町	61, 62 他
野中寺	大阪府羽曳野市野々上	110, 170, 240 他
山城（背）国分寺	京都府相楽郡加茂町例幣	208, 261
山田寺	奈良県桜井市山田	41, 42 他
山村廃寺	奈良市山村町堂所	32, 33, 34, 151
横見廃寺	広島県豊田郡本郷町下北方	170, 203, 244 他
吉野水分神社	奈良県吉野郡吉野町吉野山了守	64, 70
若草伽藍跡	法隆寺と同じ	31, 33 他

著者略歴

森　郁夫（もり　いくお）

1938年名古屋市に生まれる．國學院大學文学部史学科卒業．奈良国立文化財研究所，京都国立博物館考古室長，帝塚山大学教授を経て，現在同大学名誉教授．博士（歴史学）．考古学専攻．著書：『瓦と古代寺院』（六興出版，1983），『続・瓦と古代寺院』（同，1991），『日本の古代瓦』（雄山閣，1991），『日本古代寺院造営の研究』（法政大学出版局，1998），『日本古代寺院造営の諸問題』（雄山閣，2009）ほか．

ものと人間の文化史　100・瓦（かわら）

2001年6月15日　初版第1刷発行
2012年6月25日　　　　第4刷発行

発行所 財団法人 法政大学出版局

〒102-0073 東京都千代田区九段北3-2-7
電話03(5214)5540／振替00160-6-95814
印刷：平文社　製本：ベル製本

Printed in Japan

ISBN 978-4-588-21001-3

✤ ものと人間の文化史

★第９回梓会出版文化賞受賞

人間が〈もの〉とのかかわりを通して営々と築いてきた暮らしの足跡を具体的に辿りつつ文化・文明の基礎を問いなおす。手づくりの〈もの〉の記憶が失われ、〈もの〉離れが進行する危機の時代におくる豊穣な百科叢書。

1 船　須藤利一編

海国日本では古来、漁業・水運・交易はもとより、大陸文化も船によって運ばれた。本書は造船技術、航海の模様の推移を中心に、漂流、船霊信仰、伝説の数々を語る。四六判３６８頁 '68

2 狩猟　直良信夫

人類の歴史は狩猟から始まった。本書は、わが国の遺跡に出土する獣骨、猟具の実証的考察をおこないながら、狩猟をつうじて発展した人間の知恵と生活の軌跡を辿る。四六判２７２頁 '68

3 からくり　立川昭二

〈からくり〉は自動機械であり、驚嘆すべき庶民の技術的創意がこめられている。本書は、日本と西洋のからくりを発掘・復元・遍歴し、埋もれた技術の水脈をさぐる。四六判４１０頁 '69

4 化粧　久下司

美を求める人間の心が生みだした化粧―その手法と道具に語らせた人間の欲望と本性、そして社会関係。歴史を遡り、全国を踏査して書かれた比類ない美と醜の文化史。四六判３６８頁 '70

5 番匠　大河直躬

番匠はわが国中世の建築工匠。地方・在地を舞台に開花した彼らの造型・装飾・工法等の諸技術、さらに信仰と生活等、職人以前の独自で多彩な工匠的世界を描き出す。四六判２８８頁 '71

6 結び　額田巌

〈結び〉の発達は人間の叡知の結晶である。本書はその諸形態および技法を作業・装飾・象徴の三つの系譜に辿り、〈結び〉のすべてを民俗学的・人類学的に考察する。四六判２６４頁 '72

7 塩　平島裕正

人類史に貴重な役割を果たしてきた塩をめぐって、発見から伝承・製造技術の発展過程にいたる総体を歴史的に描き出すとともに、その多彩な効用と味覚の秘密を解く。四六判２７２頁 '73

8 はきもの　潮田鉄雄

田下駄・かんじき・わらじなど、日本人の生活の礎となってきた伝統的はきものの成り立ちと変遷を、二〇年余の実地調査と細密な観察・描写によって辿る庶民生活史　四六判２８０頁 '73

9 城　井上宗和

古代城塞・城柵から近世代名の居城として集大成されるまでの日本の城の変遷を辿り、文化の各領野で果たしてきたその役割を再検討。あわせて世界城郭史に位置づける。四六判３１０頁 '73

10 竹　室井綽

食生活、建築、民芸、造園、信仰等々にわたって、竹と人間との交流史は驚くほど深く永い。その多岐にわたる発展の過程を個々に辿り、竹の特異な性格を浮彫にする。四六判３２４頁 '73

11 海藻　宮下章

古来日本人にとって生活必需品とされてきた海藻をめぐって、その採取・加工法の変遷、商品としての流通史および神事・祭事での役割に至るまでを歴史的に考証する。四六判３３０頁 '74

12 **絵馬** 岩井宏實

古くは祭礼における神への献馬にはじまり、民間信仰と絵画のみごとな結晶として民衆の手で描かれ祀り伝えられてきた各地の絵馬を豊富な写真と史料によってたどる。四六判３０２頁 '74

13 **機械** 吉田光邦

畜力・水力・風力などの自然のエネルギーを利用し、幾多の改良を経て形成された初期の機械の歩みを検証し、日本文化の形成における科学・技術の役割を再検討する。四六判２４２頁 '74

14 **狩猟伝承** 千葉徳爾

狩猟には古来、感謝と慰霊の祭祀がともない、人獣交渉の豊かで意味深い歴史があった。狩猟用具、巻物、儀式具、またけものたちの生態を通して語る狩猟文化の世界。四六判３４６頁 '75

15 **石垣** 田淵実夫

採石から運搬、加工、石積みに至るまで、石垣の造成をめぐって積み重ねられてきた石工たちの苦闘の足跡を掘り起こし、その独自な技術の形成過程と伝承を集成する。四六判２２４頁 '75

16 **松** 高嶋雄三郎

日本人の精神史に深く根をおろした松の伝承に光を当て、食用、薬用等の実用の松、祭祀・観賞用の松、さらに文学・芸能・美術に表現された松のシンボリズムを説く。四六判３４２頁 '75

17 **釣針** 直良信夫

人と魚との出会いから現在に至るまで、釣針がたどった一万有余年の変遷を、世界各地の遺跡出土物を通して実証しつつ、漁撈によって生きた人々の生活と文化を探る。四六判２７８頁 '76

18 **鋸** 吉川金次

鋸鍛冶の家に生まれ、鋸の研究を生涯の課題とする著者が、出土遺品や文献・絵画により各時代の鋸を復元・実験し、庶民の手仕事にみられる驚くべき合理性を実証する。四六判３６０頁 '76

19 **農具** 飯沼二郎／堀尾尚志

鍬と犂の交代・進化の歩みとして発達したわが国農耕文化の発展経過を世界史的視野において再検討しつつ、無名の農民たちによる驚くべき創意のかずかずを記録する。四六判２２０頁 '76

20 **包み** 額田巖

結びとともに文化の起源にかかわる〈包み〉の系譜を人類史的視野において捉え、衣・食・住をはじめ社会・経済史、信仰、祭事などにおけるその実際と役割とを描く。四六判３５４頁 '77

21 **蓮** 阪本祐二

仏教における蓮の象徴的位置の成立と深化、美術・文芸等に見る人間とのかかわりを歴史的に考察。また大賀蓮はじめ多様な品種とその来歴を紹介しつつその美を語る。四六判３０６頁 '77

22 **ものさし** 小泉袈裟勝

ものをつくる人間にとって最も基本的な道具であり、数千年にわたって社会生活を律してきたその変遷を実証的に追求し、歴史の中で果たしてきた役割を浮彫りにする。四六判３１４頁 '77

23-I **将棋I** 増川宏一

その起源を古代インドに、我国への伝播の道すじを海のシルクロードに探り、また伝来後一千年におよぶ日本将棋の変化と発展を盤、駒、ルール等にわたって跡づける。四六判２８０頁 '77

23-II 将棋II　増川宏一

わが国伝来後の普及と変遷を貴族や武家・豪商の日記等に博捜し、遊戯者の歴史をあとづけると共に、中国伝来説の誤りを正し、将棋宗家の位置と役割を明らかにする。　四六判346頁　'85

24 湿原祭祀　第2版　金井典美

古代日本の自然環境に着目し、各地の湿原聖地を稲作社会との関連において捉え直して古代国家成立の背景を浮彫にしつつ、水と植物にまつわる日本人の宇宙観を探る。　四六判410頁　'77

25 臼　三輪茂雄

臼が人類の生活文化の中で果たしてきた役割を、各地に遺る貴重な民俗資料・伝承と実地調査にもとづいて解明。失われゆく道具のなかに、未来の生活文化の姿を探る。　四六判412頁　'78

26 河原巻物　盛田嘉徳

中世末期以来の被差別部落民が生きる権利を守るために偽作し護り伝えてきた河原巻物を全国にわたって踏査し、そこに秘められた最底辺の人びとの叫びに耳を傾ける。　四六判226頁　'78

27 香料　日本のにおい　山田憲太郎

焼香供養の香から趣味としての薫物へ、さらに沈香木を焚く香道へと変遷した日本の「匂い」の歴史を豊富な史料に基づいて辿り、我国風俗史の知られざる側面を描く。　四六判370頁　'78

28 神像　神々の心と形　景山春樹

神仏習合によって変貌しつつも、常にその原型＝自然を保持してきた日本の神々の造型を図像学的方法によって捉え直し、その多彩な形象に日本人の精神構造をさぐる。　四六判342頁　'78

29 盤上遊戯　増川宏一

祭具・占具としての発生を『死者の書』をはじめとする古代の文献にさぐり、形状・遊戯法を分類しつつその〈進化〉の過程を考察。〈遊戯者たちの歴史〉をも跡づける。　四六判326頁　'78

30 筆　田淵実夫

筆の里・熊野に筆づくりの現場を訪ねて、筆匠たちの境涯と製筆の由来を克明に記録しつつ、筆の発生と変遷、種類、製筆法、さらには筆塚、筆供養にまで説きおよぶ。　四六判204頁　'78

31 ろくろ　橋本鉄男

日本の山野を漂移しつづけ、高度の技術文化と幾多の伝説とをもたらした特異な旅職集団＝木地屋の生態を、その呼称、地名、伝承、文書等をもとに生き生きと描く。　四六判460頁　'79

32 蛇　吉野裕子

日本古代信仰の根幹をなす蛇巫をめぐって、祭事におけるさまざまな蛇の「もどき」や各種の蛇の造型・伝承に鋭い考証を加え、忘れられたその呪性を大胆に暴き出す。　四六判250頁　'79

33 鋏（はさみ）　岡本誠之

梃子の原理の発見から鋏の誕生に至る過程を推理し、日本鋏の特異な歴史的位置を明らかにするとともに、刀鍛冶等から転進した鋏職人たちの創意と苦闘の跡をたどる。　四六判396頁　'79

34 猿　廣瀬鎮

嫌悪と愛玩、軽蔑と畏敬の交錯する日本人とサルとの関わりあいの歴史を、狩猟伝承や祭祀・風習、美術・工芸や芸能のなかに探り、日本人の動物観を浮彫りにする。　四六判292頁　'79

35 **鮫** 矢野憲一

神話の時代から今日まで、津々浦々につたわるサメの伝承とサメをめぐる海の民俗を集成し、神饌、食用、薬用等に活用されてきたサメと人間のかかわりの変遷を描く。四六判２９２頁 '79

36 **枡** 小泉袈裟勝

米の経済の枢要をなす器として千年余にわたり日本人の生活の中に生きてきた枡の変遷をたどり、記録・伝承をもとにこの独特な計量器が果たした役割を再検討する。四六判３２２頁 '80

37 **経木** 田中信清

食品の包装材料として近年まで身近に存在した経木の起源を、こけら経や塔婆、木簡、屋根板等に遡って明らかにし、その製造・流通に携った人々の労苦の足跡を辿る。四六判２８８頁 '80

38 **色** 染と色彩 前田雨城

わが国古代の染色技術の復元と文献解読をもとに日本色彩史を体系づけ、赤・白・青・黒等におけるわが国独自の色彩感覚を探りつつ日本文化における色の構造を解明。四六判３２０頁 '80

39 **狐** 陰陽五行と稲荷信仰 吉野裕子

その伝承と文献を渉猟しつつ、中国古代哲学＝陰陽五行の原理の応用という独自の視点から、謎とされてきた稲荷信仰と狐との密接な結びつきを明快に解き明かす。四六判２３２頁 '80

40-Ⅰ **賭博Ⅰ** 増川宏一

時代、地域、階層を超えて連綿と行なわれてきた賭博。――その起源を古代の神判、スポーツ、遊戯等の中に探り、抑圧と許容の歴史を物語る。全Ⅲ分冊の〈総説篇〉。四六判２９８頁 '80

40-Ⅱ **賭博Ⅱ** 増川宏一

古代インド文学の世界からラスベガスまで、賭博の形態・用具・方法の時代的特質を明らかにし、夥しい禁令に賭博の不滅のエネルギーを見る。全Ⅲ分冊の〈外国篇〉。四六判４５６頁 '82

40-Ⅲ **賭博Ⅲ** 増川宏一

聞香、闘茶、笠附等、わが国独特の賭博を中心にその具体例を網羅し、方法の変遷に賭博の時代性を探りつつ禁令の改廃に時代の賭博観を追う。全Ⅲ分冊の〈日本篇〉。四六判３８８頁 '83

41-Ⅰ **地方仏Ⅰ** むしゃこうじ・みのる

古代から中世にかけて全国各地で作られた無銘の仏像を訪ね、素朴で多様なノミの跡に民衆の祈りと地域の願望を探る。宗教の伝播、文化の創造を考える異色の紀行。四六判２５６頁 '80

41-Ⅱ **地方仏Ⅱ** むしゃこうじ・みのる

紀州や飛騨を中心に草の根の仏たちを訪ねて、その相好と像容の魅力を探り、技法を比較考証して仏像彫刻史に位置づけつつ、中世地域社会の形成と信仰の実態に迫る。四六判２６０頁 '97

42 **南部絵暦** 岡田芳朗

田山・盛岡地方で「盲暦」として古くから親しまれてきた独得の絵解き暦を詳しく紹介しつつその全体像を復元する。その無類の生活暦は、南部農民の哀歓をつたえる。四六判２８８頁 '80

43 **野菜** 在来品種の系譜 青葉高

蕪、大根、茄子等の日本在来野菜をめぐって、その渡来・伝播経路、品種分布と栽培のいきさつを各地の伝承や古記録をもとに辿り、畑作文化の源流とその風土を描く。四六判３６８頁 '81

44 つぶて　中沢厚

弥生投弾、古代・中世の石戦と印地の様相、投石具の発達を展望しつつ、願かけの小石、正月つぶて、石こづみ等の習俗を辿り、石塊に託した民衆の願いや怒りを探る。四六判３３８頁 '81

45 壁　山田幸一

弥生時代から明治期に至るわが国の壁の変遷を壁塗＝左官工事の側面から辿り直し、その技術的復元・考証を通じて建築史・文化史における壁の役割を浮き彫りにする。四六判２９６頁 '81

46 簞笥（たんす）　小泉和子

近世における簞笥の出現＝箱から抽斗への転換に着目し、以降近現代に至るその変遷を社会・経済・技術の側面からあとづける。著者自身による簞笥製作の記録を付す。四六判３７８頁 '82

47 木の実　松山利夫

山村の重要な食糧資源であった木の実をめぐる各地の記録・伝承を集成し、その採集・加工における幾多の試みを実地に検証しつつ、稲作農耕以前の食生活文化を復元。四六判３８４頁 '82

48 秤（はかり）　小泉袈裟勝

秤の起源を東西に探るとともに、わが国律令制下における中国制度の導入、近世商品経済の発展に伴う秤座の出現、明治期近代化政策による洋式秤受容等の経緯を描く。四六判３２６頁 '82

49 鶏（にわとり）　山口健児

神話・伝説をはじめ遠い歴史の中の鶏を古今東西の伝承・文献に探り、特に我国の信仰・絵画・文学等に遺された鶏の足跡を追って、鶏をめぐる民俗の記憶を蘇らせる。四六判３４６頁 '83

50 燈用植物　深津正

人類が燈火を得るために用いてきた多種多様な植物との出会いと個個の植物の来歴、特性及びはたらきを詳しく検証しつつ「あかり」の原点を問いなおす異色の植物誌。四六判４４２頁 '83

51 斧・鑿・鉋（おの・のみ・かんな）　吉川金次

古墳出土品や文献・絵画をもとに、古代から現代までの斧・鑿・鉋を復元・実験し、労働体験によって生まれた民衆の知恵と道具の変遷を蘇らせる異色の日本木工具史。四六判３０４頁 '84

52 垣根　額田巌

大和・山辺の道に神々と垣との関わりを探り、各地に垣の伝承を訪ねて、寺院の垣、民家の垣、露地の垣など、風土と生活に培われた生垣の独特のはたらきと美を描く。四六判２３４頁 '84

53-Ⅰ 森林Ⅰ　四手井綱英

森林生態学の立場から、森林のなりたちとその生活史を辿りつつ、産業の発展と消費社会の拡大により刻々と変貌する森林の現状を語り、未来への再生のみちをさぐる。四六判３０６頁 '85

53-Ⅱ 森林Ⅱ　四手井綱英

森林と人間との多様なかかわりを包括的に語り、人と自然が共生するための森や里山をいかにして創出するか、森林再生への具体的な方策を提示する21世紀への提言。四六判３０８頁 '98

53-Ⅲ 森林Ⅲ　四手井綱英

地球規模で進行しつつある森林破壊の現状を実地に踏査し、森と人が共存する日本人の伝統的自然観を未来へ伝えるために、いま何が必要なのかを具体的に提言する。四六判３０４頁 '00

54 海老（えび） 酒向昇

人類との出会いからエビの科学、漁法、さらには調理法を語り、めでたい姿態と色彩にまつわる多彩なエビの民俗を、地名や人名、詩歌・文学、絵画や芸能の中に探る。 四六判４２８頁 '85

55-I 藁（わら）**I** 宮崎清

稲作農耕とともに二千年余の歴史をもち、日本人の全生活領域に生きてきた藁の文化を日本文化の原型として捉え、風土に根ざしたそのゆたかな遺産を詳細に検討する。 四六判４００頁 '85

55-II 藁（わら）**II** 宮崎清

床・畳から壁・屋根にいたる住居における藁の製作・使用のメカニズムを明らかにし、日本人の生活空間における藁の役割を見なおすとともに、藁の文化の復権を説く。 四六判４００頁 '85

56 鮎 松井魁

清楚な姿態と独特な味覚によって、日本人の目と舌を魅了しつづけてきたアユ——その形態と分布、生態、漁法等を詳述し、古今のアユ料理や文芸にみるアユにおよぶ。 四六判２９６頁 '86

57 ひも 額田巌

物と物、人と物とを結びつける不思議な力を秘めた「ひも」の謎を追って、民俗学的視点から多角的なアプローチを試みる。『結び』、『包み』につづく三部作の完結篇。 四六判２５０頁 '86

58 石垣普請 北垣聰一郎

近世石垣の技術者集団「穴太」の足跡を辿り、各地城郭の石垣遺構の実地調査と資料・文献をもとに石垣普請の歴史的系譜を復元しつつ石工たちの技術伝承を集成する。 四六判４３８頁 '87

59 碁 増川宏一

その起源を古代の盤上遊戯に探ると共に、定着以来二千年の歴史を時代の状況や遊び手の社会環境との関わりにおいて跡づける。逸話や伝説を排して綴る初の囲碁全史。 四六判３６６頁 '87

60 日和山（ひよりやま） 南波松太郎

千石船の時代、航海の安全のために観天望気した日和山——多くは忘れられ、あるいは失われた船舶・航海史の貴重な遺跡を追って、全国津々浦々におよんだ調査紀行。 四六判３８２頁 '88

61 篩（ふるい） 三輪茂雄

臼とともに人類の生産活動に不可欠な道具であった篩、箕（み）、笊（ざる）の多彩な変遷を豊富な図解入りでたどり、現代技術の先端に再生するまでの歩みをえがく。 四六判３３４頁 '89

62 鮑（あわび） 矢野憲一

縄文時代以来、貝肉の美味と貝殻の美しさによって日本人を魅了し続けてきたアワビ——その生態と養殖、神饌としての歴史、漁法、螺鈿の技法からアワビ料理に及ぶ。 四六判３４４頁 '89

63 絵師 むしゃこうじ・みのる

日本古代の渡来画工から江戸前期の菱川師宣まで、時代の代表的絵師の列伝で辿る絵画制作の文化史。前近代社会における絵画の意味や芸術創造の社会的条件を考える。 四六判２３０頁 '90

64 蛙（かえる） 碓井益雄

動物学の立場からその特異な生態を描き出すとともに、和漢洋の文献資料を駆使して故事・習俗・神事・民話・文芸・美術工芸にわたる蛙の多彩な活躍ぶりを活写する。 四六判３８２頁 '89

65-Ⅰ 藍（あい）Ⅰ 風土が生んだ色　竹内淳子

全国各地の〈藍の里〉を訪ねて、藍栽培から染色・加工のすべてにわたり、藍とともに生きた人々の伝承を克明に描き、風土と人間が生んだ〈日本の色〉の秘密を探る。四六判４１６頁 '91

65-Ⅱ 藍（あい）Ⅱ 暮らしが育てた色　竹内淳子

日本の風土に生まれ、伝統に育てられた藍が、今なお暮らしの中で生き生きと活躍しているさまを、手わざに生きる人々との出会いを通じて描く。藍の里紀行の続篇。四六判４０６頁 '99

66 橋　小山田了三

丸木橋・舟橋・吊橋から板橋・アーチ型石橋まで、人々に親しまれてきた各地の橋を訪ねて、その来歴と築橋の技術伝承を辿り、土木文化の伝播・交流の足跡をえがく。四六判３１２頁 '91

67 箱　宮内悊

日本の伝統的な箱（櫃）と西欧のチェストを比較文化史の視点から考察し、居住・収納・運搬・装飾の各分野における箱の重要な役割とその多彩な文化を浮彫りにする。四六判３９０頁 '91

68-Ⅰ 絹Ⅰ　伊藤智夫

養蚕の起源を神話や説話に探り、伝来の時期とルートを跡づけ、記紀・万葉の時代から近世に至るまで、それぞれの時代・社会・階層が生み出した絹の文化を描き出す。四六判３０４頁 '92

68-Ⅱ 絹Ⅱ　伊藤智夫

生糸と絹織物の生産と輸出が、わが国の近代化にはたした役割を描くと共に、養蚕の道具、信仰や庶民生活にわたる養蚕と絹の民俗、さらには蚕の種類と生態におよぶ。四六判２９４頁 '92

69 鯛（たい）　鈴木克美

古来「魚の王」とされてきた鯛をめぐって、その生態・味覚から漁法、祭り、工芸、文芸にわたる多彩な伝承文化を語りつつ、鯛と日本人とのかかわりの原点をさぐる。四六判４１８頁 '92

70 さいころ　増川宏一

古代神話の世界から近現代の博徒の動向まで、さいころの役割を各時代・社会に位置づけ、木の実や貝殻のさいころから投げ棒型や立方体のさいころへの変遷をたどる。四六判３７４頁 '92

71 木炭　樋口清之

炭の起源から炭焼、流通、経済、文化にわたる木炭の歩みを歴史・考古・民俗の知見を総合して描き出し、独自で多彩な文化を育んできた木炭の尽きせぬ魅力を語る。四六判２９６頁 '93

72 鍋・釜（なべ・かま）　朝岡康二

日本をはじめ韓国、中国、インドネシアなど東アジアの各地を歩きながら鍋・釜の製作と使用の現場に立ち会い、調理をめぐる庶民生活の変遷とその交流の足跡を探る。四六判３２６頁 '93

73 海女（あま）　田辺悟

その漁の実際と社会組織、風習、信仰、民具などを克明に描くとともに海女の起源・分布・交流を探り、わが国漁撈文化の古層としての海女の生活と文化をあとづける。四六判２９４頁 '93

74 蛸（たこ）　刀禰勇太郎

蛸をめぐる信仰や多彩な民間伝承を紹介するとともに、その生態・分布・捕獲法・繁殖と保護・調理法などを集成し、日本人と蛸との知られざるかかわりの歴史を探る。四六判３７０頁 '94

75 曲物（まげもの） 岩井宏實

桶・樽出現以前から伝承され、古来最も簡便・重宝な木製容器として愛用された曲物の加工技術と機能・利用形態の変遷をさぐり、手づくりの「木の文化」を見なおす。四六判318頁 '94

76−Ⅰ 和船Ⅰ 石井謙治

江戸時代の海運を担った千石船（弁才船）について、その構造と技術、帆走性能を綿密に調査し、通説の誤りを正すとともに、海難と信仰、船絵馬等の考察にもおよぶ。四六判436頁 '95

76−Ⅱ 和船Ⅱ 石井謙治

造船史から見た著名な船を紹介し、遣唐使船や遣欧使節船、幕末の洋式船における外国技術の導入について論じつつ、船の名称と船型を海船・川船にわたって解説する。四六判316頁 '95

77−Ⅰ 反射炉Ⅰ 金子功

日本初の佐賀鍋島藩の反射炉と精錬方＝理化学研究所、島津藩の反射炉と集成館＝近代工場群を軸に、日本の産業革命の時代における人と技術を現地に訪ねて発掘する。四六判244頁 '95

77−Ⅱ 反射炉Ⅱ 金子功

伊豆韮山の反射炉をはじめ、全国各地の反射炉建設にかかわった有名無名の人々の足跡をたどり、開国か攘夷かに揺れる幕末の政治と社会の悲喜劇をも生き生きと描く。四六判226頁 '95

78−Ⅰ 草木布（そうもくふ）Ⅰ 竹内淳子

風土に育まれた布を求めて全国各地を歩き、木綿普及以前に山野の草木を利用して豊かな衣生活文化を築き上げてきた庶民の知られざる知恵のかずかずを実地にさぐる。四六判282頁 '95

78−Ⅱ 草木布（そうもくふ）Ⅱ 竹内淳子

アサ、クズ、シナ、コウゾ、カラムシ、フジなどの草木の繊維から、どのようにして糸を採り、布を織っていたのか——聞書きをもとに忘れられた技術と文化を発掘する。四六判282頁 '95

79−Ⅰ すごろくⅠ 増川宏一

古代エジプトのセネト、ヨーロッパのバクギャモン、中近東のナルド、中国の双陸などの系譜に日本の盤雙六を位置づけ、遊戯・賭博としてのその数奇なる運命を辿る。四六判312頁 '95

79−Ⅱ すごろくⅡ 増川宏一

ヨーロッパの鵞鳥のゲームから日本中世の浄土双六、近世の華麗な絵双六、さらには近現代の少年誌の附録まで、絵双六の変遷を追って時代の社会・文化を読みとる。四六判390頁 '95

80 パン 安達巖

古代オリエントに起ったパン食文化が中国・朝鮮を経て弥生時代の日本に伝えられたことを史料と伝承をもとに解明し、わが国パン食文化二〇〇〇年の足跡を描き出す。四六判260頁 '96

81 枕（まくら） 矢野憲一

神さまの枕・大嘗祭の枕から枕絵の世界まで、人生の三分の一を共に過す枕をめぐって、その材質の変遷を辿り、伝説と怪談、俗信と民俗、エピソードを興味深く語る。四六判252頁 '96

82−Ⅰ 桶・樽（おけ・たる）Ⅰ 石村真一

日本、中国、朝鮮、ヨーロッパにわたる厖大な資料を集成してその豊かな文化の系譜を探り、東西の木工技術史を比較しつつ世界史的視野から桶・樽の文化を描き出す。四六判388頁 '97

82-Ⅱ 桶・樽（おけ・たる）Ⅱ　石村真一

多数の調査資料と絵画・民俗資料をもとにその製作技術を復元し、東西の木工技術を比較考証しつつ、技術文化史の視点から桶・樽製作の実態とその変遷を跡づける。　四六判３７２頁　'97

82-Ⅲ 桶・樽（おけ・たる）Ⅲ　石村真一

樹木と人間とのかかわり、製作者と消費者とのかかわりを通じて桶樽と生活文化の変遷を考察し、木材資源の有効利用という視点から桶樽の文化史的役割を浮彫にする。　四六判３５２頁　'97

83-Ⅰ 貝Ⅰ　白井祥平

世界各地の現地調査と文献資料を駆使して、古来至高の財宝とされてきた宝貝のルーツとその変遷を探り、貝と人間とのかかわりの歴史を「貝貨」の文化史として描く。　四六判３８６頁　'97

83-Ⅱ 貝Ⅱ　白井祥平

サザエ、アワビ、イモガイなど古来人類とかかわりの深い貝をめぐって、その生態・分布・地方名、装身具や貝貨としての利用法などを豊富なエピソードを交えて語る。　四六判３２８頁　'97

83-Ⅲ 貝Ⅲ　白井祥平

シンジュガイ、ハマグリ、アカガイ、シャコガイなどをめぐって世界各地の民族誌を渉猟し、それらが人類文化に残した足跡を辿る。参考文献一覧／総索引を付す。　四六判３９２頁　'97

84 松茸（まつたけ）　有岡利幸

秋の味覚として古来珍重されてきた松茸の由来を求めて、稲作文化と里山（松林）の生態系から説きおこし、日本人の伝統的生活文化の中に松茸流行の秘密をさぐる。　四六判２９６頁　'97

85 野鍛冶（のかじ）　朝岡康二

鉄製農具の製作・修理・再生を担ってきた農鍛冶の歴史的役割を探り、近代化の大波の中で変貌する職人技術の実態をアジア各地のフィールドワークを通して描き出す。　四六判２８０頁　'98

86 稲　品種改良の系譜　菅　洋

作物としての稲の誕生、稲の渡来と伝播の経緯から説きおこし、明治以降主として庄内地方の民間育種家の手によって飛躍的発展をとげたわが国品種改良の歩みを描く。　四六判３３２頁　'98

87 橘（たちばな）　吉武利文

永遠のかぐわしい果実として日本の神話・伝説に特別の位置を占めて語り継がれてきた橘をめぐって、その育まれた風土とかずかずの伝承の中に日本文化の特質を探る。　四六判２８６頁　'98

88 杖（つえ）　矢野憲一

神の依代としての杖や仏教の錫杖に杖と信仰とのかかわりを探り、人類が突きつつ歩んだその歴史と民俗を興味ぶかく語る。多彩な材質と用途を網羅した杖の博物誌。　四六判３１４頁　'98

89 もち（糯・餅）　渡部忠世／深澤小百合

モチイネの栽培・育種から食品加工、民俗、儀礼にわたってそのルーツと伝承の足跡をたどり、アジア稲作文化という広範な視野からこの特異な食文化の謎を解明する。　四六判３３０頁　'98

90 さつまいも　坂井健吉

その栽培の起源と伝播経路を跡づけるとともに、わが国伝来後四百年の経緯を詳細にたどり、世界に冠たる育種と栽培・利用法を築いた人々の知られざる足跡をえがく。　四六判３２８頁　'99

91 珊瑚（さんご） 鈴木克美
海岸の自然保護に重要な役割を果たす岩石サンゴから宝飾品として知られる宝石サンゴまで、人間生活と深くかかわってきたサンゴの多彩な姿を人類文化史として描く。四六判370頁 '99

92-Ⅰ 梅Ⅰ 有岡利幸
万葉集、源氏物語、五山文学などの古典や天神信仰に表れた梅の足跡を克明に辿りつつ日本人の精神史に刻印された梅を浮彫にし、梅と日本人の二〇〇〇年史を描く。四六判274頁 '99

92-Ⅱ 梅Ⅱ 有岡利幸
その植生と栽培、伝承、梅の名所や鑑賞法の変遷から戦前の国定教科書に表れた梅まで、梅と日本人との多彩なかかわりを探り、桜との対比において梅の文化史を描く。四六判338頁 '99

93 木綿口伝（もめんくでん） 第2版 福井貞子
老女たちからの聞書を経糸とし、厖大な遺品・資料を緯糸として、母から娘へと幾代にも伝えられた手づくりの木綿文化を掘り起し、近代の木綿の盛衰を描く。増補版 四六判336頁 '00

94 合せもの 増川宏一
「合せる」には古来、一致させるの他に、競う、闘う、比べる等の意味があった。貝合せや絵合せ等の遊戯・賭博を中心に、広範な人間の営みを「合せる」行為に辿る。四六判300頁 '00

95 野良着（のらぎ） 福井貞子
明治初期から昭和四〇年までの野良着を収集・分類・整理し、それらの用途と年代、形態、材質、重量、呼称などを精査して、働く庶民の創意にみちた生活史を描く。四六判292頁 '00

96 食具（しょくぐ） 山内昶
東西の食文化に関する資料を渉猟し、食法の違いを人間の自然に対するかかわり方の違いとして捉えつつ、食具を人間と自然をつなぐ基本的な媒介物として位置づける。四六判292頁 '00

97 鰹節（かつおぶし） 宮下章
黒潮からの贈り物・カツオの漁法から鰹節の製法や食法、商品としての流通までを歴史的に展望するとともに、沖縄やモルジブ諸島の調査をもとにそのルーツを探る。四六判382頁 '00

98 丸木舟（まるきぶね） 出口晶子
先史時代から現代の高度文明社会まで、もっとも長期にわたり使われてきた刳り舟に焦点を当て、その技術伝承を辿りつつ、森や水辺の文化の広がりと動態をえがく。四六判324頁 '01

99 梅干（うめぼし） 有岡利幸
日本人の食生活に不可欠の自然食品・梅干をつくりだした先人たちの知恵に学ぶとともに、健康増進に驚くべき薬効を発揮する、その知られざるパワーの秘密を探る。四六判300頁 '01

100 瓦（かわら） 森郁夫
仏教文化と共に中国・朝鮮から伝来し、一四〇〇年にわたり日本の建築を飾ってきた瓦をめぐって、発掘資料をもとにその製造技術、形態、文様などの変遷をたどる。四六判320頁 '01

101 植物民俗 長澤武
衣食住から子供の遊びまで、幾世代にも伝承された植物をめぐる暮らしの知恵を克明に記録し、高度経済成長期以前の農山村の豊かな生活文化を愛惜をこめて描き出す。四六判348頁 '01

102 **箸**（はし）　向井由紀子／橋本慶子

そのルーツを中国、朝鮮半島に探るとともに、日本人の食生活に不可欠の食具となり、日本文化のシンボルとされるまでに洗練された箸の文化の変遷を総合的に描く。　四六判３３４頁　'01

103 **採集**　ブナ林の恵み　赤羽正春

縄文時代から今日に至る採集・狩猟民の暮らしを復元し、動物の生態系と採集生活の関連を明らかにしつつ、民俗学と考古学の両面から山に生かされた人々の姿を描く。　四六判２９８頁　'01

104 **下駄**　神のはきもの　秋田裕毅

古墳や井戸等から出土する下駄に着目し、下駄が地上と地下の他界を結ぶ聖なるはきものであったという大胆な仮説を提出、日本の神々の忘れられた側面を浮彫にする。　四六判３０４頁　'02

105 **絣**（かすり）　福井貞子

膨大な絣遺品を収集・分類し、絣産地を実地に調査して絣の技法と文様の変遷を地域別・時代別に跡づけ、明治・大正・昭和の手づくりの染織文化の盛衰を描き出す。　四六判３１０頁　'02

106 **網**（あみ）　田辺悟

漁網を中心に、網に関する基本資料を網羅して網の変遷と網をめぐる民俗を体系的に描き出し、網の文化を集成する。「網に関する小事典」「網のある博物館」を付す。　四六判３１６頁　'02

107 **蜘蛛**（くも）　斎藤慎一郎

「土蜘蛛」の呼称で畏怖される一方「クモ合戦」など子供の遊びとしても親しまれてきたクモと人間との長い交渉の歴史をその深層に遡って追究した異色のクモ文化論。　四六判３２０頁　'02

108 **襖**（ふすま）　むしゃこうじ・みのる

襖の起源と変遷を建築史・絵画史の中に探りつつその用と美を浮彫にし、衝立・障子・屏風等と共に日本建築の空間構成に不可欠の建具となるまでの経緯を描き出す。　四六判２７０頁　'02

109 **漁撈伝承**（ぎょろうでんしょう）　川島秀一

漁師たちからの聞き書きをもとに、寄り物、船霊、大漁旗など、漁撈にまつわる〈もの〉の伝承を集成し、海の道によって運ばれた習俗や信仰の民俗地図を描き出す。　四六判３３４頁　'03

110 **チェス**　増川宏一

世界中に数億人の愛好者を持つチェスの起源と文化を、欧米における膨大な研究の蓄積を渉猟しつつ探り、日本への伝来の経緯から美術工芸品としてのチェスにおよぶ。　四六判２９８頁　'03

111 **海苔**（のり）　宮下章

海苔の歴史は厳しい自然とのたたかいの歴史だった——採取から養殖、加工、流通、消費に至る先人たちの苦難の歩みを史料と実地調査によって浮彫にする食物文化史。　四六判１７２頁　'03

112 **屋根**　檜皮葺と杮葺　原田多加司

屋根葺師一〇代の著者が、自らの体験と職人の本懐を語り、連綿として受け継がれてきた伝統の手わざを体系的にたどりつつ伝統技術の保存と継承の必要性を訴える。　四六判３４０頁　'03

113 **水族館**　鈴木克美

初期水族館の歩みを創始者たちの足跡を通して辿りなおし、水族館をめぐる社会の発展と風俗の変遷を描き出すとともにその未来像をさぐる初の〈日本水族館史〉の試み。　四六判２９０頁　'03

114 古着（ふるぎ） 朝岡康二

仕立てと着方、管理と保存、再生と再利用等にわたり衣生活の変容を近代の日常生活の変化として捉え直し、衣服をめぐるリサイクル文化が形成される経緯を描き出す。四六判292頁 '03

115 柿渋（かきしぶ） 今井敬潤

染料・塗料をはじめ生活百般の必需品であった柿渋の伝承を記録し、文献資料をもとにその製造技術と利用の実態を明らかにして、忘れられた豊かな生活技術を見直す。四六判294頁 '03

116-I 道Ⅰ 武部健一

道の歴史を先史時代から説き起こし、古代律令制国家の要請によって駅路が設けられ、しだいに幹線道路として整えられてゆく経緯を技術史・社会史の両面からえがく。四六判248頁 '03

116-II 道Ⅱ 武部健一

中世の鎌倉街道、近世の五街道、近代の開拓道路から現代の高速道路網までを通観し、道路を拓いた人々の手によって今日の交通ネットワークが形成された歴史を語る。四六判280頁 '03

117 かまど 狩野敏次

日常の煮炊きの道具であるとともに祭りと信仰に重要な位置を占めてきたカマドをめぐる忘れられた伝承を掘り起こし、民俗空間の壮大なコスモロジーを浮彫りにする。四六判292頁 '04

118-I 里山Ⅰ 有岡利幸

縄文時代から近世までの里山の変遷を人々の暮らしと植生の変化の両面から跡づけ、その源流を記紀万葉に描かれた里山の景観や大和・三輪山の古記録・伝承等に探る。四六判276頁 '04

118-II 里山Ⅱ 有岡利幸

明治の地租改正による山林の混乱、相次ぐ戦争による山野の荒廃、エネルギー革命、高度成長による大規模開発など、近代化の荒波に翻弄される里山の見直しを説く。四六判274頁 '04

119 有用植物 菅 洋

人間生活に不可欠のものとして利用されてきた身近な植物たちの来歴と栽培・育種・品種改良・伝播の経緯を平易に語り、植物と共に歩んだ文明の足跡を浮彫にする。四六判324頁 '04

120-I 捕鯨Ⅰ 山下渉登

世界の海で展開された鯨と人間との格闘の歴史を振り返り、「大航海時代」の副産物として開始された捕鯨業の誕生以来四〇〇年にわたる盛衰の社会的背景をさぐる。四六判314頁 '04

120-II 捕鯨Ⅱ 山下渉登

近代捕鯨の登場により鯨資源の激減を招き、捕鯨の規制・管理のための国際条約締結に至る経緯をたどり、グローバルな課題としての自然環境問題を浮き彫りにする。四六判312頁 '04

121 紅花（べにばな） 竹内淳子

栽培、加工、流通、利用の実際を現地に探訪して紅花とかかわってきた人々からの聞き書きを集成し、忘れられた〈紅花文化〉を復元しつつその豊かな味わいを見直す。四六判346頁 '04

122-I もののけⅠ 山内昶

日本の妖怪変化、未開社会の〈マナ〉、西欧の悪魔やデーモンを比較考察し、名づけ得ぬ未知の対象を指す万能のゼロ記号〈もの〉をめぐる人類文化史を跡づける博物誌。四六判320頁 '04

122-Ⅱ もののけⅡ　山内昶

日本の鬼、古代ギリシアのダイモン、中世の異端狩り・魔女狩り等々をめぐり、自然＝カオスと文化＝コスモスの対立の中で〈野生の思考〉が果たしてきた役割をさぐる。　四六判２８０頁　'04

123 染織（そめおり）　福井貞子

自らの体験と膨大な残存資料をもとに、糸づくりから織り、染めにわたる手づくりの豊かな生活文化を見直す。創意にみちた手わざのかずかずを復元する庶民生活誌。　四六判２９４頁　'05

124-Ⅰ 動物民俗Ⅰ　長澤武

神として崇められたクマやシカをはじめ、人間にとって不可欠の鳥獣や魚、さらには人間を脅かす動物など、多種多様な動物たちと交流してきた人々の暮らしの民俗誌。　四六判２６４頁　'05

124-Ⅱ 動物民俗Ⅱ　長澤武

動物の捕獲法をめぐる各地の伝承を紹介するとともに、全国で語り継がれてきた多彩な動物民話・昔話を渉猟し、暮らしの中で培われた動物フォークロアの世界を描く。　四六判２６６頁　'05

125 粉（こな）　三輪茂雄

粉体の研究をライフワークとする著者が、粉食の発見からナノテクノロジーまで、人類文明の歩みを〈粉〉の視点から捉え直した壮大なスケールの〈文明の粉体史観〉　四六判３０２頁　'05

126 亀（かめ）　矢野憲一

浦島伝説や「兎と亀」の昔話によって親しまれてきた亀のイメージの起源を探り、古代の亀卜の方法から、亀にまつわる信仰と迷信、鼈甲細工やスッポン料理におよぶ。　四六判３３０頁　'05

127 カツオ漁　川島秀一

一本釣り、カツオ漁場、船上の生活、船霊信仰、祭りと禁忌など、カツオ漁にまつわる漁師たちの伝承を集成し、黒潮に沿って伝えられた漁民たちの文化を掘り起こす。　四六判３７０頁　'05

128 裂織（さきおり）　佐藤利夫

木綿の風合いと強靭さを生かした裂織の技と美をすぐれたリサイクル文化として見なおす。東西文化の中継地・佐渡の古老たちからの聞書をもとに歴史と民俗をえがく。四六判３０８頁　'05

129 イチョウ　今野敏雄

「生きた化石」として珍重されてきたイチョウの生い立ちと人々の生活文化とのかかわりの歴史をたどり、この最古の樹木に秘められたパワーを最新の中国文献にさぐる。　四六判３１２頁〔品切〕　'05

130 広告　八巻俊雄

のれん、看板、引札からインターネット広告までを通観し、いつの時代にも広告が人々の暮らしと密接にかかわって独自の文化を形成してきた経緯を描く広告の文化史。　四六判２７６頁　'06

131-Ⅰ 漆（うるし）Ⅰ　四柳嘉章

全国各地で発掘された考古資料を対象に科学的解析を行ない、縄文時代から現代に至る漆の技術と文化を跡づける試み。漆が日本人の生活と精神に与えた影響を探る。　四六判２７４頁　'06

131-Ⅱ 漆（うるし）Ⅱ　四柳嘉章

遺跡や寺院等に遺る漆器を分析し体系づけるとともに、絵巻物や文学作品の考証を通じて、職人や産地の形成、漆工芸の地場産業としての発展の経緯などを考察する。　四六判２１６頁　'06

132 まな板　石村眞一

日本、アジア、ヨーロッパ各地のフィールド調査と考古・文献・絵画・写真資料をもとにまな板の素材・構造・使用法を分類し、多様な食文化とのかかわりをさぐる。　四六判372頁　'06

133-I 鮭・鱒（さけ・ます）I　赤羽正春

鮭・鱒をめぐる民俗研究の前史から現在までを概観するとともに、原初的な漁法から商業的漁法にわたる多彩な漁法と用具、漁場と社会組織の関係などを明らかにする。　四六判292頁　'06

133-II 鮭・鱒（さけ・ます）II　赤羽正春

鮭漁をめぐる行事、鮭捕り衆の生活等を聞き取りによって再現し、人工孵化事業の発展とそれを担った先人たちの業績を明らかにするとともに、鮭・鱒の料理におよぶ。　四六判352頁　'06

134 遊戯　その歴史と研究の歩み　増川宏一

古代から現代まで、日本と世界の遊戯の歴史を概説し、内外の研究者との交流の中で得られた最新の知見をもとに、研究の出発点と目的を論じ、現状と未来を展望する。　四六判296頁　'06

135 石干見（いしひみ）　田和正孝編

沿岸部に石垣を築き、潮汐作用を利用して漁獲する原初的漁法を日・韓・台に残る遺構と伝承の調査・分析をもとに復元し、東アジアの伝統的漁撈文化を浮彫りにする。　四六判332頁　'07

136 看板　岩井宏實

江戸時代から明治・大正・昭和初期までの看板の歴史を生活文化史の視点から考察し、多種多様な生業の起源と変遷を多数の図版をもとに紹介する〈図説商売往来〉。　四六判266頁　'07

137-I 桜I　有岡利幸

そのルーツと生態から説きおこし、和歌や物語に描かれた古代社会の桜観から「花は桜木、人は武士」の江戸の花見の流行まで、日本人と桜のかかわりの歴史をさぐる。　四六判382頁　'07

137-II 桜II　有岡利幸

明治以後、軍国主義と愛国心のシンボルとして政治的に利用されてきた桜の近代史を辿るとともに、日本人の生活と共に歩んだ「咲く花、散る花」の栄枯盛衰を描く。　四六判400頁　'07

138 麴（こうじ）　一島英治

日本の気候風土の中で稲作と共に育まれた麴菌のすぐれたはたらきの秘密を探り、醸造化学に携わった人々の足跡をたどりつつ醱酵食品と日本人の食生活文化を考える。　四六判244頁　'07

139 河岸（かし）　川名登

近世初頭、河川水運の隆盛と共に物流のターミナルとして賑わい、船旅や遊廓などをもたらした河岸（川の港）の盛衰を河岸に生きる人々の暮らしの変遷としてえがく。　四六判300頁　'07

140 神饌（しんせん）　岩井宏實／日和祐樹

土地に古くから伝わる食物を神に捧げる神饌儀礼に祭りの本義を探り、近畿地方主要神社の伝統的儀礼をつぶさに調査して、豊富な写真と共にその実際を明らかにする。　四六判374頁　'07

141 駕籠（かご）　櫻井芳昭

その様式、利用の実態、地域ごとの特色、車の利用を抑制する交通政策との関連から駕籠かきたちの風俗までを明らかにし、日本交通史の知られざる側面に光を当てる。　四六判294頁　'07

142 追込漁（おいこみりょう） 川島秀一
沖縄の島々をはじめ、日本各地で今なお行なわれている沿岸漁撈を実地に精査し、魚の生態と自然条件を知り尽した漁師たちの知恵と技を見直しつつ漁業の原点を探る。四六判368頁 '08

143 人魚（にんぎょ） 田辺悟
ロマンとファンタジーに彩られて世界各地に伝承される人魚の実像をもとめて東西の人魚誌を渉猟し、フィールド調査と膨大な資料をもとに集成したマーメイド百科。四六判352頁 '08

144 熊（くま） 赤羽正春
狩人たちからの聞き書きをもとに、かつては神として崇められた熊と人間との精神史的な関係をさぐり、熊を通して人間の生存可能性にもおよぶユニークな動物文化史。四六判384頁 '08

145 秋の七草 有岡利幸
『万葉集』で山上憶良がうたいあげて以来、千数百年にわたり秋を代表する植物として日本人にめでられてきた七種の草花の知られざる伝承を掘り起こす植物文化誌。四六判306頁 '08

146 春の七草 有岡利幸
厳しい冬の季節に芽吹く若菜に大地の生命力を感じ、春の到来を祝い新年の息災を願う「七草粥」などとして食生活の中に巧みに取り入れてきた古人たちの知恵を探る。四六判272頁 '08

147 木綿再生 福井貞子
自らの人生遍歴と木綿を愛する人々との出会いを織り重ねて綴り、優れた文化遺産としての木綿衣料を紹介しつつ、リサイクル文化としての木綿再生のみちを模索する。四六判266頁 '09

148 紫（むらさき） 竹内淳子
今や絶滅危惧種となった紫草（ムラサキ）を育てる人びと、伝統の紫根染を今に伝える人びとを全国にたずね、貝紫染の始原を求めて吉野ヶ里におよぶ「むらさき紀行」。四六判324頁 '09

149-I 杉I 有岡利幸
その生態、天然分布の状況から各地における栽培・育種、利用にいたる歩みを弥生時代から今日までの人間の営みの中で捉えなおし、わが国林業史を展望しつつ描き出す。四六判282頁 '10

149-II 杉II 有岡利幸
古来神の降臨する木として崇められるとともに生活のさまざまな場面で活用され、絵画や詩歌に描かれてきた杉の文化をたどり、さらに「スギ花粉症」の原因を追究する。四六判278頁 '10

150 井戸 秋田裕毅（大橋信弥編）
弥生中期になぜ井戸は突然出現するのか。飲料水など生活用水ではなく、祭祀用の聖なる水を得るためだったのではないか。目的や構造の変遷、宗教との関わりをたどる。四六判260頁 '10

151 楠（くすのき） 矢野憲一／矢野高陽
語源と字源、分布と繁殖、文学や美術における楠から医薬品としての利用、キューピー人形や樟脳の船まで、楠と人間の関わりの歴史を辿りつつ自然保護の問題に及ぶ。四六判334頁 '10

152 温室 平野恵
温室は明治時代に欧米から輸入された印象があるが、じつは江戸時代半ばから「むろ」という名の保温設備があった。絵巻や小説、遺跡などより浮かび上がる歴史。四六判310頁 '10

153 **檜**（ひのき） 有岡利幸

建築・木彫・木材工芸に最良の材としてわが国の〈木の文化〉に重要な役割を果たしてきた檜。その生態から保護・育成・生産・流通・加工までの変遷をたどる。 四六判320頁 '11

154 **落花生** 前田和美

南米原産の落花生が大航海時代にアフリカ経由で世界各地に伝播していく歴史をたどるとともに、日本で栽培を始めた先覚者や食文化との関わりを紹介する。 四六判312頁 '11

155 **イルカ**（海豚） 田辺悟

神話・伝説の中のイルカ、イルカをめぐる信仰から、漁撈伝承、食文化の伝統と保護運動の対立までを幅広くとりあげ、ヒトと動物との関係はいかにあるべきかを問う。 四六判330頁 '11

156 **輿**（こし） 櫻井芳昭

古代から明治初期まで、千二百年以上にわたって用いられてきた輿の種類と変遷を探り、天皇の行幸や斎王群行、姫君たちの輿入れにおける使用の実態を明らかにする。 四六判252頁 '11

157 **桃** 有岡利幸

魔除けや若返りの呪力をもつ果実として神話や昔話に語り継がれ、近年古代遺跡から大量出土して祭祀との関連が注目される桃。日本人との多彩な関わりを考察する。 四六判328頁 '12

158 **鮪**（まぐろ）

古文献に描かれ記されたマグロを紹介し、漁法・漁具から運搬と流通・消費、漁民たちの暮らしと民俗・信仰までを探りつつ、マグロをめぐる食文化の未来にもおよぶ。 四六判350頁 '12